"十三五"职业教育国家规划教材

# 计算机应用基础项目化教程

黄从云　谢　强　惠华先　主编

中国农业出版社
北京

图书在版编目（CIP）数据

计算机应用基础项目化教程/黄从云，谢强，惠华先主编. —北京：中国农业出版社，2018.8（2023.2重印）
全国高等职业教育"十三五"规划教材
ISBN 978-7-109-24310-1

Ⅰ.①计… Ⅱ.①黄…②谢…③惠… Ⅲ.①电子计算机－高等职业教育－教材 Ⅳ.①TP3

中国版本图书馆 CIP 数据核字（2018）第 162970 号

中国农业出版社出版
（北京市朝阳区麦子店街 18 号楼）
（邮政编码 100125）
责任编辑　许艳玲
文字编辑　刘金华

北京通州皇家印刷厂印刷　新华书店北京发行所发行
2018 年 8 月第 1 版　2023 年 2 月北京第 2 次印刷

开本：787mm×1092mm 1/16　印张：17
字数：415 千字
定价：43.50 元

（凡本版图书出现印刷、装订错误，请向出版社发行部调换）

## 编写人员

**主　编**　黄从云　谢　强　惠华先
**副主编**　胡树煜　田春燕
**编　者**（以姓氏笔画为序）
　　　　田春燕　李　清　李菲菲　余　辉
　　　　郑永玲　赵　鑫　胡树煜　唐银敏
　　　　黄从云　惠华先　谢　强

# 前言

随着计算机技术在生产、生活中的广泛应用，掌握计算机应用技术已成为人们最基本的技能。计算机应用基础课程是职业院校各专业学生必修的基础课，通过对该课程的学习，学生可了解和掌握与计算机相关的基本知识和技能，为今后学习、生活和工作奠定基础。按照教育部"以就业为导向，以能力为本位"大力发展职业教育的文件精神，根据职业院校计算机公共基础课教学的需要，并参照教育部考试中心颁发的《全国计算机等级考试大纲》的要求编写了《计算机应用基础项目化教程》教材。

根据多年的教学经验，本教材将计算机技能教学与职业岗位要求、职业资格认证结合起来，从办公软件应用出发，以 Windows 7 操作系统和 Office 2010 办公软件为平台，以现代化企业办公软件中涉及的文件资料管理、文字处理、电子表格和演示文稿软件的使用及计算机网络的应用等为主线，通过设计具体的工作任务，引导学生进行实战演练，突出学生能力的培养，最终提升学生的计算机应用能力和职业化的办公能力。

本教材特点如下：

（1）以实际任务为驱动，以工作过程为导向，通过真实的工作内容构建教学情景，教师在"做中教"，学生在"做中学，学中做"，实现"教、学、做"的统一。

（2）全书共分5个项目：计算机基础知识、文字处理软件 Word 2010、电子表格处理软件 Excel 2010、演示文稿制作软件 PowerPoint 2010 和计算机网络与安全。在内容设计上充分体现了知识的模块化、层次化和整体化；在内容选择上以计算机操作员国家职业标准和计算机应用基础课程标准为依据，按照先易后难、先基础后提高的顺序组织教学内容，图文并茂、循序渐进，符合初学者的认知规律。

（3）工作任务的设计突出职业场景，在给出任务描述和任务分析后引导出完成任务涉及的主要知识点，然后提炼出任务的具体实现步骤，最后配有相应的训练任务作为知识巩固之用。

（4）兼顾全国计算机等级考试一级——计算机基础及 Microsoft Office 应用的具体要求。

（5）教学资源立体化，便于教师组织教学。本教材所有的电子课件、素材、样例效果等教学资源均可免费下载。

（6）配套有《计算机应用基础实践教程》，方便教师指导学生上机和学生使用。

本教材涉及的公司名称、个人信息、产品信息、地名等内容均为虚构，如有雷同，纯属巧合。

本教材由四川水利职业技术学院黄从云，贵州农业职业学院谢强，南阳农业职业学院惠华先担任主编，锦州医科大学胡树煜，南阳农业职业学院田春燕担任副主编，南阳农业职业学院李菲菲、唐银敏，四川水利职业技术学院余辉，贵州农业职业学院郑永玲、李清，山西林业职业技术学院赵鑫参与编写。

由于编者水平有限，本教材虽经多次讨论并修改，难免有疏漏与不妥之处，敬请广大读者批评指正。

编 者<br>2018 年 4 月

# 目录

前言

## 项目 1　计算机基础知识 ········································································ 1
- 任务 1　认识计算机 ·········································································· 1
- 任务 2　认识 Windows 7 操作系统 ······················································ 16
- 任务 3　管理文件 ············································································ 24
- 任务 4　管理计算机 ········································································· 36
- 任务 5　移动互联终端 ······································································ 45
- 任务 6　认识大数据 ········································································· 48
- 阅读材料 ························································································ 52
- 综合练习 1 ····················································································· 54

## 项目 2　文字处理软件 Word 2010 ························································ 56
- 任务 1　制作培训通知 ······································································ 56
- 任务 2　制作图书订购单 ··································································· 67
- 任务 3　制作广告宣传页 ··································································· 76
- 任务 4　制作产品说明书 ··································································· 90
- 阅读材料 ······················································································· 102
- 综合练习 2 ···················································································· 104

## 项目 3　电子表格处理软件 Excel 2010 ················································· 106
- 任务 1　创建员工信息表 ································································· 106
- 任务 2　美化工作表 ········································································ 121
- 任务 3　制作工资管理报表 ······························································ 129
- 任务 4　销售统计表的处理 ······························································ 139
- 任务 5　销售统计表的图表化 ··························································· 149
- 任务 6　数据透视表 ········································································ 155
- 阅读材料 ······················································································· 165
- 综合练习 3 ···················································································· 168

## 项目 4　演示文稿制作软件 PowerPoint 2010 ········································ 171
- 任务 1　制作公司简介演示文稿 ························································ 171
- 任务 2　制作节日贺卡 ···································································· 180

| 任务3 | 制作产品介绍演示文稿 | 187 |
| 任务4 | 制作求职简历演示文稿 | 195 |
| 阅读材料 | | 201 |
| 综合练习4 | | 204 |

## 项目5 计算机网络与安全 ... 207

| 任务1 | 接入Internet | 207 |
| 任务2 | 在Internet上搜索产品信息 | 221 |
| 任务3 | 给客户发送合同文本 | 228 |
| 任务4 | 保护公司及个人的网银资料 | 240 |
| 任务5 | 电子商务及物联网 | 249 |
| 阅读材料 | | 261 |
| 综合练习5 | | 262 |

**参考文献** ... 264

# 项目 1　计算机基础知识

## 任务 1　认识计算机

### 任务描述

小李是公司新进的顶岗实习生，刚进公司就被分配到人事部做一名文职人员，为了提高自己的工作效率，发挥计算机在工作中的重要作用，小李决定先了解计算机的发展历程，然后认识计算机的主要部件和熟悉计算机的外部设备，最后将其外部设备连接到主机相应的端口上。

### 任务分析

要完成本项工作任务，首先应该熟悉计算机的各个外部设备，其次需要仔细观察计算机的外观，如电源按钮、复位按钮、状态指示灯、硬盘指示灯和光盘驱动器等，以及主机箱后面主板上的各种接口等；其次在断电的情况下观察计算机内部结构，认识计算机主板上的总线接口、各种适配卡的插槽，认识中央处理器（Central Processing Unit，CPU）和内存储器，了解 CPU 和内存的主要参数和性能指标；再次学会将常用的外部设备连接到主机上，如连接键盘、鼠标、显示器、打印机、音箱、网线、数码相机等；最后连接电源，开机检查各种连接是否正常。

### 必备知识

计算机俗称电脑，它是一种智能化电子设备，可以进行数值运算，也可以进行逻辑运算，还具有存储记忆功能，能够按照事先编写好的程序，自动、高速地处理海量数据的现代化智能电子设备。

计算机是 20 世纪最先进的科学技术发明之一，它对人类生产活动和社会活动产生了极其重要的影响，并以强大的生命力飞速发展。它的应用领域从最初的军事科研应用扩展到社会的各个应用领域，已形成了规模巨大的计算机产业，带动了全球范围的技术进步，由此引发了深刻的社会变革，成为信息化社会中必不可少的工具。

#### 1. 计算机发展史

第一台通用型电子计算机 ENIAC（Electronic Numerical Integrator And Calculator）于 1946 年 2 月 14 日诞生于美国宾夕法尼亚大学。ENIAC 是第二次世界大战期间，美国军方为了满足计算导弹的需要资助 ENIAC 项目研制而成的，如图 1-1-1 所示。

ENIAC 使用了 18 000 多个电子管，占地面积 170m$^2$，重达 30t，功率为每小时耗电 170kW，其运算速度为每秒 5 000 次的加法运算，造价约为 487 000 美元。ENIAC 的诞生具有划时代的意义，表明电子计算机时代的到来，是人类历史上里程碑式的事件。在以后 70 年里，计算机技术以惊人的速度迅速发展。

随着电子技术特别是微电子技术的发展，依次出现了以电子管、晶体管、集成电路、大规模集成电路、超大规模集成电路为主要元件的电子计算机。在这个过程中，计算机体积越来越小，功能越来越强大，应用领域广泛，生产成本低，在功能、运算速度、存储容量及可靠性方面得到了极大的提高。

图 1-1-1　ENIAC

按计算机所使用的元器件划分，计算机的发展经历了以下几个阶段，如表 1-1-1 所示。

表 1-1-1　计算机不同发展阶段的主要特点比较

| 发展阶段 | 元件 | 软件特征 | 内存储器 | 外存储器 | 主要特点 | 运算速度（次/s） |
| --- | --- | --- | --- | --- | --- | --- |
| 第一代<br>（1946—1958） | 电子管 | 机器语言<br>汇编语言 | 磁芯 | 磁带 | 体积大、可靠性差、耗电大 | 几千至几万 |
| 第二代<br>（1959—1964） | 晶体管 | 连续处理<br>编译语言 | 磁芯 | 磁盘 | 体积较小、可靠性较高、耗电较小 | 几万至几十万 |
| 第三代<br>（1965—1970） | 中、小型规模集成电路 | 操作系统<br>结构化程序<br>设计语言 | 半导体存储器 | 大容量磁盘 | 体积小型化、可靠性高、耗电少 | 几十万至几百万 |
| 第四代<br>（1971 年至今） | 大规模、超大规模集成电路 | 产生了结构化程序设计语言 | 高集成半导体 | 磁盘光盘 | 体积微型化、可靠性极高、耗电极少 | 几百万至千亿 |

计算机的发展历程，从根本上来说也就是中央处理单元（CPU）的发展历程。计算机的更新换代，通常以中央处理单元的字长和系统的功能来划分。从 1971 年第四代计算机诞生以来，计算机经历了 4 位、16 位、32 位和 64 位处理器的发展阶段。

**2. 计算机的发展趋势**

从 1946 年第一台计算机诞生至今的半个多世纪里，计算机的应用得到不断的拓展与类型的划分，在计算机超大规模集成电路的基础上，计算机正朝着巨型化、微型化、网络化和智能化等方向延伸发展。

（1）巨型化。计算机的巨型化并不是指体积大，而是指计算机具有极高的运算速度，存储容量更大，功能更强。巨型化的发展体现了计算机的发展水平、强大和完善的功能，主要用于军事、航空航天、人工智能、气象、生物工程等科学领域。目前研制的巨型机运算速度可达每秒百万亿次，如我国最新研制的巨型计算机"曙光 3000 超级服务器"，它的峰值（即最大运算速度）为 403 200 000 000 次/s。

（2）微型化。微型化是指计算机的体积越来越小，这也是大规模和超大规模集成电路飞速发展的必然结果。自 1971 年第一块微处理器芯片问世以来，微处理器连续不断更新换代，近几年来微型计算机连续降价，加上丰富的软件和外部设备，操作简单，其中笔记本型、掌上型等微型计算机更是以优越的性能和价格受到人们的欢迎，使计算机很快普及社会的各个领域并走进了千家万户。

（3）网络化。计算机网络化实现了软件资源、硬件资源和数据资源的整合共享。计算机网络化是指利用通信技术和计算机技术，把互联网整合成一台巨大的超级计算机，按照一定的网络协议相互通信，实现计算机硬件资源、数据资源、软件资源以及其他信息资源的全面共享。

（4）智能化。智能化是计算机发展的高级阶段。在这个阶段计算机能存储大量信息资源，会推理（包括演绎与归纳），具有学习功能，能以自然语言、声音、文字、图形、图像和人进行交流信息，进行思维联想推理，并得出结论。

（5）多媒体技术。多媒体技术是通过计算机对文字、数据、声音、图形、图像、动画等多种媒体信息进行综合处理，使用户可以通过多种感官与计算机进行实时信息交互的技术。

### 3. 计算机的主要特点

计算机能够按照事先编写好的程序，接收数据、处理数据、存储数据并产生输出结果，它的整个工作过程具有以下几个特点：

（1）运算速度快。运算速度快是计算机的一个重要性能指标，通常以每秒执行加法的次数或平均每秒执行指令的条数来衡量。目前，计算机的运算速度已由早期的每秒几千次运算发展到每秒千万亿次运算，使大量复杂的科学问题得以解决。

（2）计算精度高。计算精度高是计算机显著的特点，主要表现为数据表示的位数，通常称为字长，字长越长计算精度越高。目前普通计算机的计算精度已达到几十位有效数字，能够满足一般用户对计算精度的需求。

（3）具有存储功能。计算机不仅能进行数据计算，还能将输入的原始数据、计算的中间结果及程序存储起来，提供给使用者在需要时反复调用。存储功能是计算机区别于传统计算工具最重要的特征。

（4）具有逻辑判断功能。计算机除了简单的算术运算，还能够对数据信息进行比较和判断等逻辑运算，并能根据判断的结果自动执行下一条指令。

（5）实现自动化控制。由于计算机具有存储和逻辑判断功能，当用户对计算机发出运行指令，计算机就能按照事先编写好的程序自动完成运算并输出结果，这样执行程序的过程无须人为干预，完全由计算机自动控制执行。

### 4. 计算机的分类

计算机的划分可根据处理数据的方式、设计的目的和用途等方式进行分类。如果按照运算速度的快慢、数据处理的能力、存储容量等性能的差别，则可分为以下几种：

（1）微型机（Microcomputer）。微型计算机简称微机，俗称个人计算机、PC 机（Personal Computer，个人电脑）或电脑。微型计算机的处理器采用超大规模集成电路，使用半导体存储器，体积小、价格低、通用性强、可靠性高。它是以处理器为基础，配以内存储器、输入输出（I/O）接口电路和相应的辅助电路及软件构成的实体。

（2）小型机（Minicomputer）。小型机采用精简指令集处理器，性能和价格介于大型主机和微型计算机之间的一种高性能计算机，其结构简单、易于维护和使用。它是由 DEC（数字设备公司）公司首先开发的一类高性能计算产品。

（3）大型机（Mainframe）。大型机又称为大型主机，是计算机种类中的一种，使用专用的处理器指令集、操作系统和应用软件，其特点是运算速度快、处理能力强、存储容量大、功能完善。主要用于商业领域。

（4）巨型机（Supercomputer）。巨型机又称为超级计算机，是计算机中功能最强、运算速度最快、存储容量最大、价格最昂贵的一类主机，主要用于石油勘探、天气预报和国防尖端科学研究领域。如我国国防科学技术大学研制的"天河二号"超级计算机，计算峰值可达到每秒 5.49 亿亿次的运算速度、持续计算可达每秒 3.39 亿亿次的双精度浮点运算速度。

（5）工作站（Workstation）。工作站是介于小型机和 PC 机之间的一种高端通用微型计算机。通常配有高分辨率的大屏幕显示器和大容量的存储器，具有较强的通信能力和高性能辅助设计能力。

### 5. 计算机的应用

计算机的应用已渗透到社会的各个领域，在科学技术、国民经济、社会生活等各个方面都得到了广泛的应用，并且取得了明显的社会效益和经济效益。根据计算机的应用特点，可以将计算机的应用领域归纳为以下几个方面：

（1）科学计算。科学计算即数值计算，是指计算机在处理科学研究和工程技术中所遇到人工无法实现的科学计算问题。科学计算的特点是数据计算量大、计算精确度高、结果可靠。例如，建筑设计中的计算、人造卫星轨道的计算、气象预报中的气象数据计算，地震预测等。

（2）数据处理。数据处理即信息处理，是指对数据信息进行分析和加工的技术过程。包括对数据的采集、转换、存储、加工、检索、编辑、传输及统计分析等。数据处理特点：原始数据量大，使用的运算方法简单，有大量的逻辑运算和判断，结果以表格或文件形式存储或输出。通常以管理为主进行非科学方面的应用。例如，企业管理、人事管理、财务管理、生产管理、商品销售管理、图书检索等。

（3）过程控制。过程控制又称为实时控制，是指计算机及时的采集、检测被控制对象运行情况的数据，对数据进行分析处理，按照最佳的控制规律迅速地对控制对象进行自动控制和自动调节。例如，企业流水线生产和数控机床的控制、国防领域卫星和导弹的发射等。

（4）辅助系统应用。计算机辅助系统是利用计算机辅助完成不同任务的系统的总和。计算机辅助系统包括计算机辅助设计（CAD）、计算机辅助教学（CAI）、计算机辅助制造（CAM）、计算机辅助工程（CAE）、计算机辅助制造（CIMS）、计算机辅助测试（CAT）等。

（5）人工智能。人工智能又称为智能模拟，是利用计算机系统对人类特有的感知、推理、思维和智能活动等进行模仿。目前人工智能在计算机领域得到了广泛的重视，并在控制系统、经济政治决策、机器人、仿真系统中得到应用。

（6）网络应用。将不同地理位置的多台计算机通过传输介质连接起来，组成计算机网络，实现各计算机之间的数据信息和各种资源的共享。计算机网络的建立方便了人们的生活，不仅解决了信息的传递和信息的交换、网上购物、电子商务应用等，也促进了国际间的通信，其最重要的一点就是实现了资源的共享。

#### 6. 计算机系统的组成

一个完整的计算机系统由硬件系统和软件系统两大部分组成。

计算机硬件系统是指组成计算机的各种物理设备的集合，是看得见摸得着的部分，是计算机正常运行的物理基础，也是计算机软件发挥作用的平台。

计算机软件系统是在硬件系统设备上运行的各种程序和文档，是硬件系统的指挥者和操作者。硬件和软件两大系统相互依赖，不可分割，两个部分又由若干部件组成，如图1-1-2所示。

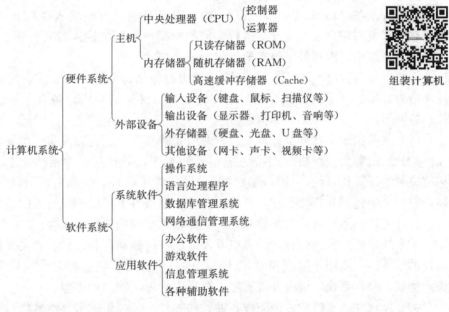

图 1-1-2　计算机系统组成

（1）硬件系统。从第一台计算机诞生至今，计算机经历了多次的更新换代，出现了功能各异、种类繁多的计算机，但从计算机的基本结构和工作原理，都是基于美籍匈牙利数学家冯·诺依曼（Von Neumann）最初设计的计算机体系和工作原理。因此冯·诺依曼被世界公认为"计算机之父"，他设计的计算机体系结构称为"冯·诺依曼体系结构"，即计算机硬件系统由运算器、控制器、存储器、输入设备和输出设备五大部分组成，如图1-1-3所示。

① 运算器（Arithmetic Unit）。运算器是计算机中执行各种算术运算和逻辑运算的操作部件，由算术逻辑单元（ALU）、累加器和通用寄存器、状态寄存器等组成。它的基本操作包括加、减、乘、除等算术运算和与、或、非等逻辑运算，以及移位、比较和传送等操作。

② 控制器（Control Unit）。控制器是计算机各部件协调工作的控制者和指挥者，是计算机的指挥中心，由指令寄存器（IR）、指令译码（ID）、程序计数器（PC）、时序信号发生器和程序控制器等组成。

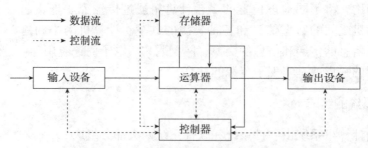

图 1-1-3 计算机基本结构及工作过程

③存储器（Memory）。存储器是用来存储程序和数据的部件。在控制器的控制下能高速、自动完成程序和数据的存/取操作，我们把程序和数据存入存储器中的过程称为"写"，把程序和数据从存储器中取出来的过程称为"读"。按存储器的功能可将存储器分为主存储器（内存）和辅助存储器（外存）两类。

④输入设备（Input Equipment）。输入设备是向计算机输入各种外部信息与数据的设备，是计算机与用户或其他设备进行通信的桥梁。常见的输入设备有键盘、鼠标、扫描仪、手写板、摄像头、游戏杆、语音输入装置等。

⑤输出设备（Output Equipment）。输出设备是计算机硬件系统的终端设备，用于接收计算机对数据处理后的结果显示、打印输出等。常见的输出设备有显示器、打印机、绘图仪、音响等。

（2）软件系统。软件是计算机运行时所需的程序、数据以及指令的集合。没有安装任何软件的计算机称为"裸机"，不能正常运行和工作，只有与软件相结合才能正常运行，才能构成完整的计算机系统。计算机软件的发展依赖于硬件，但软件的发展不能促进硬件的发展，它们之间是相互依存、相互支持，并在一定条件下可以相互转化的关系。

计算机软件系统可分为系统软件、支撑软件和应用软件三大类。

①系统软件。系统软件是计算机及外部设备的控制者和协调者，是支持应用软件开发和运行的软件。主要用于监控和维护计算机的各种资源，负责管理计算机系统中的各硬件设备。例如，操作系统、语言处理程序、数据库管理、辅助程序等。

②支撑软件。支撑软件是支撑各种软件的开发与维护的工具性软件，它主要包括环境数据库、各种接口软件和工具组。

③应用软件。应用软件是为了解决各种具体的实际问题而专门编写的程序。它可以拓宽计算机系统的应用领域，放大硬件的功能，常见的应用软件有计算机辅助教学软件、图形软件、文字处理软件等。

**7．微型计算机硬件系统的构成**

从微型计算机外观看，主要由显示器、主机箱、键盘和鼠标等设备组成。计算机的内部结构由以下部件组成：

（1）主板。主板又称为主机板（Main Board）、系统板或母板等。安装在主机箱内，是计算机最基本及最重要的部件之一，是一块多层印刷电路板，上面搭载中央处理器（CPU）、内存储器、接口、电子元件、系统总线和各种插槽等。

（2）中央处理器。中央处理器简称为 CPU 处理器、微处理器，是计算机的核心部件，由运算器、控制器、一些寄存器、高速缓存及实现它们之间联系的数据、控制及状态的总线构成。其功能主要是解释计算机指令以及处理计算机软件中的数据。

（3）总线。总线是一组信号线，是计算机各部件之间传送信息的公共通信干线，是连接各硬件模块的纽带。按照计算机所传输的信息种类，计算机的总线可以划分为三类：用来发送 CPU 命令信号到存储器或 I/O 的总线称为控制总线（Control Bus，CB）；由 CPU 向存储器传送地址的称为地址总线（Address Bus，AB）；CPU、存储器和 I/O 之间的数据传送通道称为数据总线（Data Bus，DB）。

（4）内存储器。又称为主存储器，根据性能和特点的不同，内存储器又分为只读存储器（Read Only Memory，ROM）和随机存取存储器（Random Access Memory，RAM）两类。

只读存储器在整机工作过程中只能读取其中的数据，而不能写入新的数据。ROM 中所存数据稳定，即使断电后所存数据不会丢失，ROM 的结构简单，读取方便，因而常用于存储各种固定的系统程序和数据。

随机存取存储器在工作过程中既可以读取其中的数据，也可以修改或写入新的数据。存储器在断电后 RAM 中存储的所有数据将全部丢失。因此 RAM 主要用于存储临时使用的程序。

（5）外存储器。

①硬盘。它是计算机主要的存储器之一，主要由多个磁盘盘片、盘片驱动系统、控制系统以及读写系统组成，具有使用寿命长、存储容量大、存取速度快等优点。

硬盘的每一个盘片都有一个读写磁头，盘片的每一面都被划分为若干磁道，每个磁道又被划分成若干扇区，每个扇区存储空间为 512 字节。硬盘的容量计算公式为：

　　　　硬盘存储容量＝磁头数×柱面数×每磁道扇区数×每扇区字节数（512B）

②光盘。它是利用激光原理进行读、写的设备，是一种外部辅助存储器，光盘可分为 3 种：只读光盘、一次性写入光盘和可擦写光盘。

只读光盘：只读光盘即光盘中的数据信息不能进行删除和修改，也不能向光盘中写入新的数据信息，即只能读取其中的数据。

一次性写入光盘：可向光盘中写入数据信息，但写入数据信息后只能读取，而不能再次进行修改或删除操作。

可擦写光盘：可擦写光盘的工作方式与磁盘相似，可多次写入和删除其中的数据信息。

③U盘存储器。U盘的存储介质是快闪存储器，它和一些外围数字电路被焊接在电路板上，封装在硬脂塑料外壳内。可重复擦写高达 100 万次，有的 U 盘还设计了写保护，用一个嵌入内部的拨动开关来实现，可以控制 U 盘的写操作。U 盘不需要使用驱动器、外接电源，支持即插即用和热插拔，既方便文件的共享与交流，又节省开支，正被广泛应用。

（6）输入设备。

①键盘。键盘是计算机常用的输入设备，通过键盘设备，可以向计算机输入数字、英文字母、各种标点符号等，从而向计算机发送命令、输入数据信息等。

键盘可分为 4 个区：功能键区、主键盘区（又称为打字区）、编辑键区和小键盘区，如图 1-1-4 所示。各键区功能见表 1-1-2。

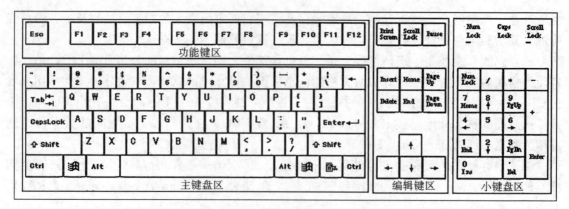

图 1-1-4 键盘布局

表 1-1-2 主要键位的功能说明

| 键区 | 键位 | 名称 | 功能 |
|---|---|---|---|
| 功能键区 | Esc | 取消 | 取消当前操作 |
| | F1~F12 | 功能键 | 各功能键的作用由操作系统或软件决定 |
| 主键盘区 | Tab | 跳格键 | 制表时用于快速移动光标,在对话框中用于在各项之间切换 |
| | Caps Lock | 大写锁定键 | 用于切换大小写英文字符的输入 |
| | Shift | 上挡键 | 用于大小写转换以及符号的输入 |
| | Ctrl | 控制键 | 不能单独使用,与其他键组合使用产生特定的功能 |
| | Alt | 控制键 | 不能单独使用,与其他键组合使用产生特定的功能 |
| | Space | 空格键 | 用于输入空格,按下该键输入 1 个空白字符 |
| | Backspace | 退格键 | 按下该键,删除光标左侧一个字符 |
| | Enter | 回车键 | 用于执行当前输入命令或输入文本时进行换行 |
| 编辑键区 | Print Screen | 屏幕打印键 | 复制当前屏幕到剪切板 |
| | Scroll Lock | 屏幕锁定键 | 屏幕滚动锁定键 |
| | Pause Break | 暂停键 | 按下该键可暂停命令或程序的执行 |
| | Insert | 插入键 | 改变插入与改写状态 |
| | Home | 返回 | 快速移动光标至当前编辑行的行首 |
| | Page UP | 向上翻页 | 按下该键光标快速上移一页,光标所在行、列不变 |
| | Delete | 删除键 | 删除当前光标所在位置的字符 |
| | End | 结束 | 快速移动光标至当前编辑行的行尾 |
| | Page Down | 向下翻页 | 按下该键光标快速下移一页,光标所在行、列不变 |
| | ↑↓←→ | 光标移动键 | 使光标上移、下移、左移、右移 |
| 小键盘区 | Num Lock | 数字锁定键 | 按下该键可在数字键和编辑键之间进行切换 |

②鼠标。鼠标是计算机的一种输入设备,主要功能是进行光标定位或完成特定的输入。根据鼠标的工作原理及其内部结构的不同可分为机械式鼠标、光机式鼠标、光电式鼠标和光学式鼠标等。常见的鼠标接口有 USB 接口、PS/2 接口、串口接口等。

使用鼠标时一般用右手握住鼠标,食指和中指分别放在鼠标的左键和右键上,鼠标的操作可以分为单击、双击、右击、指向、拖动和滚动6种。

单击：将鼠标指针移动到需要操作的对象上，按下鼠标左键并迅速松开鼠标，用于选择对象操作。

双击：将鼠标指向对象，迅速连续两次单击鼠标左键，用于打开文件和启动程序。

右击：按下鼠标右键，通常会弹出一个快捷菜单或帮助提示。但鼠标指针所在位置不同，弹出的快捷菜单也不同。

指向：移动鼠标到对象上，用于激活对象或显示提示信息。

拖动：将鼠标指向对象按下鼠标左键不松开，然后移动鼠标，在另一个位置松开鼠标。用于窗口中的滚动条操作、复制或移动对象操作。

滚动：使用食指上下推动鼠标中间的滚轮，可实现屏幕显示内容向上或向下滚动显示。

（7）输出设备。计算机常用的输出设备有显示器、打印机等。

①显示器。通常被称为监视器，是计算机常用的输出设备之一。按显示器的工作原理可将显示器分为CRT阴极射线管显示器和LCD液晶平面显示器两种。

CRT阴极射线管显示器主要由偏转线圈、荫罩、电子枪、荧光粉层及玻璃外壳5部分组成。具有可视角度大、色度均匀、无坏点、色彩还原度高、响应时间短、提供多分辨率模式等优点。

LCD液晶平面显示器，具有占用空间小、辐射小、机身薄、亮度高、寿命长、色彩鲜艳、工作稳定等优点，成为具有优势的新一代媒体显示设备。

②打印机。打印机是计算机的输出设备之一，主要用于输出计算机处理的结果、图像、文字等。打印机的打印速度、噪声和打印分辨率是衡量打印机好坏的主要性能指标。

打印机的分类：按打印机的工作原理，可将打印机分为击打式打印和非击打式打印机两大类；按打印机的工作方式，可将打印机分为针式打印机、喷墨式打印机、激光打印机等。

### 8. 计算机的数制

（1）数制的概念。数制也就是进位计数制，又称为位置计数法，是一种记数方式，可以用有限的数字符号代表所有的数值。对于任何一种数制N，就表示某一位置上的数运算时是逢N进一位。如：二进制就是逢二进一，八进制是逢八进一，十进制是逢十进一，十六进制是逢十六进一。以此类推，N进制就是逢N进一。

对于任何一个数，我们可以用不同的进位制来表示。比如：十进制数25，可以用二进制表示为11001，也可以用八进制表示为31，也可以用十六进制表示为19，它们所代表的数值都是一样的。

（2）数制的转换方法。

①二进制数。二进制数的特点为它由两个基本数字0、1组成，二进制数运算规律是"逢二进一"。

为区别于其他进制数，二进制数的书写通常在数的右下方注上基数2，或后面加B表示。

例如：二进制数10110011可以写成（10110011）$_2$，或写成10110011B，对于十进制数可以不加注，计算机中的数据均采用二进制数表示，这是因为二进制数具有以下特点：

二进制数中只有两个字符 0 和 1，表示具有两个不同稳定状态的元器件。例如，电路中有、无电流，有电流用 1 表示，无电流用 0 表示。类似的如电路中电压的高、低、晶体管的导通和截止等。二进制数运算简单，大大简化了计算中运算部件的结构。

二进制数的加法和乘法运算如下：

$0+0=0$  $0+1=1$  $1+0=1$  $1+1=10$

$0\times0=0$  $0\times1=0$  $1\times0=0$  $1\times1=1$

但二进制数有个致命的缺陷，就是数字写出来特别长，如：把十进制的 100000 写成二进制就是 11000011010100000，所以计算机内还有两种辅助进位制即八进制和十六进制。二进制数写成八进制数时，长度只有二进制的 1/3，把十进制的 100000 写成八进制就是 303240。十六进制的 1 个数位可代表二进制的 4 个数位。这样，十进制的 100000 写成十六进制就是 186A0。

十进制数转换为二进制数：整数转换，一个十进制整数转换为二进制整数通常采用除二取余法，即用 2 连续除十进制数，直到商为 0，逆序排列余数即可得到，简称除二取余法。

【例 1】将 45 转换为二进制数。

解：

```
2 | 45          低位
2 | 22 ······ 1
2 | 11 ······ 0
2 |  5 ······ 1
2 |  2 ······ 1
2 |  1 ······ 0
     0 ······ 1  高位
```

所以，$(45)_{10} = (101101)_2$。

②八进制数。由于二进制数据的基数 R 较小，所以二进制数据的书写和阅读不方便，为此，在小型机中引入了八进制，它按照"逢八进一"原则进行计数。八进制的基数 $R=8=2^3$，数字符号有 0、1、2、3、4、5、6、7，并且每个数字正好对应三位二进制数，所以八进制能很好地反映二进制。八进制用下标 8 或数据后面加 O 表示。例如：二进制数 $(11\ 101\ 010\ .\ 010\ 110\ 100)_2$ 对应八进制数 $(352.264)_8$ 或 352.264O。

③十进制数。人们通常使用的是十进制。它的特点有两个：有 0、1、2、…、9 十个基本数字组成，十进制数运算是按"逢十进一"的原则进行的。

在计算机中，除了十进制数外，经常使用的数制还有二进制数和十六进制数，在运算中它们分别遵循的是"逢二进一"和"逢十六进一"的原则。

④十六进制数。由于二进制数在使用中位数太长，不容易记忆，所以又提出了十六进制数。

十六进制数有两个基本特点：它由 16 个字符 0～9 以及 A、B、C、D、E、F 组成（它们分别表示十进制数 10～15），十六进制数运算规律是"逢十六进一"，即基数 $R=16=2^4$，通常在表示时用尾部标志 H 或下标 16 以示区别。

例如：十六进制数 4AC8 可写成（4AC8）$_{16}$，或写成 4AC8H。

(3) 进位计数制之间的转换。

①二进制数、十六进制数转换为十进制数。二进制数、十六进制数转换为十进制数的规律是相同的。把二进制数（或十六进制数）按位权形式展开多项式和的形式，求其最后的和，就是其对应的十进制数，简称"按权求和"。

【例2】把（1001.01）$_2$ 二进制转换为十进制。

解：$(1001.01)_2 = 1 \times 2^3 + 0 \times 2^2 + 0 \times 2^1 + 1 \times 2^0 + 0 \times 2^{-1} + 1 \times 2^{-2} = 8 + 0 + 0 + 1 + 0 + 0.25 = 9.25$

【例3】把（38A.11）$_{16}$ 转换为十进制数。

解：$(38A.11)_{16} = 3 \times 16^2 + 8 \times 16^1 + 10 \times 16^0 + 1 \times 16^{-1} + 1 \times 16^{-2} = 906.0664$

【例4】将（25）$_{10}$ 转换为十六进制数。

解：

$$\begin{array}{r} 16 \underline{|25} \\ 16 \underline{|1} \cdots\cdots 9 \\ 0 \cdots\cdots 1 \end{array}$$

所以，$(25)_{10} = (19)_{16}$。

②二进制数与十六进制数之间的转换。由于 4 位二进制数恰好有 16 个组合状态，即 1 位十六进制数与 4 位二进制数是一一对应的，所以，十六进制数与二进制数的转换较为简单。

十六进制数转换成二进制数，只要将每一位十六进制数用对应的 4 位二进制数替代即可，简称位分四位。

【例5】将（4AF8B）$_{16}$ 转换为二进制数。

解： 4     A     F     8     B
     ↓     ↓     ↓     ↓     ↓
    0100  1010  1111  1000  1011

所以，$(4AF8B)_{16} = (10010101111110001011)_2$

二进制数转换为十六进制数，分别向左，向右每四位一组，依次写出每组 4 位二进制数所对应的十六进制数，简称四位合一位。

【例6】将二进制数（000111010110）$_2$ 转换为十六进制数。

解： 0001   1101   0110
      ↓      ↓      ↓
      1      D      6

所以，$(111010110)_2 = (1D6)_{16}$

转换时注意最后一组不足 4 位时必须加 0 补齐 4 位。

## 9. 多媒体技术简介

(1) 多媒体。多媒体是多种媒体的综合，是利用计算机技术将文本、声音、动画、视频、图形、图像等信息集成到一个数字化环境中，形成一种人机交互的数字化信息的综合体。

（2）多媒体技术。多媒体技术是指利用计算机对文本、数据、图形、图像、动画、声音、视频等多种媒体信息进行交互式综合处理，使用户可以通过各种感官与计算机进行实时信息交互的技术，又称为计算机多媒体技术。

（3）多媒体计算机。多媒体计算机是指能够对图形、图像、声音、动画、视频和计算机交互式控制结合起来，进行多媒体信息综合处理的计算机。多媒体计算机一般由多媒体硬件平台（包括计算机硬件、高性能显卡、显示器、声像输入输出设备）、多媒体操作系统、图形用户接口和多媒体数据开发应用软件等 4 个部分构成。随着计算机技术的不断更新和发展，多媒体计算机应用越来越广泛，在计算机辅助设计、办公自动化、多媒体开发和教育宣传等领域发挥着重要的作用。

（4）多媒体技术的特点。

①集成性。多媒体技术的集成性主要表现在两个方面：一方面是多种信息媒体的集成，这种集成包括能够对信息进行多通道统一获取、存储、组织与多媒体信息表现的合成等方面。另一方面是处理这些媒体信息设备的集成，对于多媒体设备的集成，要求处理多媒体信息的各种设备应该成为一体，并具有集成一体的多媒体操作系统和输入输出能力的外部设备。

②交互性。多媒体的交互性是有别于传统信息交流媒体的主要特点之一。传统信息交流媒体只能单向被动地传播信息，而多媒体技术则可以达到计算机之间信息的双向处理，实现人对信息的主动控制和选择。

③实时性。实时性是指多媒体同步交互作用，当用户给出操作命令时，相应的多媒体信息就能得到实时的控制。

（5）多媒体的关键技术。

①数据压缩技术。数据压缩技术就是用最少的数码来表示信号的技术，通常分为有损压缩和无损压缩两种。

有损压缩：有损压缩允许在压缩过程中损失一定的信息，压缩后的数据经解压后，所还原得到的数据与原始数据之间存在一定的差异。由于允许压缩过程中损失一定的信息，因此这种压缩技术可以获得较大的压缩比。一幅经过有损压缩技术处理过的图像使用高分辨率打印机输出图像，图像的质量就会有明显的受损痕迹。

无损压缩：无损压缩是对文件本身的压缩，和其他数据文件的压缩相同，是对其存储方式进行优化，采用某种算法表示重复的数据信息，压缩后的数据经解压还原得到的数据与原始数据相同，不存在任何误差，但相对来说这种方法的压缩效率较低。常用的无损压缩方法有行程长度编码（Run-Length Encoding）、哈夫曼编码（Huffman Coding，又称霍夫曼编码）、LZW（Lempel-Ziv-Welch Encoding）编码、词典编码和算术编码等。

②多媒体数据存储技术。经过各种压缩技术处理过的数字化多媒体信息，仍然包含了大量的数据，只有与大容量的存储设备相结合，才能解决多媒体信息的存储问题。大容量可擦写光盘（DVD-RW）、一次写多次读光盘（DVD-R）的出现，解决了这些多媒体信息的存储问题。每张单面 DVD-R/RW 可存储 4.7GB 数据，双面可存储 9.4GB 数据，由于价格低廉和数据易于长期保存，而被广泛应用于文件数据和多媒体信息的存储首选。

(6) 多媒体的基本元素。

①常见的图形、图像格式。图形一般是指计算机所绘制的可用数学方程描述的平面图，如圆、椭圆、三角形、直线、任意曲线和图表，也称为矢量图。其特点是占用空间小，任意缩放而不会失真，和分辨率无关，适用于图形设计、文字设计和一些标志设计、版式设计等。

图像是指由输入设备捕捉的实际场景画面，或以数字化形式存储的任意画面。将图放大到一定程度时会发现它是由很多小方格组成的，这些小方格被称为像素点。这类图也被称为位图，其大小和质量取决于所含像素点的多少，通常每平方英寸的面积所含像素点越多，颜色之间的混合也就越平滑，同时文件也就越大。

在计算机中常见的图形文件格式有以下几种：

JPEG（Joint Photographic Experts Group）：可以大幅度压缩图形文件的一种图形格式，具有调节图像质量的功能，可使用不同的压缩比率对文件进行压缩，并支持多种压缩级别，压缩比率通常在10∶1和20∶1的比率下能轻松地压缩文件，图片质量不会下降，而且色彩数最高可达到24位，因此被广泛应用于Internet上的图片库。

BMP（Bit Map Picture）：它是计算机上常用的一种位图格式，采用位映射存储格式，除了图像深度可选以外，不采用其他任何压缩技术，格式可表现从2位到24位的色彩，该文件在没有限制大小的场合中运用极为广泛。

GIF（Graphics Interchange Format）：它是一种基于LZW编码算法的连续色调无损压缩格式，文件体积小，适用于网络传输，分为静态GIF和动态GIF两种，支持透明背景图像、压缩、交错和多图像图片，被广泛应用于Internet上的动态图库。

PSD（Photoshop Document）它是Adobe公司图形设计软件Photoshop专用的图像文件格式，PSD格式能在Photoshop中以最快的速度打开和存储，并支持所有可用的图像模式（灰度、位图、双色、索引颜色、RGB、CMYK、Lab）和各种通道及图层。

此外，还有GIF、TIFF等格式。

②音频（Audio）。音频是指可以听到的声音频率在20Hz至20kHz之间的声波，除包括语音、音乐、各种音响效果外，还包括噪声等。音质是听众一直以来所关注的问题，影响声音质量的基本要素有音强、音调和音色。

音强是指声音的强度，它是一个客观的物理量，其常用单位用"分贝（dB）"表示；音调是指声音频率的高低，由声音的频率所决定，同时也与声音强度有关，对一定强度的声音，音调随频率的升降而升降；音色是指声音的感觉特性，由基音和泛音所决定，基音有自身的固定频率，混入基音的泛音又具有不同的强度，因此可以使混合之后的音色具有多种特殊的音色。

检验声音数字化的质量有以下3个指标：

采样频率：采样频率是指录音设备在一秒内对声音信号的采样次数，也称为采样速度或采样率，用赫兹（Hz）来表示。采样频率决定了声音采集的质量，采样的次数越高声音还原就越自然。

采样位数：采样位数是指声卡在采集和播放声音文件时所使用的数字声音信号二进制位数，通常用来衡量声音波动的变化。即二进制位数值越大，录制和回放的声音就越真实且自然。

声道类型：按照音频信号流动的渠道划分，有单声道、双声道（立体声）和四声道环绕

3种类型。四声道环绕规定了4个发音点：前左、前右、后左、后右，听众则被包围在这中间。

③视频（Video）。视频通常指各种动态影像的储存格式，例如：电视、电影、录像、DVD、VCD、录像带等。计算机中常见的视频影像文件格式有以下几种：

MPEG（Moving Picture Experts Group，移动图像专家组）是VCD常采用的一种视频文件格式，MPEG标准主要有：MPEG-1、MPEG-2、MPEG-4及MPEG-7等。

AVI（Audio Video Interleaved，音频视频交错）是Windows 7所使用的一种数字视频格式，可以将音频和视频交织在一起进行同步播放，图像可以有多种颜色深度和解析度，其优点是可以跨多个平台使用，缺点是数据量较大。

ASF（Advanced Streaming Format，高级流媒体格式）是Microsoft公司为操作系统所开发的流媒体文件格式，支持任意的压缩和解压缩编码，具有很大的灵活性，适用于连续的视频影像播放。

④动画（Animation）。动画是采用逐帧拍摄对象并连续播放而形成运动的影像技术。动画的制作过程比较烦琐，分工也极为细致，通常分为前期制作、中期制作和后期制作。前期制作包括脚本编写、造型设计、场景设计、资金筹集等；中期制作包括分镜、上色、配音、摄影、作画和录音等；后期制作包括合成、字幕、特效和试映等。

二维动画相对简单，易于实现和掌握，二维动画制作系统一般具有画面输入、描线上色、画面处理、合成和特效制作等；而三维动画的操作相对复杂，但功能强大，对于动画的运行环境和制作人员都有极高的要求。

### 任务实现

计算机是否能正常工作，对计算机相关的设备进行正确的连接是至关重要的。通过对计算机基础的学习我们知道，一个完整的计算机系统是由硬件系统和软件系统两大部分组成的，其中计算机硬件系统是指组成计算机的各种物理设备的集合，是看得见摸得着的部分，是计算机正常运行的物理基础，也是计算机软件发挥作用的平台。计算机软件系统是在硬件系统设备上运行的各种程序和文档，是硬件系统的指挥者和操作者。硬件和软件两大系统相互依赖，协调工作。

（1）未连接的主机接口面板，如图1-1-5所示。

①主机电源接口：电源线的一端连接三孔插座，另一端连接主机电源。

②PS/2接口：键盘的PS/2接口。

③PS/2接口：鼠标的PS/2接口。

④HDMI接口：高清晰度多媒体接口是一种数字化视频/音频接口技术，是适合影像传输的专用型数字化接口，其可同时传送音频和影像信号。

⑤VGA接口：连接显示器信号线的插头。

⑥USB接口：连接使用USB插头的设备，如：闪存、数

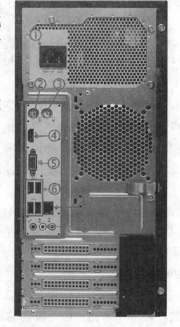

图1-1-5　主机接口面板

码相机、摄像头等。

⑦RJ-45 接口：上网使用的 ADSL 或宽带接口，连接双绞线水晶连接头。

⑧音频接口：通常标有 MIC、Speaker 或 Line-out 字样。

（2）设备检查。操作前检查各种外部设备是否准备齐全，以保证连接操作正常进行。

（3）操作注意事项。

①熟悉各外部设备；②防静电；③断电，再进行操作；④设备要轻拿轻放；⑤连接，插拔时用力要适度；⑥确保安装正确；⑦对于购买的新机要保存好保修卡、驱动光盘、说明书等。

（4）主机与键盘、鼠标的连接。①认清主机箱上的键盘和鼠标的接口；②使用适当的力度将键盘和鼠标的 PS/2 插头正确插入主机箱上的键盘和鼠标接口。

（5）显示器与主机的连接。①将显示器与主机摆放好；②把 VAG 连接线的两头正确地与显示器和主机连接。

（6）连接 RJ-45 双绞线水晶连接头。

（7）连接音频。三个圆形接口一般为粉红色接口用于连接麦克风，浅蓝色接口用于连接外部音源，草绿色接口用于连接扬声器和耳机。

（8）最后连接电源，开机检查各连接是否正常。

### 训练任务

通过对计算机发展历程的学习，以及动手连接计算机各外部设备后，小李对计算机的学习产生了浓厚的兴趣。因所在公司日常事务繁杂，经常有很多工作上的任务需要带回家中处理，小李决定购买一台中档以上配置的计算机，主要用于处理工作上的一些表格、视频、图片、文字。下面根据小李的实际情况为小李配置一台计算机，计算机配置表见表 1-1-3。

表 1-1-3 计算机配置

| 配件名称 | 配件型号 | 价格（元） | 备 注 |
| --- | --- | --- | --- |
| 主板 | | | |
| CPU | | | |
| 内存 | | | |
| 显卡 | | | |
| 网卡 | | | |
| 声卡 | | | |
| 硬盘 | | | |
| 光驱 | | | |
| 电源 | | | |
| 主机箱 | | | |
| 显示器 | | | |
| 键盘、鼠标 | | | |
| 音箱、耳麦 | | | |
| 合计 | | | |

## 任务 2　认识 Windows 7 操作系统

### 任务描述

小杨刚到公司上班没几天，公司为了提高员工的工作效率，决定对新进的员工进行计算机操作培训，根据通知要求参加培训的员工首先要熟悉 Windows 7 操作系统。小杨决定在培训开始之前自己先按照培训手册中的资料内容，对 Windows 7 操作系统的基本知识进行学习。

### 任务分析

要完成本项工作任务，首先应该熟悉 Windows 7 操作系统的一些基本概念和基本操作。如，熟悉 Windows 7 操作系统的启动与退出、Windows 7 桌面、任务栏、工具栏、菜单栏、对话框等并掌握窗口的基本操作。

### 必备知识

常见的操作系统有 Windows 操作系统、UNIX 操作系统、Linux 操作系统：

（1）Windows 操作系统。Microsoft Windows 操作系统是美国微软公司所研发的一套操作系统，它于 1985 年诞生。大多数用于台式机和笔记本电脑，具有良好的用户界面和简易的操作。最初是 Microsoft-Dos 模拟操作环境，经过微软公司的不断更新升级，Windows 采用了图形化模式 GUI 设计与之前的 Dos 相比较，在使用方式上更为人性化，成为了用户最受欢迎的操作系统。

随着计算机软件和硬件的更新和升级，Windows 从架构的 16 位、32 位升级到 64 位。系统版本从最初的 Windows 1.0 到大家熟悉的 Windows 95、Windows 98、Windows ME、Windows 2000、Windows 2003、Windows XP、Windows Vista、Windows 7、Windows 8、Windows 10 和 Windows Server 服务操作系统。

Windows 7 从 2007 年 12 月至 2009 年 7 月正式开发完成，并于 2009 年 10 月正式发布。其尾数 7 有两层含义：一是 Windows 7 系统于 2007 年诞生并开始进行测试，二是 Windows 7 操作系统刚好是第 7 代广泛应用的操作系统。

Windows 7 延续了 Windows XP 的实用和 Windows Vista 的 Aero 风格，并新增了许多功能。Windows 7 可供选择的版本有：简易版或初级版（Starter）、家庭普通版或家庭基础版（Home Basic）、家庭高级版（Home Premium）、专业版（Professional）、企业版（Enterprise）、旗舰版（Ultimate）。

（2）UNIX 操作系统。UNIX 操作系统于 1969 年在贝尔实验室诞生，是一个强大的多用户、多任务的通用型分时操作系统，支持多种处理器架构，为用户提供了一个交互、灵活的操作界面，支持用户之间的数据共享。该操作系统大部分由 C 语言编写，提供了可编程的 Shell 语言（外壳语言）作为用户界面，采用多种通信机制和树状目录结构。

UNIX 从系统结构上分为 3 部分：操作系统内核（UNIX 操作系统核心管理和控制中

心)、系统调用(提供程序开发应用时调用系统组件,包括文件的管理、进程管理、设备状态等)、应用程序(包括编译器、网络通信处理程序和各种开发工具等)。

(3) Linux 操作系统。Linux 操作系统于 1991 年诞生,是一套免费使用和自由传播类的操作系统。是一个基于 POSIX 和 UNIX 的多用户、多任务操作系统,支持多线程和多处理器。Linux 继承了 UNIX 以网络为核心的设计思路,是一个性能稳定的多用户网络操作系统,能运行 UNIX 应用程序、网络协议和工具软件等。

### 任务实现

#### 1. Windows 7 操作系统的启动与退出

(1) Windows 7 的启动。

① 按照顺序打开外部设备电源和主机电源开关,计算机便开始进行自启动的过程,进行硬件检测和系统引导。

② 若计算机用户账户使用默认设置,稍等片刻后即可进入 Windows 7 操作系统的用户界面,如图 1-2-1 所示。

③ 若计算机中添加了多个用户账户,计算机启动时在登录界面就会显示多个用户图标,需要选择用户账户图标,输入账户密码,单击"确定"按钮后才可以登录用户系统界面。

(2) Windows 7 的退出。退出 Windows 7 就是关闭计算机操作,计算机的关机不像开机一样直接按下计算机的电源开关,而应该按照正确的步骤进行操作,因为 Windows 7 操作系统是一个多任务、多线程的分时操作系统,通常前台和后台同时运行多个程序,关闭前台程序并不意味着关闭了后台程序。非正常关机操作会导致数据和处理信息的丢失,影响系统正常运行,甚至导致计算机硬件损坏。

① 使用鼠标单击桌面左下角"开始"按钮。

② 在弹出的"开始"菜单中单击"关机"按钮,Windows 7 就会自动存储系统设置,然后自动断开计算机电源,如图 1-2-2 所示。

图 1-2-1 Windows 7 系统界面

图 1-2-2 Windows 7 退出

③ 使用快捷键退出 Windows 7 操作系统。在键盘上按下"Alt+F4"组合键,屏幕出现"关闭 Windows 7"对话框,在下拉列表中选择"关机"按钮,如图 1-2-3 所示。

图 1-2-3　Windows 7 退出

### 2. Windows 7 操作系统桌面

系统桌面的组成。"桌面"即为登录 Windows 7 后出现的整个屏幕区域，也就是显示窗口、图标、菜单和对话框的屏幕区域，Windows 7 的桌面元素主要包括桌面图标、桌面背景和任务栏等几部分。

（1）桌面图标。图标是代表计算机中文件、文件夹或程序等对象的图形，每个图标分别代表一个对象，由图形和名称两部分组成，这些图标各自都代表着一个程序，用鼠标双击图标就可以打开相应的程序。桌面图标一般分为 4 种类型：系统图标、快捷方式图标、文件图标和文件夹图标，如图 1-2-4 所示。

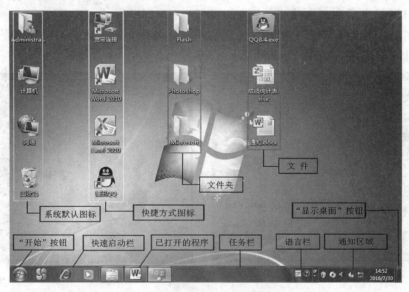

图 1-2-4　Windows 7 桌面组成

①系统图标。安装完操作系统后，第一次启动 Windows 7 时在桌面可以看到一个"回

收站"图标,其他图标可根据用户需求自行添加,如计算机、网络、Internet Explorer 等。系统自带的这些有特殊用途的图标被称为系统默认图标,如图 1-2-4 所示。

②快捷方式图标。该图标是用于快速启动相应的应用程序。通常在安装这些应用程序时会自动添加到桌面,用户也可以根据需要自行在桌面创建这类图标,快捷方式图标的特征是在图标左下角有一个箭头标志,如图 1-2-4 所示。

③文件图标和文件夹图标是用户根据需求自行在桌面上创建的文件和文件夹,如图 1-2-4 所示。

(2) 桌面背景。"桌面背景"又称为"壁纸""墙纸"等,即显示在电脑桌面上的背景画面,桌面背景并没有实际功能,只起到丰富桌面内容、美化用户个性化工作环境的作用。

(3) 任务栏。在 Windows 系列操作系统中,任务栏是位于桌面最底端显示的小长条,主要由"开始"菜单、快速启动栏、应用程序区、语言栏、通知区域和"显示桌面"按钮组成,如图 1-2-4 所示。

①"开始"菜单(图 1-2-5):是视窗操作系统(Windows)中图形用户界面的基本组成部分,也是用户选择任务进行操作的途径之一。可以说"开始"菜单是操作系统的中央控制区域,用户可通过"开始"菜单启动程序、搜索各种计算机中的文件、获得 Windows 操作系统的帮助信息、完成计算机的相关设置、打开常用文档等。

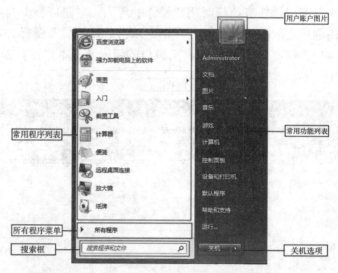

图 1-2-5 "开始"菜单

常用程序列表:该列表主要显示用户使用频率最高的 10 个应用程序,方便用户使用。

所有程序菜单:该菜单以列表的形式列出了计算机操作系统中安装的所有程序,单击"所有程序"前面的"▶"按钮,可以展开所有程序子菜单。

搜索框:便于用户搜索计算机中的文件和文件夹。

用户账户图片:单击用户账户图片,可以对用户账户的相关信息进行设置。如添加账户、删除账户和设置账户密码等。

常用功能列表:主要显示用户常用文件、媒体库和系统文件夹的链接,方便用户使用系统文件和进行系统设置。

关机选项:在关机选项中为方便用户的操作和使用,提供了"关机""切换用户""注销""重新启动""锁定"和"睡眠"等选项。

②快速启动栏：位于桌面左下角，主要放置应用程序的快捷启动图标，便于用户快速地启动这些应用程序。快速启动栏"显示桌面"，Internet Explorer、Windows Media Player等。用户可根据自己需求，将应用程序启动图标添加到快速启动栏。

③应用程序区：当用户打开应用程序时，该应用程序的相应按钮会出现在任务栏上，方便用户在多个运行的应用程序间进行切换。

④语言栏：用于显示和切换当前所使用的语言与输入法，可以通过使用语言栏上的按钮来执行语音识别、手写识别等文字服务，可按下"Ctrl+Shift"组合键进行输入法的切换。

⑤通知区域：通知区域又称为系统提示区或系统托盘，主要用于显示和设置后台运行的程序信息，包括时间、杀毒软件、音频管理器、网络连接程序等。显示的后台运行程序信息种类与计算机硬件和安装的程序有关。

⑥"显示桌面"按钮：是 Windows 7 新增的功能，位于任务栏最右侧，它可以快速地将打开的所有程序窗口最小化到任务栏中显示桌面。该功能还可以使用"⊞+D"组合键或使用"⊞+M"组合键等方式实现。

### 3. Windows 7 窗口与对话框

（1）窗口的组成。窗口是任务执行时用户操作的界面，它是屏幕上与应用程序相对应的窗口，是用户与应用程序之间的可视界面。在桌面双击"计算机"图标，打开"计算机"窗口，以"计算机"窗口为例，介绍 Windows 7 窗口的组成及基本操作，如图 1-2-6 所示。

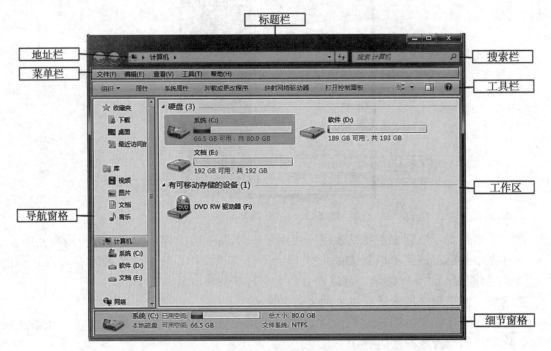

图 1-2-6 "计算机"窗口

①标题栏：位于窗口最顶部，在标题栏中包含了最小化、向下还原、最大化和关闭按钮，可以对窗口进行简单操作。

②地址栏：显示当前对象所在地址，可在不同目标文件地址间进行切换。

③搜索栏：用于查找本地计算机中的文件和文件夹。

④菜单栏：显示了该窗口的所有操作命令，由多个菜单组成。不同的应用软件菜单栏的菜单项目名称、数量、内容不同。可以根据用户需求显示或隐藏菜单栏：单击工具栏上的"组织"按钮，在展开的下拉菜单列表中选择"布局"→"菜单栏"选项。

⑤工具栏：提供了获得各种功能的按钮和下拉列表，便于用户操作，不同窗口中的相同名称按钮通常具有相同的功能。用户可根据需求显示或隐藏工具栏。

⑥导航窗格：位于窗口的左侧区域，主要显示标题大纲。用户可单击其中的标题展开或收缩显示下一级标题，并且可以快速地定位到标题对应的内容。根据用户需求可以显示或隐藏导航窗格：单击工具栏上的"组织"按钮，在展开的下拉菜单列表中选择"布局"→"导航窗格"选项。

⑦工作区：窗口工作区是整个窗口中最大的矩形区域，位于窗口中央，用于显示操作对象和操作的结果。

⑧细节窗格：位于窗口最底端，用于显示窗口中所选对象的详细信息。

（2）窗口的基本操作。

①最小化窗口：当窗口最小化后，该应用程序的窗口将收缩到任务栏上。此时，该应用程序并没有关闭，而是转入后台运行。最小化窗口有以下几种方法：

方法一：单击窗口标题栏右侧"最小化"按钮。

方法二：在标题栏空白区域右键单击，选择"最小化"选项。

方法三：单击任务栏上已打开的应用程序图标。

方法四：按下键盘上的"⊞＋D"组合键或使用"⊞＋M"组合键等方式实现。但这种最小化是将所有打开的窗口同时最小化到任务栏。

②最大化窗口：窗口的最大化是为了获得更大的操作空间。在窗口不是最大化显示的状态下，单击标题栏右侧"最大化"按钮，可将窗口最大化显示。窗口最大化显示后，"最大化"按钮变为"向下还原"按钮，单击"向下还原"可将窗口恢复到原来大小。

③移动窗口：窗口可以在桌面上任意移动，将鼠标移动到窗口标题栏，按下鼠标左键不松开，拖动窗口到目标位置松开鼠标则移动该窗口。

④切换窗口：当我们使用计算机时，通常会打开多个窗口，而在多个窗口中只能有一个窗口处于激活状态（被称为活动窗口，并在任务栏上对应的按钮呈凹下状态）。窗口间的切换有以下几种方法：

方法一：使用鼠标单击任务栏上窗口标题按钮，可以在打开的各程序窗口间进行切换。

方法二：使用"Alt＋Tab"组合键打开切换面板，如图1-2-7所示，按住Alt键不动，按Tab键依次在需要的窗口间进行切换。

图1-2-7　"Alt＋Tab"组合键切换窗口

方法三：将鼠标移动到任务栏预览小窗口时，在桌面会即时显示该内容的界面窗口状态，在这些小预览窗口间移动鼠标，桌面会即时进行窗口切换，单击某个小预览窗口时即可快速打开该内容界面，如图1-2-8所示。

方法四：按下键盘上的"⊞+Tab"组合键，桌面显示各应用程序的3D小窗口，按住⊞键不动，按Tab键依次在需要的窗口间进行切换，如图1-2-9所示。

图1-2-8　预览窗口　　　　　　　　图1-2-9　"Windows+Tab"组合键切换窗口

⑤改变窗口大小：窗口最大化，可以看到窗口中包含的更多内容；向下还原窗口，可以显示出桌面上的其他内容。

当窗口处于向下还原状态，可以改变窗口大小。将鼠标指针移动到窗口边框或窗口任意一个角上可调整窗口大小。鼠标指针在左右边框上，变为调整窗口水平大小；鼠标指针在上下边框上，变为调整窗口垂直大小；鼠标指针在任意角上，变为对角线调整状态。

⑥排列窗口：在Windows 7操作系统中窗口的排列有层叠窗口、堆叠显示窗口、并排显示窗口3种方式。使用鼠标在任务栏空白区域右键单击，在弹出的快捷菜单中选择一种排列方式即可。

⑦关闭窗口：关闭窗口即退出应用程序，可使用以下方法：

方法一：单击窗口标题栏右侧"关闭"按钮。

方法二：单击菜单栏中的"文件"→"退出"命令。

方法三：使用"Alt+F4"组合键进行关闭。

方法四：在任务栏中右键单击窗口图标，在展开的列表中选择"关闭窗口"选项。

（3）Windows 7对话框。对话框是用户与系统或应用程序之间进行信息交互的界面，程序可通过对话框获得用户信息，完成特定命令或任务。在Windows中，对话框的外观、大小、形式各不相同，但对话框组成元素基本相似。

对话框与窗口有一定的区别，如对话框不能改变大小，不能最大化也不能最小化，但可以拖动对话框的标题栏移动对话框，典型的对话框由以下多种可操作的元素组成，如图1-2-10所示。

①标题栏：位于对话框顶部，标题栏左侧为对话框名称，右侧显示了对话框的"关闭"按钮。

②选项卡：选项卡是对话框中的一项功能，该功能可以让用户在对话框中打开不同的设置页，单击选项卡可以方便用户在不同设置页之间进行切换。

③单选按钮：一般以组的形式出现在对话框中，其标志是前面有一个小圆圈，在一组单

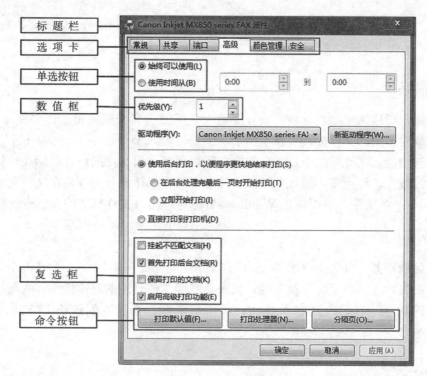

图 1-2-10　对话框

选按钮选项中，只能选中其中一项，被选中的单选按钮内出现一个黑色的小圆点。

④数值框：在数值框中用户可直接输入数据信息，也可以通过数值框右侧的按钮增大和减小数据。

⑤复选框：复选框与单选按钮不同，在一组复选框选项中，可以同时选择多个复选框，被选中的复选框中显示对勾。

⑥命令按钮：命令按钮形状一般为矩形或圆角矩形，常见的按钮有"确定""取消""应用"和"帮助"按钮，单击按钮可执行相应的命令。

⑦下拉列表框：下拉列表框中通常显示一组选项，单击右侧下拉按钮，显示可供用户选择的选项列表，当列表框不能同时显示所有项目时，会在右侧出现滚动条，用户可以通过操作滚动条查阅所有选项。

⑧文本框：文本框是一个可以在里面输入简短信息的方框。

窗口和对话框

## 任务3 管理文件

### 任务描述

小张刚到公司顶岗实习,就被公司分配到人事部做一名文职人员,在文件操作过程中,小张发现同事发过来的文件接收后找不到了。于是请教人事专员小王,小王说:"计算机具有强大的存储功能,在计算机中,所有的数据和程序都是以文件的形式存储在计算机磁盘上的,文件的数量大、种类多,因此在存放文件时必须有规律地分类存放在文件夹中,便于查找。在 Windows 系统中,可以使用 Windows 资源管理器对文件和文件夹进行管理"。

### 任务分析

要完成此项任务,首先要熟悉 Windows 资源管理器的基本操作,了解文件与文件夹的概念、文件命名的规则以及文件类型等;其次要掌握文件管理的基本操作方法与技巧,如文件和文件夹的建立、选定、复制和移动、显示与隐藏、查找、创建快捷方式、删除与还原等。

### 必备知识

**1. Windows 7 资源管理器**

资源管理器是 Windows 系统中提供的重要资源管理工具,如图 1-3-1 所示,使用资源管理器用户可以对计算机中的资源进行管理,特别是资源管理器所提供的树形文件系统结构,使用户更加清晰、直观地预览文件和文件夹。通过资源管理器我们还可以打开文档、运行程序、管理驱动器,也可以对文件和文件夹进行移动、删除、复制以及修改文件和文件夹的属性等操作。

资源管理器

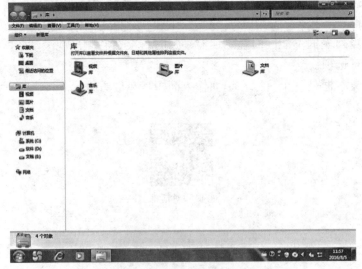

图 1-3-1 资源管理器界面

## 2. 文件与文件夹

（1）文件。文件又称为文档，是存储在外部介质上的数据集合。文件可以是一张图片、一组数据或一个程序等，在计算机中，所有的数据和程序都是以文件的形式存储在计算机外存储器上的。

任何文件都有名字，被称为文件名。不同的文件名可以区分不同的文件，一般由文件主名和文件扩展名（又称为后缀名）两部分组成，两部分之间由一个句点隔开，文件名是代表文件内容的标识。

文件命名的规则：

①文件名中可以使用汉字，一个汉字相当于两个字符。
②任何一个文件名最多使用不超过 255 个字符。
③文件名中的英文字母不区分大小写。
④文件名中不能出现的字符有：\、/、:、"、<、>、|？、*。
⑤"？"和"＊"称为文件名的通配符，在查找和显示文件名时使用。
⑥在同一文件夹中不能出现同名的文件。
⑦文件名可以使用多个分隔符。

（2）文件类型。文件的扩展名代表文件的类型，它是根据文件的不同用途进行分类的，在 Windows 中不同类型的文件对应不同的文件图标，表 1-3-1 是 Windows 中几种常见的文件类型。

表 1-3-1　Windows 中常用文件扩展名及文件类型

| 文件扩展名 | 文件类型 | 文件扩展名 | 文件类型 |
| --- | --- | --- | --- |
| .jpg | JPG 图像文件 | .bat | 批处理文件 |
| .gif | GIF 图像文件 | .txt | 文本文件 |
| .bmp | 位图文件 | .dll | 动态链接库文件 |
| .psd | Photoshop 图形文件 | .ini | 系统配置文件 |
| .tif | 常用图形文件 | .swf | Flash 动画文件 |
| .mp3 | 音频文件 | .zip | 压缩文件 |
| .mp4 | 视频文件 | .docx | Word 2010 文件 |
| .hlp | 帮助文件 | .xlsx | Excel 2010 电子表格文件 |
| .com | 命令文件 | .pptx | PowerPoint 2010 幻灯片文件 |
| .exe | 可执行文件 | .htm | 网页文件 |
| .sys | 系统文件 | .tmp | 临时文件 |

（3）文件夹。在 Windows 系统中，文件夹是用来协助用户管理计算机磁盘文件，用户可以对文件进行分类存储，将不同的文件存放到不同的文件夹中，便于用户查找。文件夹一般采用多层次结构（树状结构），包含了目录的概念。文件夹不但可以包含文件，而且还可

以包含下一级文件夹，形成多级文件夹结构，既帮助用户将不同类型和功能的文件分类存储，又方便用户对文件的查找，同时还允许在不同文件夹中出现相同的文件名。

### 任务实现

**1. Windows 7 资源管理器**

（1）启动资源管理器。启动资源管理器常用的几种方法：

方法一：在任务栏中依次单击"开始"→"所有程序"→"附件"→"Windows 资源管理器"。

方法二：在任务栏中右键单击"开始"按钮，在弹出的快捷菜单中选择"Windows 资源管理器"选项。

方法三：单击"开始"按钮，在"开始"菜单中选择"计算机"选项。

方法四：在桌面双击"计算机"打开"计算机"窗口，使用鼠标单击导航窗格中的"库"选项，也能打开资源管理器。

（2）资源管理器组成。资源管理器的窗口分别由左窗口、右窗口和窗口分隔线等几部分组成。

①左窗口：显示收藏夹、库、计算机、网络及内部各文件夹列表。

②右窗口：显示当前选中的文件夹所包含的文件和子文件夹。

③窗口分隔线：位于左窗口与右窗口之间，用鼠标拖动可改变左、右窗口的大小。

（3）资源管理器的基本操作。

①浏览文件夹内容：当用户在左窗口中选定一个文件夹时，在资源管理器的右窗口中显示了当前选中的文件夹所包含的文件和子文件夹。如果在左窗口中某一文件夹包含了下一级文件夹，则该文件夹图标左侧有"▷"符号。单击该符号可以展开该文件夹，显示该文件夹下所包含的子文件夹，同时"▷"变为"◢"；再次单击，则该文件夹折叠，文件夹左侧符号变为"▷"。

②改变文件和文件夹的显示方式：为了方便用户查看右窗口显示的内容，用户可对该窗口的视图方式进行调整，文件和文件夹的显示方式有"超大图标""大图标""中等图标""小图标""列表""详细信息""平铺"和"内容"8种。其中，"详细信息"显示方式显示了文件和文件夹的名称、修改日期、类型、大小等信息。

改变文件和文件夹的显示方式有以下几种方法：

方法一：在工具栏上单击"更改您的视图"按钮实现。

方法二：单击"更改您的视图"右边小三角下拉按钮，展开列表选择所需要的显示方式，如图 1-3-2 所示。

方法三：在资源管理器右侧窗口的空白区域右键单击鼠标，选择"查看"展开下一级子菜单，选择所需要的显示方式，如图 1-3-3 所示。

方法四：在工具栏上单击"查看"按钮来实现，如图 1-3-4 所示。

图 1-3-2　更改视图

项目1 计算机基础知识

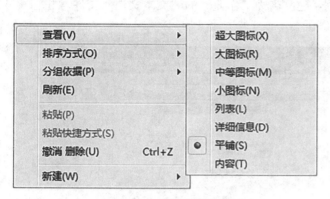

图 1-3-3　更改视图　　　　　　　　　　　　　　　图 1-3-4　更改视图

## 2. 文件与文件夹的基本操作

（1）新建文件和文件夹。建立文件夹前，首先要确定新建文件夹的存放位置。同时为了方便对文件和文件夹的查找，应该将不同类型或不同用途的文件存放在不同的文件夹中，使用户能从文件和文件夹的名字就能辨别出文件的类型和用途。

①文件夹的建立。以 D 盘根目录为例，建立一个空文件夹，如图 1-3-5 所示，有以下几种方法：

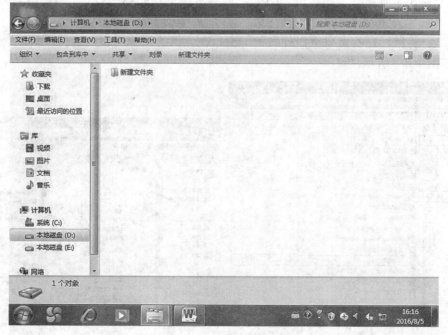

图 1-3-5　新建文件夹

方法一：在桌面双击"计算机"图标，再双击"本地磁盘（D:）"打开本地磁盘，单击菜单栏上的"文件"→"新建"→"文件夹"。

方法二：使用鼠标单击工具栏上的"新建文件夹"。

方法三：将鼠标在右窗口空白处右键单击在弹出的菜单列表中选择"新建"→"文件夹"。

②文件的建立。以 D 盘根目录为例，建立名为"作业"的"文本文档"文件，如图 1-3-6 所示，有以下几种方法：

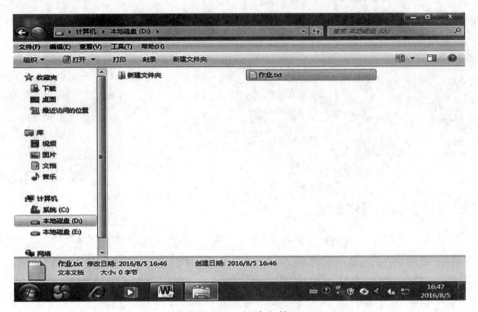

图 1-3-6　新建文件

方法一：在桌面双击"计算机"图标，再双击"本地磁盘（D:）"打开本地磁盘，单击菜单栏上的"文件"→"新建"→"文本文档"，如图 1-3-7 所示。

方法二：将鼠标在右窗口空白处右键单击，在弹出的菜单列表中选择"新建"→"文本文档"，如图 1-3-8 所示。

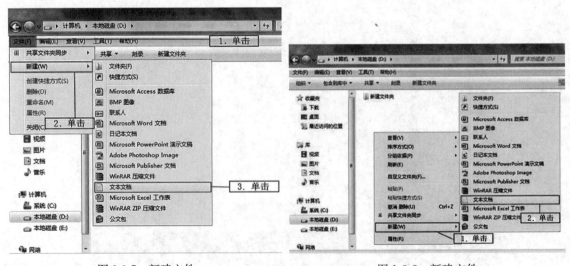

图 1-3-7　新建文件　　　　　　　　　　图 1-3-8　新建文件

(2) 文件和文件夹的重命名。在 Windows 中文件名最长不超过 255 个字符，在实际操作中方便用户更改文件和文件名。在更改文件名时不能随意更改文件扩展名和系统文件名，否则将有可能导致计算机无法启动或执行程序时发生错误。

文件和文件名的更改有以下几种方法：

方法一：将鼠标在文件或文件夹上右键单击，在弹出的快捷菜单列表中选择"重命名"，文件名变成白色，文件名背景变成蓝色并出现方框，在方框中输入新的文件名后按 Enter 键，重命名生效，如图 1-3-9 所示。

方法二：选择文件或文件夹，在菜单栏上单击"文件"→"重命名"。

方法三：先用鼠标选择文件或文件夹，再单击文件或文件夹名称进行更改。

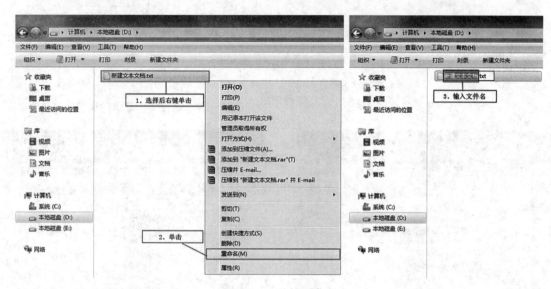

图 1-3-9　文件重命名

(3) 文件和文件夹的选定。

①选定单个文件或文件夹。使用鼠标单击需要选择的文件或文件夹，如图 1-3-10 所示。

②选定多个连续的文件或文件夹。

方法一：使用鼠标单击选定第一个文件或文件夹，按住键盘上的 Shift 键，再用鼠标单击要选定的最后一个文件或文件夹即可选定多个文件或文件夹，如图 1-3-11 所示。

方法二：将鼠标移动到第一个文件或文件夹旁，按住鼠标左键不松开，慢慢移动鼠标到最后一个需要选定的文件或文件夹即框选所有要选的文件或文件夹，松开鼠标即可完成选定。

③选定多个不连续的文件或文件夹。按住键盘上的 Ctrl 键不松开，使用鼠标逐个单击需要选定的文件或文件夹，选定完成后松开键盘上的 Ctrl 键完成选定，如图 1-3-12 所示。

④选定全部文件或文件夹。

方法一：打开需要全部选定的文件或文件夹窗口，使用"Ctrl+A"组合键进行选定。

方法二：将鼠标移动到第一个文件或文件夹旁，按住鼠标左键不松开，慢慢移动鼠标到最后一个文件或文件夹即框选所有要选的文件或文件夹，松开鼠标即可完成选定，如图 1-3-13 所示。

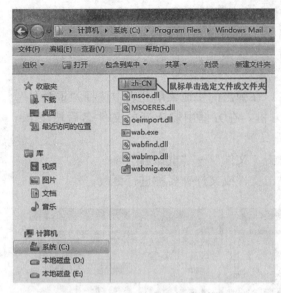
图 1-3-10 选定单个文件或文件夹

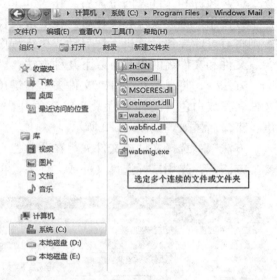
图 1-3-11 选定多个连续的文件或文件夹

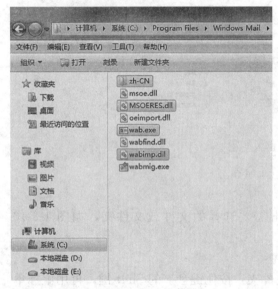
图 1-3-12 选定多个不连续的文件或文件夹

图 1-3-13 选定全部文件或文件夹

⑤取消选定。若需在多个选定的文件或文件夹中，要取消其中某个文件或文件夹，按住键盘上的 Ctrl 键不松开，使用鼠标单击需要取消选定的文件或文件夹。如果需要全部取消选定，可以将鼠标移动到窗口空白区域单击一下鼠标即可完成全部取消选定。

（4）文件和文件夹的属性。每个文件和文件夹都有自己的属性，如图 1-3-14 所示，在文件和文件夹建立后，系统就赋予了它们一些属性。用户可以查看信息，也可以对其中的某些属性进行修改。使用鼠标选定文件或文件夹后，可以使用以下几种方法打开文件或文件夹属性对话框。

方法一：选定文件或文件夹后，在工具栏上单击"组织"→"属性"选项。

方法二：在菜单栏上单击"文件"→"属性"选项。

方法三：将鼠标在文件或文件夹上右键单击，在弹出的快捷菜单中选定"属性"选项。
方法四：选定文件或文件夹后，使用"Alt＋Enter"组合键打开属性对话框。

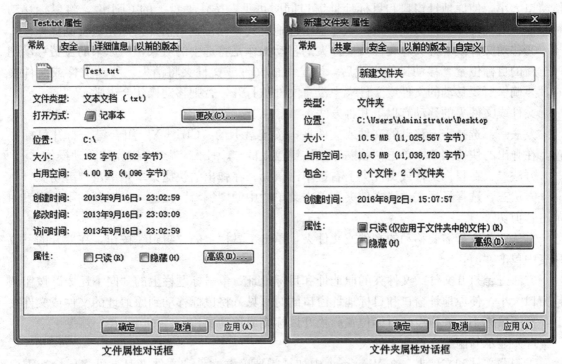

图 1-3-14 文件和文件夹属性对话框

文件的常规属性包括了文件名、文件的类型、打开方式、文件位置、大小、占用空间、创建时间、修改时间、访问时间和只读、隐藏属性等。其中用户可以更改的项目有文件名、打开方式和属性等。

文件夹的常规属性包括了文件夹名、类型，文件夹位置、大小、占用空间，所包含的文件个数和文件夹个数，创建时间和只读、隐藏属性等。其中用户可以更改文件夹名和属性等。

（5）文件或文件夹的复制和移动。

①复制文件和文件夹。复制操作是将选定的文件或文件夹对象，从原来的位置复制到一个新的目标位置，复制操作完成后的文件或文件夹仍然保留在原始位置，即原位置和目标位置都存在相同的文件或文件夹。

文件或文件夹的复制有以下几种方法：

方法一：将鼠标在目标文件或文件夹上右键单击，在弹出的快捷菜单中单击"复制"，打开文件或文件夹需要存放的目标位置，右键单击鼠标，在弹出的快捷菜单中单击"粘贴"或按键盘上"Ctrl＋V"组合键完成复制操作。

方法二：选定需要复制的文件或文件夹，按键盘上的"Ctrl＋C"组合键复制。

方法三：选定需要复制的文件或文件夹，单击工具栏上的"组织"按钮，在展开的下拉列表中单击"复制"。

方法四：选定需要复制的文件或文件夹，单击菜单栏中的"编辑"按钮，在下拉列表中单击"复制"。

方法五：打开文件或文件夹的原地址和目标地址，单击标题栏上的"向下还原"按钮调整窗口大小，使原地址窗口和目标地址窗口同时可见，按住键盘上的 Ctrl 键，将鼠标移动到原地址的文件或文件夹上，按下鼠标不松开拖曳到目标位置后松开鼠标完成复制操作。

②移动文件或文件夹。文件或文件夹的移动操作是将选中的对象，从原来的位置移动到一个新的目标位置。移动操作完成后，原位置的文件或文件夹将消失。移动文件或文件夹时，要确保所要移动的文件或文件夹中没有文件被打开，否则移动操作会失败。

文件或文件夹的移动有以下几种方法：

方法一：选择需要移动的文件或文件夹，按键盘上的"Ctrl+X"组合键，打开目标位置，在弹出的快捷菜单中单击"粘贴"或按键盘上的"Ctrl+V"组合键完成移动操作。

方法二：在目标文件或文件夹上右键单击鼠标，在弹出的快捷菜单中单击"剪切"。

方法三：选择目标文件或文件夹，单击菜单栏中的"编辑"按钮，在展开的下拉列表中单击"剪切"。

方法四：选择需要移动的文件或文件夹，单击工具栏上的"组织"按钮，在展开的下拉列表中单击"剪切"。

方法五：打开文件或文件夹的原地址和目标地址，单击标题栏上的"向下还原"按钮调整窗口大小，使原地址窗口和目标地址窗口同时可见，将鼠标移动到原地址的文件或文件夹上，按下鼠标不松开拖曳到目标位置后松开鼠标完成移动操作。

(6) 显示与隐藏文件和文件夹。

①隐藏文件和文件夹。在 Windows 中如果需要隐藏文件和文件夹时，可将鼠标在需要隐藏的文件或文件夹上右键单击，在弹出的快捷菜单中选择"属性"选项，打开文件或文件夹属性窗口。在属性窗口的"常规"选项卡中，使用鼠标单击选择"隐藏"属性选项，如图 1-3-15 所示，再单击"确定"按钮，文件或文件夹就会被隐藏。

②显示文件和文件夹。基于安全性的考虑，Windows 7 在默认的情况下是不显示被隐藏的文件和文件夹的，若用户需要查看被隐藏的文件和文件夹，需要对 Windows 7 资源管理器的显示选项进行设置。

打开资源管理器，在资源管理器的菜单栏上单击"工具"→"文件夹选项"→"查看"，在高级设置中找到"隐藏文件和文件夹"，选定"显示隐藏的文件、文件夹和驱动器"单选按钮，如图 1-3-16 所示，单击"确定"按钮即可查看被隐藏的文件或文件夹。

(7) 查找文件和文件夹。Windows 7 提供了多种文件和文件夹的查找方法，在查找文件和文件夹时可以按照文件和文件夹的一些相关信息进行查找，包括文件和文件夹的名称、大小、修改日期、类型、种类以及借助通配字符"＊"和"?"进行查找。

Windows 系统支持通配字符"＊"和"?"两种，可以出现在文件名和扩展名中，用来控制文件的匹配模式，在查找文件和文件夹时，可以使用通配字符进行不完整内容的查找。"＊"代表任意多个字符；"?"代表所在位置的任意一个字符。

如查找"本地磁盘（C:）"中扩展名为".hlp"的帮助文件。打开资源管理器，在资源管理器左窗口中单击选定"本地磁盘（C:）"，在资源管理器右上角窗口搜索框中输入搜索内容".hlp"，内容显示窗格中就会在指定范围自动筛选出包含".hlp"扩展名的帮助文件，如图 1-3-17 所示。

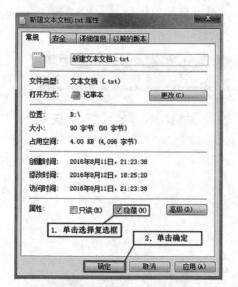
图 1-3-15　隐藏文件或文件夹

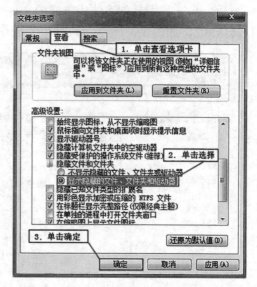
图 1-3-16　显示文件和文件夹

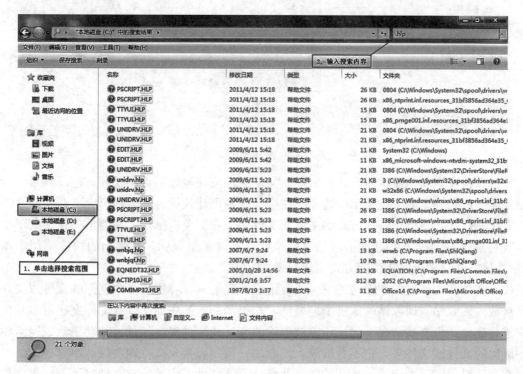
图 1-3-17　搜索文件

（8）创建快捷方式。快捷方式提供了常用程序和文档的访问捷径，通过快捷方式用户可以快速轻松打开文件、文件夹或启动相应的应用程序。建立快捷方式图标实际上是建立文件、文件夹或应用程序的对象地址。打开快捷方式图标时，系统根据内部的链接打开对应的文件、文件夹或应用程序。

快捷方式的创建可以在桌面，也可以在任意文件夹中创建，以下是创建快捷方式的几种常用方法：

方法一：选择需要创建快捷方式的文件或文件夹，单击鼠标右键选择"发送到"→"桌面快捷方式"，如图 1-3-18 所示，即可完成快捷方式的创建。

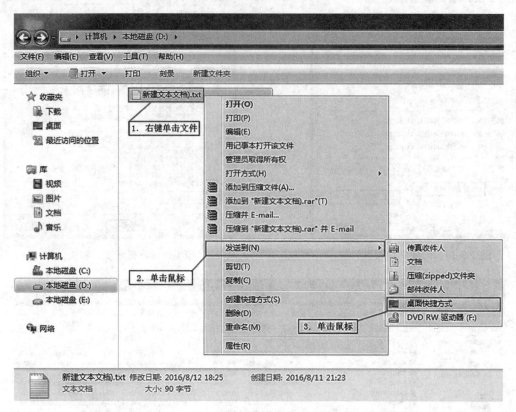

图 1-3-18  创建快捷方式

方法二：在需要创建快捷方式的文件或文件夹上按住鼠标右键不松开，拖动到目标位置后松开鼠标，在弹出的快捷菜单中选择"在当前位置创建快捷方式"即可。

方法三：在需要创建快捷方式的文件或文件夹上右键单击鼠标，在弹出的快捷菜单中单击"复制"，打开需要创建快捷方式的目标位置，右键单击鼠标，在弹出的快捷菜单中单击"粘贴快捷方式"即可完成快捷方式创建的操作。

（9）文件和文件夹的删除与还原。通常情况下我们从计算机硬盘中删除的文件或文件夹都会被放入回收站，回收站就像一个垃圾桶，被扔到回收站中的文件或文件夹还可以从回收站中进行还原，但有些情况下无法还原被删除的文件或文件夹，如从可移动磁盘或网络驱动器中删除的文件或文件夹，它不是被放入回收站，而是直接永久性地删除，不可还原。

在删除对象时，若删除的是文件夹，就意味着该文件夹中的所有文件以及下一级文件夹将全部被删除。文件和文件夹的删除有以下几种方法：

方法一：使用鼠标右键单击需要删除的文件或文件夹，在展开的快捷菜单中选择"删除"，即会弹出删除文件或文件夹对话框，单击"确定"按钮即可完成删除操作。

方法二：选择需要删除的文件或文件夹，按下键盘上的 Delete，在弹出的删除文件或文件夹对话框中单击"是"，即可删除文件或文件夹。

方法三：选择需要删除的文件或文件夹，按键盘上的"Shift＋Delete"组合键，在弹出的删除文件或文件夹对话框中单击"是",即可删除文件或文件夹。但使用这种方法删除的文件或文件夹将不会被放入回收站,而是直接永久删除。

上述操作的方法一和方法二所删除的文件或文件夹,将会被放入回收站中,可以在回收站中对删除的文件或文件夹进行彻底删除或将删除的文件或文件夹进行还原。

彻底删除文件或文件夹:若只需要彻底删除单个文件或文件夹,可在回收站窗口中使用鼠标右键单击需要删除的文件或文件夹,在展开的快捷菜单中选择"删除",在弹出的删除文件或文件夹对话框中单击"确定"按钮即可;如果需要彻底删除回收站中的所有文件或文件夹,可在桌面右键单击"回收站",在展开的快捷菜单中选择"清空回收站",在弹出的删除多个项目对话框中单击"确定"按钮即可。

还原回收站中的文件或文件夹:若只需要还原单个文件或文件夹,可在回收站窗口中使用鼠标右键单击需要还原的文件或文件夹,在展开的快捷菜单中选择"还原"或单击工具栏上的"还原此项目"即可;如果需要还原回收站中的所有文件或文件夹,可单击工具栏上的"还原所有项目"即可将删除的文件或文件夹还原到删除前的位置。

## 训练任务

(1) 在 C 盘根目录下建立一个名为"励志演讲稿.pptx"的 PowerPoint 文件。

(2) 在 D 盘根目录下建立一个名为 Data 的文件夹,并在该文件夹中新建一个"WinRAR 压缩文件",文件命名为"1-3-4A.rar"。

(3) 将 C:\励志演讲稿.pptx 复制到 D 盘的"Data"文件夹下,并且重命名为"1-3-4B.ppt"。

(4) 在 C:\Windows 文件夹范围内查找"help.exe"文件,将查找到的文件复制到 Data 文件夹中,并创建它的快捷方式。

(5) 在 C 盘根目录下查找以字母 e 开头、以字母 t 结尾的、扩展名为.txt 的文件,并将其复制到 Data 文件夹中。

(6) 在 D:\Data 文件夹下建立一个名为"1-3-4C.docx"的 Word 文件,并将其设置为"只读""隐藏"属性。

(7) 将 D:\Data\1-3-4B.ppt 和 1-3-4C.docx 以"素材 1-1A.rar"为文件名压缩至该文件夹中。

选择多个文件

命名规则

# 任务4　管理计算机

## 任务描述

小李在一家广告公司上班，最近接到公司总部通知，需外出参加学习，在外出学习期间由公司小陈接替他的工作。小李学习归来后发现自己的计算机性能下降，运行速度慢，同时显示效果较差、图标也变大了。于是请教人事专员小王，小王说："计算机在日常使用过程中Windows总是不停地创建、删除、更新磁盘上的文件，随着时间的推移，硬盘上就会积累越来越多的数据碎片，从而影响计算机的运行速度，在Windows 7系统中，可以使用磁盘清理、碎片整理等磁盘维护工具对磁盘进行维护。"

## 任务分析

要完成此项任务，首先要熟悉Windows 7的基本操作，如Windows 7个性化设置（更改桌面图标、设置桌面背景、更改桌面图标、设置屏幕分辨率、设置屏幕保护程序等）、"回收站"的使用、软件的安装与卸载、磁盘管理等操作。

## 必备知识

控制面板是Windows用户界面的一部分，方便用户管理和维护计算机系统，用户通过控制面板可查看并完成系统的基本设置。例如用户使用控制面板可设置计算机的显示属性、输入法、添加或删除字体、添加或删除打印机、设置系统时间或日期等，设置完成后的信息将会被保存到计算机中，下次启动计算机时调用新的设置。

### 1. 启动控制面板

通过控制面板可完成计算机系统的基本设置，控制面板的启动可通过以下几种方法：

方法一：使用鼠标单击任务栏左侧"开始"按钮，在展开的开始菜单中单击"控制面板"，如图1-4-1所示。

方法二：在桌面使用鼠标双击"计算机"图标，打开计算机窗口，在工具栏中单击"打开控制面板"即可。

方法三：在桌面双击"计算机"图标，打开计算机窗口，在地址栏中双击鼠标输入"控制面板"，然后按键盘上的Enter键即可打开控制面板，如图1-4-2所示。

方法四：单击任务栏左侧"开始"按钮，在"搜索程序和文件"搜索框中输入"控制面板"，在搜索结果中单击"控制面板"即可。

### 2. 控制面板的查看方式

在Windows 7操作系统中，控制面板默认查看方式为

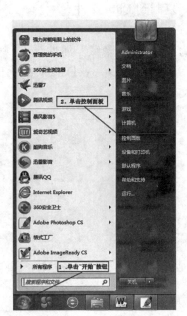

图1-4-1　启动控制面板

"类别",用户可通过单击控制面板中的"查看方式"来选择。控制面板的查看方式有"类别""大图标"和"小图标",如图 1-4-3 所示三种。"类别"是按主题排列项目列表,以便于用户分类查看内容;"大图标"和"小图标"是按字母顺序进行排列显示项目,"大图标"和"小图标"显示内容一样,只是图标大小有所变化。

图 1-4-2 控制面板

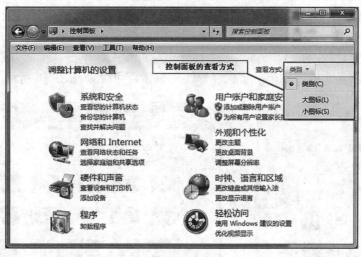

图 1-4-3 控制面板的查看方式

定制桌面

## 任务实现

### 1. Windows 7 个性化设置

(1) 设置 Windows 7 主题。单击任务栏左侧"开始"按钮,在展开的开始菜单中单击

"控制面板"，若查看方式为"类别"单击"外观和个性化"→"个性化"；若查看方式为大图标或小图标单击"个性化"即可打开个性化设置窗口，如图 1-4-4 所示，在个性化窗口中使用鼠标单击选择自己喜欢的主题即可。

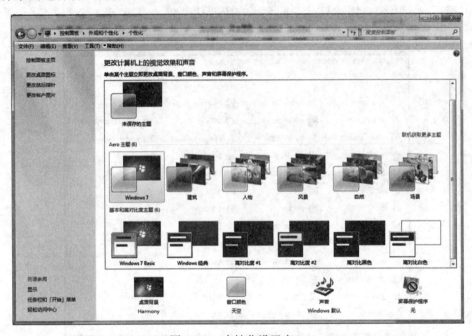

图 1-4-4　个性化设置窗口

（2）更改桌面图标。打开 Windows 7 个性化设置窗口，单击左侧"更改桌面图标"，在桌面图标设置对话框中选择需要更改的图标，单击"更改图标"按钮，在更改图标对话框中选择自己所喜欢的图标，单击"确定"按钮即可完成更改设置，如图 1-4-5 所示。

（3）设置桌面背景。在 Windows 7 个性化窗口设置中，单击"桌面背景"，在桌面背景窗口中选择自己所喜欢的图片单击"保存修改"按钮即可，如图 1-4-6 所示。

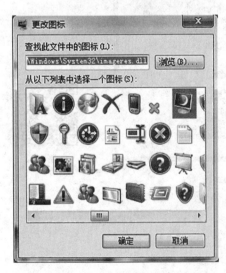

图 1-4-5　更改桌面图标　　　　　　　　图 1-4-6　设置桌面背景

(4) 更改窗口颜色。在个性化窗口设置中，单击"窗口颜色"，选择自己所喜欢的窗口颜色，可使用鼠标滑动控制杆来调整所选颜色的浓度，设置完成后单击"保存修改"按钮即可，如图 1-4-7 所示。

(5) 设置屏幕保护程序。屏幕保护程序是为了保护显示器而设计的一个程序。当用户长时间不对计算机做任何操作，显示器长时间显示同一个画面，会导致显示器老化，从而缩短使用寿命，设置计算机屏幕保护程序，不但可以延长显示器的使用寿命，而且还可以保护个人隐私。

在 Windows 7 个性化窗口设置中，单击"屏幕保护程序"打开"屏幕保护程序设置"对话框，单击"屏幕保护程序"的下拉框，在下拉菜单中选择屏幕保护动画，设置等待进入屏幕保护的时间，设置完成后单击"确定"按钮即可，如图 1-4-8 所示。

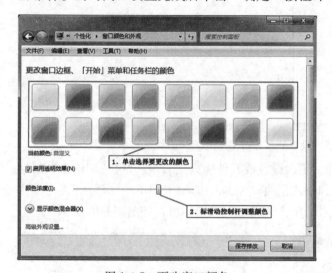

图 1-4-7　更改窗口颜色

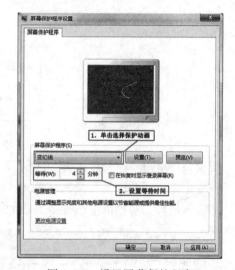

图 1-4-8　设置屏幕保护程序

若暂时离开计算机，为防止个人隐私泄漏，可以在"屏幕保护程序设置"中选择"在恢复时显示登录屏幕"复选框，单击"更改电源设置"按钮，在更改电源设置窗口左侧单击"唤醒时需要密码"，选择"需要密码"单选按钮，单击"保存修改"按钮完成设置。当计算机处于待机状态时，唤醒计算机就会弹出密码输入框，若输入密码错误将无法进入桌面，从而保护了个人隐私。

(6) 设置屏幕分辨率。屏幕分辨率是指计算机显示器屏幕所能显示像素的多少。以水平方向和垂直方向的像素乘积表示，分辨率 1 024 ×768 表示水平方向像素为 1 024 个，垂直方向像素为 768 个，屏幕中显示的像素越多，显示器所显示的画质就越清晰、细腻。常用的屏幕分辨率有 800 ×600、1 024 ×768、1 280 ×1 024 等。

若需设置屏幕分辨率，可在控制面板中单击"显示"图标，在显示窗口左侧单击"调整分辨率"或在桌面空白处右键单击鼠标，在弹出的快捷菜单中选择"屏幕分辨率"，在"屏幕分辨率"窗口中拖动游标调整屏幕分辨率，如图 1-4-9 所示。

**2. 添加删除输入法**

(1) 添加输入法。使用鼠标单击任务栏左侧"开始"按钮，选择"控制面板"，在控制面

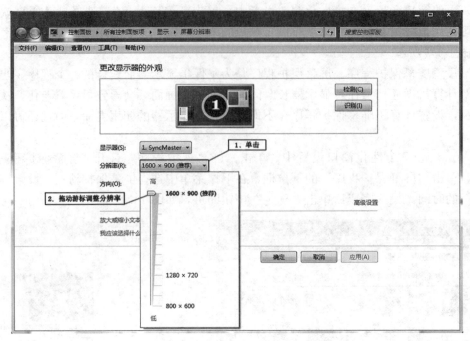

图 1-4-9　设置屏幕分辨率

板窗口中单击"时钟、语言和区域",选择"更改键盘或其他输入法",在"区域和语言"对话框中单击"更改键盘"按钮,在文本服务和输入语言"常规"选项卡中单击"添加",在"添加输入语言"对话框中选择需要添加的输入法单击"确定"按钮即可,如图 1-4-10 所示。

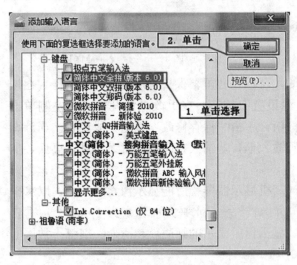

图 1-4-10　添加输入法

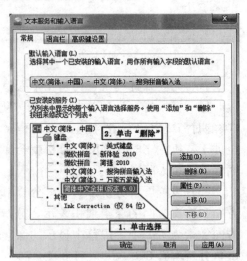

图 1-4-11　删除输入法

(2) 删除输入法。在"文本服务和输入语言"对话框中的"常规"选项卡中选择需要删除的输入法,单击"删除"按钮即可删除相应的输入法,如图 1-4-11 所示。

### 3. 添加打印机

打印机是计算机的重要输出设备,除了需要安装打印机硬件以外,还需要安装打印机的驱动程序，打印机才能正常工作。将打印机与计算机连接好后，在控制面板中双击"设备和打印机"图标，在"设备和打印机"窗口的工具栏中单击"添加打印机"，在"添加打印机"窗口中选择需要安装类型的打印机，如图 1-4-12 所示，按照添加打印机向导的提示操作，即可完成打印机安装。

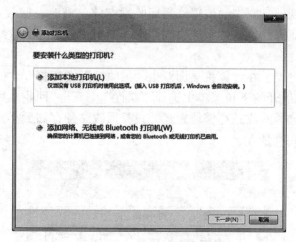

图 1-4-12　添加打印机

### 4. 任务管理器

Windows 中的任务管理器显示了计算机所运行的应用程序和进程的详细信息，并为用户提供了有关计算机性能的信息，如图 1-4-13 所示。当系统中的应用程序长时间处于无响应状态时，用户可以通过任务管理器来关闭应用程序。

图 1-4-13　任务管理器

在 Windows 7 中启动任务管理器可以使用"Ctrl＋Alt＋Delete"组合键调出任务管理器，也可以使用鼠标在任务栏空白处右键单击，在展开的快捷菜单中选择"启动任务管理器"，还可以使用"Ctrl＋Shift＋Esc"组合键调出任务管理器。

5. "回收站"的使用

回收站是 Windows 操作系统中的一个系统文件夹，主要用于存放从计算机硬盘中删除的文件、文件夹、图标和快捷方式等。回收站中的文件、文件夹、图标以及快捷方式还可以从回收站中进行还原到硬盘原来的位置。当回收站存储已满时，回收站中早期删除的文件、文件夹、图标以及快捷方式等将被系统自动删除。使用和管理好回收站，可以更方便地做好文档维护工作。

（1）回收站属性设置。在计算机桌面双击"回收站"图标打开"回收站"窗口，单击工具栏中的"组织"，在展开的下拉菜单中选择"属性"，打开"回收站属性"对话框。在"回收站属性"对话框中选择回收站存储位置，并设置回收站的存储大小，单击"确定"按钮即可完成设置，如图 1-4-14 所示。

图 1-4-14 "回收站属性"对话框

（2）管理回收站。

①清空回收站。如果需要清空回收站中的所有文件或文件夹，可双击桌面"回收站"图标，打开"回收站"窗口，在工具栏上单击"清空回收站"，在弹出的删除"删除文件"对话框中单击"确定"按钮即可；如果只需要删除回收站中的部分文件或文件夹，可在"回收站"窗口中选择需要删除的文件或文件夹，单击菜单中的"文件"→"删除"，在弹出的"删除文件"对话框中单击"确定"按钮即可。

②还原回收站中的文件或文件夹。如果需要还原多个文件或文件夹，可在"回收站"窗口中，选择需要还原的文件或文件夹，单击工具栏上的"还原选定项目"即可；如果需要还原回收站中的所有文件或文件夹，单击工具栏上的"还原所有项目"即可将回收站中的所有文件或文件夹还原到删除前的位置。

6. 软件的安装与卸载

在计算机操作系统中，可根据用户的需求安装各种应用软件和工具软件，以下将以安装常用的杀毒软件为例讲解软件的安装与卸载。

（1）软件安装。通过360官方网站下载360杀毒软件，安装文件准备完成后双击安装文件，打开安装界面，在安装界面中可设置安装路径，如图1-4-15所示，设置好安装路径后单击"立即安装"即可。

（2）软件卸载。当不需要已安装在计算机上的软件时，可将其进行卸载。单击桌面任务栏中的"开始"按钮，在"开始"菜单中单击"控制面板"选项，在控制面板窗口中"程序"下单击"卸载程序"，打开"卸载或更改程序"窗口，选择"360杀毒"图标，单击工具栏上的"卸载/更改"按钮，如图1-4-16所示，根据系统提示操作完成卸载。

图 1-4-15　软件安装

图 1-4-16　软件卸载

### 7. 磁盘管理

（1）磁盘清理。在使用计算机时，系统会产生一些临时文件，在所产生的这些临时文件中只有部分文件在计算机重启后会自动删除。这些临时文件会造成系统对大文件不能连续读写，磁头寻址次数过多，就会造成计算机的性能下降，因此在使用计算机时可对磁盘进行定期清理，从而提高磁盘使用的性能。

双击桌面的计算机图标，打开资源管理器，选择需要清理的磁盘，右键单击鼠标，在展开的快捷菜单中选择"属性"，打开"磁盘属性"对话框，在"常规"选项卡中单击"磁盘清理"，鼠标勾选需要清理的项目，如图1-4-17所示，单击"确定"按钮，在弹出的提示框中再次单击"删除文件"即可完成清理。

（2）磁盘碎片整理。磁盘碎片指的是硬盘读写过程中产生的不连续文件。是因为在使用计算机时，经常要对文件进行保存和删除，文件被分散保存到整个磁盘的不同位置，而不是连续保存在磁盘连续的簇中，在磁盘上就会出现一些不连续的存储空间，使存储的文件处于分散保存状态。在应用程序运行过程中所需物理内存不足时，操作系统会在硬盘中产生临时交换文件，将硬盘空间虚拟成内存，把硬盘作为虚拟内存，管理程序会对硬盘进行频繁读写，从而产生大量的碎

图 1-4-17　磁盘清理

片，磁盘的读写效率就会大大降低，这时我们可以使用磁盘优化的方法整理磁盘碎片，从而提高磁盘利用效率和磁盘的性能。

在资源管理器中选择需要进行碎片整理的磁盘，右键单击鼠标，在展开的快捷菜单中选择"属性"，打开"磁盘属性"对话框，在"工具"选项卡中单击"立即进行碎片整理"，在"磁盘碎片整理程序"对话框中选择需要进行碎片整理的磁盘，如图 1-4-18 所示，单击"分析磁盘"按钮，等待系统对磁盘进行分析，根据系统分析结果，可单击"磁盘碎片整理"对选择的磁盘进行整理。

图 1-4-18　磁盘碎片整理

### 训练任务

在办公室里有一台打印机，连接在小张的电脑上，其他同事需要打印文件的时候，需要把文件传给小张，工作起来比较麻烦，现在帮助小张安装网络打印机并与同事共享，以实现打印机共享，需要完成如下任务：

（1）添加网络上的打印机。
（2）安装打印机驱动程序。
（3）设置网络打印机共享。
（4）使用打印机打印一份文件。
（5）了解使用 Windows 7 操作系统实现打印文件的工作过程。

磁盘清理　　　整理碎片

## 任务 5  移动互联终端

移动互联终端（Mobile Internet Device，MID）就是通过无线技术接入互联网的终端设备，其核心就是将移动多媒体与互联网无缝结合。MID 必将引领我们的生活进入一个全新的时代，成为未来计算机的代表。

### 任务描述

通过学习，对我们所使用的智能设备有一个全新的认识，了解对常见的智能移动终端如何区别和分类。

### 任务分析

了解移动互联终端的优点、分类，认识智能手机各大操作系统平台，分析未来移动互联终端的发展趋势。

### 必备知识

#### 1. 移动互联终端的优点

不断提升的性能配置、超高的性价比以及涵盖生活学习的各方面是移动互联终端的最大优点。作为传统互联终端的进阶产品，MID 在短时间内占领市场不仅因为它能满足人们对便携和随时上网的功能需求，还有一个更重要的原因便是其超高的性价比，消费者趋于理性，简单、实用成为消费者的首选。

#### 2. 移动互联终端的分类

上网本：上网本为采用英特尔凌动（Atom）处理器的无线上网设备，具有上网、收发邮件、即时通信等功能，能够流畅应对视频和音乐，设备如图 1-5-1 所示。

图 1-5-1  上网本

尺寸一般为7～10英寸*，重量大多在1～1.2kg。

系统一般采用传统PC机的操作系统，如Windows、Ubuntu、Linux等。得益于凌动处理器低功耗的表现，上网的续航时间一般在8～10h。

与传统电脑的区别，上网本一般用于网络社交、听音乐、看照片、观看流媒体、收发邮件、网络购物及基本的网络游戏等，而传统电脑一般用于下载、存储、视频会议、大型文件的编辑以及体验更丰富的游戏等。

智能手机：智能手机除了具备传统手机的通话功能外，还具备了PDA设备的大部分功能。智能手机为用户提供了足够的屏幕尺寸和网络，既方便携带，又为各类软件提供了广阔的平台，诸如股票、新闻、天气、购物、娱乐等应用的使用，设备如图1-5-2所示。

图1-5-2 智能手机

平板电脑：平板电脑与智能手机非常类似，区别一般在于，智能手机有通话功能，部分平板电脑则没有，屏幕尺寸上，平板电脑一般大于智能手机，续航能力上平板电脑一般强于智能手机，但便携性相对较差，设备如图1-5-3所示。

图1-5-3 平板电脑

### 3. 移动智能终端常见操作系统平台

智能手机与平板电脑一般使用相同的操作系统，系统的优化程度以及软件的支持度直接决定了智能终端的生命周期，常见的智能终端操作系统有Android、IOS等。

Android操作系统：它是一种基于Linux的自由开放源代码的操作系统，主要适用于移

---

\* 英寸为非法定计量单位，1英寸≈2.54cm。

动设备，如智能手机和平板电脑，由 Google 公司和开放手机联盟领导及开发。尚未有统一中文名称，中国大陆地区较多人使用"安卓"或"安致"系统。Android 操作系统最初由 Andy Rubin 开发。Android 一词的本义指"机器人"，该平台由操作系统、中间件、用户界面和应用软件组成。Android 的优势在于其开放性，开放的平台允许任何移动终端厂商加入到 Android 联盟中来，厂商可以在原基础上自由的定制各种界面和功能，开发者可以自由地开发各种 APP，随着用户和应用的日益丰富，平台也将渐渐走向成熟。

IOS 操作系统：它是由苹果公司开发的移动操作系统。苹果公司最早于 2007 年 1 月 9 日的 Macworld 大会上公布这个系统，最初是设计给 iPhone 使用的，后来陆续套用到 iPod touch、iPad 以及 Apple TV 等产品上。IOS 与苹果的 Mac OS X 操作系统一样，属于类 Unix 的商业操作系统。原本这个系统名为 iPhone OS，因为 iPad、iPhone、iPod touch 都使用 iPhone OS，所以，2010WWDC（World Wide Developers Conference）大会上宣布改名为 IOS。2016 年 IOS 系统更新到 IOS 10，丰富的功能、稳定快速的系统响应速度、庞大的软件生态圈都是消费者喜爱该系统的原因，IOS 与 Android 的最大区别在于系统的开放与封闭，IOS 系统相对来说要封闭很多，开发者一般情况下只能做软件层面上的开发，无法对系统进行修改，正因如此，IOS 的安全性也得到了消费者的肯定，我们也可以将 IOS 理解为专机专用的系统，无法进行移植。

智能终端系统新秀 YunOS：YunOS 是阿里巴巴集团研发的智能操作系统，融合了阿里巴巴集团在大数据、云服务以及智能设备操作系统等多领域的技术成果，并且可搭载于智能手机、智能机顶盒、互联网电视、智能家居、智能车载设备、智能穿戴等多种智能终端。基于 Linux 研发，搭载自主研发的核心操作系统功能和组件，支持 HTML5 生态和独创的 CloudCard 应用环境，增强了云端服务能力。发展至今，已经与 10 余家国内外智能手机制造商、智能穿戴制造商、TV 领域企业、应用开发商等保持良好合作，致力于为用户创造最出色的智能生活体验。将来，会有更多搭载 YunOS 智能操作系统的智能设备推出，并且提供给用户多样化的智能终端选择。

### 4. 移动智能终端的发展趋势

用户体验：在移动互联网时代，用户体验已经成为终端发展的目标。IOS 使用户体验达到了新的水准，得到了用户的一致认可，而基于 Android 的可开发应用程序的应用体验也达到了非常高的水平。他们也代表了当前移动互联网终端发展的趋势和方向。

终端多样化：在移动互联网时代，终端多样化成为移动互联网发展的一个重要趋势。移动互联终端最终以满足个人、家庭、企业、政府各类需求为目的。固定互联网的终端仅局限于计算机，而移动互联网的终端朝着满足用户差异化需求的便携式终端扩展、智能穿戴、智能家居、VR 设备等方向走向我们的生活。

融合服务：移动互联网继承了固定互联网的很多技术，并在位置信息、漫游信息以及业务创新模式等方面进行了拓展。移动互联网实际是把传统互联网与移动通信相结合，进而也带动手机终端与 PC 机、电子消费终端的融合。未来运营商提供的是集信息化、多媒体、娱乐、广告内容等于一体的综合信息服务。

# 任务6 认识大数据

当今时代是一个信息高速发展的社会,科学技术的日益更新、信息数据的高度流通,加深了人与人之间的密切交往,生活也随之便捷,而大数据便是随之而来的产物。

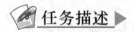 任务描述

了解大数据的定义、特征、应用以及将来大数据发展的趋势。

### 必备知识

#### 1. 大数据的概念

大数据(Big Data),指无法在一定时间范围内用常规软件工具进行捕捉、管理和处理的数据集合,是需要新处理模式才能具有更强的决策力、洞察发现力和流程优化能力来适应海量、高增长率和多样化的信息资产。它是一个泛概念,其实,"大数据"归根结底还是数据,是一种泛化的数据描述形式。有别于以往对于数据信息的表达,大数据更多地倾向于表达网络用户信息、新闻信息、银行数据信息、社交媒体上的数据信息、购物网站上的用户数据信息、规模超过TB级的数据信息等。此外,异构数据的交叉分析也可认为是大数据。大数据的"大"体现在数据信息是海量信息,且在动态变化和不断增长。

#### 2. 大数据的特征

容量(Volume):数据的大小决定所考虑的数据的价值和潜在的信息。

种类(Variety):数据类型的多样性。

速度(Velocity):指获得数据的速度。

可变性(Variability):妨碍了处理和有效地管理数据的过程。

真实性(Veracity):数据的质量。

复杂性(Complexity):数据量巨大,来源多渠道。

价值(Value):合理运用大数据,以低成本创造高价值。

#### 3. 大数据的结构

在以云计算为代表的技术创新衬托下,那些原本很难收集和使用的数据开始能容易地被利用起来,通过各行业的不断改进和创新,大数据将会为人类创造更多的价值。如图1-6-1所示,从3个方面来了解大数据的结构:

(1)理论。理论是认知的必经途径,也是被广泛认同和传播的基线。在这里从大数据的特征定义理解行业对大数据的整体描绘和定性,从对大数据价值的探讨来深入解析大数据的珍贵所在,洞悉大数据的发展趋势,从大数据隐私这个特别而重要的视角审视人和数据之间的长久博弈。

(2)技术。技术是大数据价值体现的手段和前进的基石。在这里分别从云计算、分布式处理技术、存储技术和感知技术的发展来说明大数据从采集、处理、存储到形成结果的整个

过程。

(3) 实践。实践是大数据的最终价值体现。

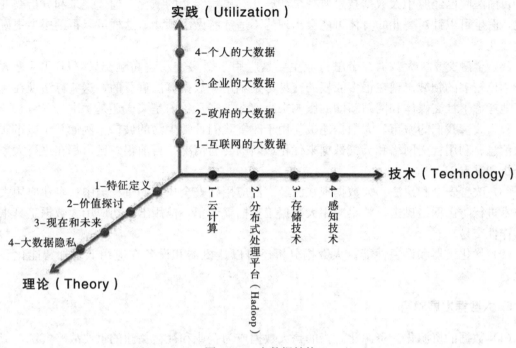

图 1-6-1 大数据结构

### 4. 大数据的应用领域

(1) 大数据正在改善我们的生活。大数据不单只是应用于企业和政府，同样也适用于我们生活当中的每个人。我们可以利用穿戴的装备（如智能手表或者智能手环）生成最新的数据，这让我们可以根据热量的消耗以及睡眠模式来进行追踪身体状况。

(2) 业务流程优化。大数据也更多地帮助业务流程的优化。可以通过利用社交媒体数据、网络搜索以及天气预报挖掘出有价值的数据，其中大数据最广泛的应用就是供应链以及配送路线的优化。

(3) 理解客户、满足客户服务需求。大数据在这个领域的应用是最广为人知的。企业通过搜集社交方面的数据、浏览器的日志，分析文本和传感器的数据，建立数据模型，从而更加全面地了解客户。比如通过大数据的应用，电信公司可以更好地预测出流失的客户，超市则可以更加精准地预测哪个产品会销售得快，汽车保险行业会更好地了解客户的需求和驾驶水平。

(4) 提高体育成绩。现在很多运动员应用大数据技术来分析训练情况。例如用于网球比赛的 IBM SlamTracker 工具，我们使用视频分析来追踪比赛中每个球员的表现，而运动器材中的传感器技术（例如篮球或高尔夫俱乐部）让我们可以了解比赛的数据以及如何进行改进。很多精英运动队还追踪比赛环境外运动员的活动，通过使用智能技术来追踪其营养及睡眠状况。

(5) 提高医疗和研发。大数据分析应用的计算能力可以让我们能够在几分钟内就可以解码整个 DNA，并且让我们可以制订出最新的治疗方案，同时可以更好地理解和预测疾病。就好像人们戴上智能手表等可以进行健康监控一样，大数据同样可以帮助病人进行更好的治疗。目前医院已经应用大数据技术监视早产婴儿和患病婴儿的情况，通过记录和分析婴儿的心跳，医生可以针对婴儿的身体可能会出现的不适症状做出预测，这样可以帮助医生更好地救助婴儿。

(6) 金融交易。大数据在金融行业主要是应用于金融交易，高频交易（HFT）是大数据应用比较多的领域。现在很多股权的交易都是利用大数据算法进行的，这些算法现在越来越多地考虑了社交媒体和网站新闻的影响来决定在未来几秒内是买入还是卖出。

(7) 改善我们的城市。大数据还被应用于改善我们日常生活的城市。例如基于城市实时交通信息、利用社交网络和天气数据来优化最新的交通情况。目前很多城市都在进行大数据的分析和试点。

(8) 改善安全和执法。大数据现在已经广泛应用到安全执法的过程当中。企业应用大数据技术进行防御网络攻击，警察应用大数据工具捕捉罪犯，信用卡公司应用大数据工具来拦截欺诈性交易。

(9) 优化机器和设备性能。大数据分析还可以让机器和设备在应用上更加智能化和自主化。

### 5. 大数据发展趋势

(1) 数据的资源化。资源化，指的是大数据成为企业和社会关注的重要战略资源，成为大家争相抢夺的新焦点。因此，企业必须要提前制订大数据营销战略计划，抢占市场先机。

(2) 与云计算的深度结合。大数据离不开云处理，云处理为大数据提供了弹性可拓展的基础设备，是产生大数据的平台之一。自 2013 年开始，大数据技术已开始和云计算技术紧密结合，未来两者关系将更为密切。除此之外，物联网、移动互联网等新兴计算形态，也将一齐助力大数据革命，让大数据营销发挥出更大的影响力。

(3) 科学理论的突破。随着大数据的快速发展，就像计算机和互联网一样，大数据很有可能是新一轮的技术革命。随之兴起的数据挖掘、机器学习和人工智能等相关技术，可能会改变数据世界里的很多算法和基础理论，实现科学技术上的突破。

(4) 数据科学和数据联盟的成立。未来，数据科学将成为一门专门的学科，被越来越多的人所认知。各大高校将设立专门的数据科学类专业，也会催生一批与之相关的新的就业岗位。与此同时，基于数据这个基础平台，也将建立起跨领域的数据共享平台，并且成为未来产业的核心一环。

(5) 数据泄露泛滥。未来几年数据泄露的事件可能会急剧增加，除非数据在其源头就能够得到安全保障。可以说，在未来，每个企业都会面临数据攻击，无论他们是否已经做好安全防范。而所有企业，无论规模大小，都需要重新审视今天的安全定义。企业需要从新的角度来确保自身以及客户数据的安全，所有数据在创建之初便需要获得安全保障，而并非在数据保存的最后一个环节，仅仅加强后者的安全措施已被证明于事无补。

(6) 数据管理成为核心竞争力。数据管理成为核心竞争力，直接影响财务表现。当"数据资产是企业核心资产"的概念深入人心之后，企业对于数据管理便有了更清晰的界定，将数据管理作为企业核心竞争力，战略性规划与运用数据资产，成为企业数据管理的核心。数据资产管理效率与主营业务收入增长率、销售收入增长率显著正相关；数据资产的管理效果将直接影响企业的财务表现。

（7）数据质量是 BI（商业智能）成功的关键。采用自助式商业智能工具进行大数据处理的企业将会脱颖而出。其中要面临的一个挑战是很多数据源会带来大量低质量数据。想要成功，企业需要理解原始数据与数据分析之间的差距，从而消除低质量数据并通过 BI 获得更佳决策。

（8）数据生态系统复合化程度加强。大数据的世界不只是一个单一的、巨大的计算机网络，而是一个由大量活动构件与多元参与者元素所构成的生态系统，由终端设备提供商、基础设施提供商、网络服务提供商、网络接入服务提供商、数据服务使用者、数据服务提供商、触点服务、数据服务零售商等一系列的参与者共同构建的生态系统。而今，这样一套数据生态系统的基本雏形已然形成，接下来的发展将趋向于系统内部角色的细分，也就是市场的细分；系统机制的调整、也就是商业模式的创新；系统结构的调整、竞争环境的调整等，从而使得数据生态系统复合化程度逐渐增强。

# 阅读材料　计算机相关人物

## 冯·诺依曼

说到计算机的发展，就不能不提到美国科学家冯·诺依曼（John von Neumann，1903—1957），20世纪最重要的数学家之一，在现代计算机、博弈论、核武器和生化武器等诸多领域内有杰出建树的最伟大的科学全才之一，被后人称为"计算机之父"和"博弈论之父"。

原籍匈牙利，布达佩斯大学数学博士，先后执教于柏林大学和汉堡大学。1930年前往美国，后入美国籍。历任普林斯顿大学、普林斯顿高级研究所教授，美国原子能委员会会员，并为美国全国科学院院士。早期以算子理论、共振论、量子理论、集合论等方面的研究闻名，开创了冯·诺依曼代数。第二次世界大战期间为第一颗原子弹的研制做出了贡献。为研制电子数字计算机提供了基础性的方案。1944年与摩根斯特恩（Oskar Morgenstern）合著《博弈论与经济行为》，是博弈论学科的奠基性著作。晚年，研究自动机理论，著有对人脑和计算机系统进行精确分析的著作《计算机与人脑》。

20世纪初，物理学和电子学科学家们就在争论制造可以进行数值计算的机器应该采用什么样的结构。人们被十进制这个人类习惯的计数方法所困扰。所以，那时以研制模拟计算机的呼声更为响亮和有力。20世纪30年代中期，冯·诺依曼大胆地提出，抛弃十进制，采用二进制作为数字计算机的数制基础。同时，他还说预先编制计算程序，然后由计算机来按照人们事前制定的计算顺序来执行数值计算工作。

冯·诺依曼理论的要点：数字计算机的数制采用二进制，计算机应该按照程序顺序执行。

冯·诺依曼提出：

（1）采用存储程序方式，指令和数据不加区别混合存储在同一个存储器中。
（2）存储器是按地址访问的线性编址的一维结构，每个单元的位数是固定的。
（3）指令由操作码和地址组成。
（4）通过执行指令直接发出控制信号控制计算机的操作。
（5）以运算器为中心，I/O设备与存储器间的数据传送都要经过运算器。
（6）数据以二进制表示。

人们把冯·诺依曼的这个理论称为冯·诺依曼体系结构。从ENIAC到当前最先进的计算机都采用的是冯·诺依曼体系结构，所以，冯·诺依曼是当之无愧的数字计算机之父。

计算机工程的发展也应大大归功于冯·诺依曼。计算机的逻辑图式，现代计算机中存储、速度、基本指令的选取以及线路之间相互作用的设计，都深深受到冯·诺依曼思想的影响。他不仅参与了电子管元件的计算机ENIAC的研制，并且还在普林斯顿高等研究院亲自督造了一台计算机。此前，冯·诺依曼还和摩尔小组一起，写出了一个全新的存储程序——

通用电子计算机方案 EDVAC 长达 101 页的报告轰动了数学界。这使专搞理论研究的普林斯顿高等研究院也批准让冯·诺依曼建造计算机，其依据就是这份报告。

主要著作：《经典力学的算子方法》《量子力学的数学基础》（1932 年）。

冯·诺依曼逝世后，未完成的手稿于 1958 年以《计算机与人脑》为名出版。

## 综合练习 1

### 一、单项选择题

1. 目前计算机中所采用的逻辑原件是（　　）。
   A. 小规模集成电路　　　　　　　　B. 大规模集成电路
   C. 大规模和超大规模集成电路　　　D. 分立元件
2. 计算机的内存储器是指（　　）。
   A. ROM　　　　　　　　　　　　　B. 硬盘和控制器
   C. RAM 和本地磁盘 C　　　　　　　D. RAM 和 ROM
3. 计算机操作系统的作用是（　　）。
   A. 将源程序翻译成目标程序　　　　B. 实现软硬件的转换
   C. 进行数据处理　　　　　　　　　D. 控制和管理系统资源
4. 下列各存储器中，断电后数据信息会丢失的是（　　）。
   A. ROM　　　　　　　　　　　　　B. 硬盘
   C. RAM C　　　　　　　　　　　　D. 光盘
5. 以下软件中，（　　）不是操作系统软件。
   A. Microsoft Office　　　　　　　　B. Linux
   C. Unix　　　　　　　　　　　　　D. Windows 7
6. CAD 是计算机的主要应用领域，它的含义是（　　）。
   A. 计算机辅助教育　　　　　　　　B. 计算机辅助测试
   C. 计算机辅助设计　　　　　　　　D. 计算机辅助管理
7. 下列选项中不属于输入设备的是（　　）。
   A. 键盘　　　　　　　　　　　　　B. 鼠标
   C. 光笔　　　　　　　　　　　　　D. 打印机
8. 在 Windows 7 中，任务栏的组成部分不包括（　　）。
   A. "开始"按钮　　　　　　　　　　B. 控制面板
   C. 快速启动工具栏　　　　　　　　D. 最小化图标区
9. 对处于还原状态的 Windows 7 应用程序窗口，不能实现的操作是（　　）。
   A. 最小化　　　　　　　　　　　　B. 最大化
   C. 移动　　　　　　　　　　　　　D. 旋转
10. 在 Windows 7 中，若要进行整个窗口的移动，可使用鼠标拖动窗口的（　　）。
    A. 菜单栏　　　　　　　　　　　　B. 标题栏
    C. 工具栏　　　　　　　　　　　　D. 状态栏
11. 计算机内部用于处理数据和指令的编码是（　　）。
    A. 二进制码　　　　　　　　　　　B. 十进制码
    C. 十六进制码　　　　　　　　　　D. 汉字编码
12. 在媒体播放机中不能播放的文件格式是（　　）。

A. 扩展名为 .avi 的文件　　　　　　　B. 扩展名为 .mid 的文件
C. 扩展名为 .wav 的文件　　　　　　　D. 扩展名为 .doc 的文件

## 二、填空题

1. 一个完整的计算机系统由_____和_____两大部分组成。
2. 计算机硬件系统是指组成计算机的各种物理设备的_____，是看得见摸得着的部分，是计算机正常运行的_____，也是计算机软件发挥作用的平台。
3. 计算机软件系统可分为_____、_____和_____三大类。
4. 计算机硬件系统由_____、_____、_____、_____和_____五大部分组成。
5. 文件又称为_____，是存储在外部介质上的_____。
6. 不同的文件名可以区分不同的文件，文件一般由_____和_____两部分组成。
7. 任何一个文件名最多使用不超过_____个字符。
8. 按照计算机所传输的信息种类，计算机的总线可以划分为3类：用来发送CPU命令信号到存储器或I/O的总线称为_____；由CPU向存储器传送地址的称为_____。CPU、存储器和I/O之间的数据传送通道称为_____。
9. 根据性能和特点的不同内存可分为_____和_____两类。
10. 根据键盘的结构，按功能划分可分为_____、_____、_____和_____。

## 三、判断题

1. 设置屏幕保护程序可以保护显示器，延长显示器使用寿命。（　　）
2. 在 Windows 7 中，启动资源管理器的方式至少有 3 种。（　　）
3. 同一文件夹下可以存放两个内容不同但文件名和文件类型相同的文件。（　　）
4. 在 Windows 7 环境下资源管理器中可以同时打开几个文件夹。（　　）
5. 计算机存储器在断电后 RAM 中存储的所有数据将全部丢失。（　　）
6. 在 Windows 7 中，输入法之间的切换快捷键是"Ctrl+Shift"。（　　）
7. 一台完整的计算机系统应包括系统软件和应用软件。（　　）
8. 计算机软件按其用途及实现的功能不同可分为系统软件和应用软件两大类。（　　）

## 四、简答题

1. 计算机的发展经历了哪几个阶段？各阶段的主要特点是什么？
2. 计算机的主要特点包括哪些？
3. 计算机的应用领域有哪些？
4. 计算机硬件系统由哪几个部分组成？各组成部分的功能是什么？
5. 计算机的存储器可以分为几类？各类存储器的主要区别是什么？
6. 什么是多媒体？多媒体有哪些特点？

# 项目2 文字处理软件 Word 2010

## 任务1 制作培训通知

在 Word 中进行文字处理工作，首先要学会文字的录入和文本编辑操作，为了使文档美观且便于阅读，还要对文档进行相应的字符格式设置、段落格式设置、添加边框和底纹等常见操作。

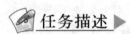

宏美公司决定对 2018 年新入职的员工进行一次岗前培训，需要人事部制作一份培训通知，通知样文如图 2-1-1 所示。

> **关于组织宏美公司 2018 年新员工培训的通知**
>
> 公司各部门及子公司：
>
> 　　根据公司 2018 年度培训计划，为使新员工尽快了解公司，增强组织凝聚力，拟对 2018 年 1 月 1 日以后新入职员工举办一期培训班。现将有关事宜通知如下：
>
> 　　一、培训对象：总公司各职能部门及各子公司 2018 年 1 月 1 日以后新入职并已签订劳动合同的员工。
>
> 　　二、培训内容：公司发展战略及基本情况介绍、公司相关制度宣讲、安全知识宣讲、拓展训练等。
>
> 　　三、培训时间：2018 年 7 月 15 日
>
> 　　四、培训地点：长沙大明山庄拓展培训基地
>
> 　　五、联系人☺：张莉
>
> 　　联系电话✆：0731-88655598
>
> 人　事　处<br>2018 年 6 月 25 日

图 2-1-1　培训通知样文

**任务分析**

实现本工作任务首先要进行文本录入，包括特殊字符的输入，然后对文本进行一定的编

辑修改，如复制、剪切、移动和删除等，最后按要求对文本进行相应的格式设置。

### 必备知识

#### 1. Word 启动

Word 启动方式主要有以下 3 种：

（1）单击菜单"开始"→"所有程序"→"Microsoft Office Word 2010"命令，启动 Word 2010。

（2）双击快捷图标。

（3）打开已有的 Word 文件。

#### 2. Word 界面（图 2-1-2）

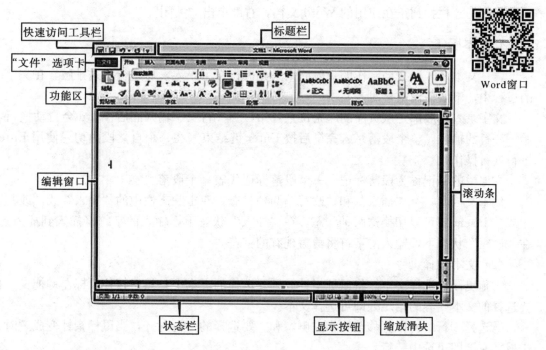

图 2-1-2　Word 2010 界面

①标题栏：显示正在编辑的文档的文件名以及所使用的软件名。

②"文件"选项卡：基本命令，如"新建""打开""关闭""另存为"和"打印"位于此处。

③快速访问工具栏：常用命令位于此处，例如"保存"和"撤销"。也可以添加个人常用命令。

④功能区：工作时需要用到的命令位于此处。它与其他软件中的"菜单"或"工具栏"相同。

⑤编辑窗口：显示正在编辑的文档。

⑥显示按钮：可用于更改正在编辑的文档的显示模式以符合您的要求。

⑦滚动条：可用于更改正在编辑的文档的显示位置。
⑧缩放滑块：可用于更改正在编辑的文档的显示比例设置。
⑨状态栏：显示正在编辑的文档的相关信息。

> 提示：什么是"功能区"？
> "功能区"是位于 Office 软件顶端的带状区域，它包含了用户使用 Word 时需要的几乎所有功能，如"开始"和"插入"等，可以通过单击选项卡来切换显示的命令集。

### 3. Word 关闭

Word 关闭方式主要有以下 3 种：
①单击 Word 文档左上角的"文件"→"退出"。
②Word 文档的右上角点击红色块的"×"号退出。
③在任务栏找到正在使用的 Word 文档，右键单击"关闭"。

### 4. 文本操作

（1）文本录入。文档制作的一般原则是先进行文字录入，后进行格式排版，在文字录入的过程中，不要使用空格对齐文本。

文字录入一般都是从页面的起始位置开始，当一行文字输入满后 Word 会自动换行，开始下一行的输入，整个段落录入完毕后按 Enter 键结束（在一个自然段内切忌使用 Enter 键进行换行操作）。

文档中的标记称为段落标记，一个段落标记代表一个段落。

编辑文档时，有"插入"和"改写"两种状态，双击状态栏中的"插入"或"改写"按钮或按 Insert 键可以切换这两种状态。在"插入"状态下，输入的字符将插入到插入点处；在"改写"状态下，输入的字符将覆盖现有的字符。

（2）文本选择。
①拖曳鼠标选择文本。将鼠标指针放到要选择的文本上，然后按住鼠标左键拖曳，拖到要选择的文本内容的结尾处即可选择文本。
②选择一行。将鼠标移至文本左侧，和想要选择的一行对齐，当鼠标指针变成↗时，单击鼠标左键即可选中一行。
③选择一个段落。选择一行，将鼠标移至文本左侧，当鼠标指针变成↗时，双击鼠标左键即可选中一个段落。
④把鼠标放在想选段落的任意位置，然后连击鼠标左键 3 次，也可以选择鼠标所在的段落。
⑤选择垂直文本。将鼠标移至要选择文本的左侧，按住 Alt 键不放，同时按下鼠标左键，拖曳鼠标选择需要选择的文本，释放 Alt 键即可选择垂直文本。
⑥选择整篇文档。把鼠标指针移至文档左侧，当指针箭头朝右时，连续单击 3 次左键，或"Ctrl+A"，即可选择整篇文档。

（3）文本删除。
①选中文本后，按 Delete 键可将选中的文本删除。

②按 Delete 键可删除光标后面的字符。

③按 Backspace 键，可删除光标前面的字符。

（4）文本复制。

①通过键盘复制文本。首先选中要复制的文本，按"Ctrl+C"组合键进行复制，然后将鼠标指针移动到目标位置，按"Ctrl+V"组合键进行粘贴。这是最简单和最常用的复制文本的操作方法。被复制的文本会被放在"剪贴板"中，用户可以反复按"Ctrl+V"组合键，将该文本复制到文档中的不同位置。另外，"剪贴板"任务窗格中最多可存储 24 个对象，用户在执行粘贴操作时，可以从剪贴板中进行选择。

②通过命令操作复制文本。用户可以通过在 Word 2010 的功能区中以执行命令的方式轻松复制文本，操作步骤如下：在 Word 文档中，选中要复制的文本，在 Word 2010 功能区的"开始"选项卡中，单击"剪贴板"选项组中的"复制"按钮。将鼠标指针移动到目标位置。在"开始"选项卡的"剪贴板"选项组中，单击"粘贴"按钮，进行粘贴。此时，选中的文本就被复制到了指定的目标位置。

（5）文本移动。

①选中需要移动的文本，然后将鼠标指针定位在选中的文本上，按住鼠标左键，将其拖到目标位置处，放开鼠标左键即可。

②选中需要移动的文本，然后将鼠标指针定位在选中的文本上，按住鼠标右键。将其拖到目标位置处，放开鼠标右键，在弹出的快捷菜单中选择"移动到此位置"选项即可。

③选中需要移动的文本，按 F2 键，将其拖到目标位置处，按 Enter 键即可。

④选中需要移动的文本，按住 Ctrl 键，将光标定位到目标位置处，单击鼠标右键即可。

⑤选中需要移动的文本，按"Ctrl+X"组合键，将光标定位到目标位置处，按"Ctrl+V"组合键即可。

### 5. 字符与段落格式化

（1）字符格式的设置包含了字体、字号、加粗、倾斜、下画线、删除线、下标、上标、更改大小写、清除格式、拼音指南、字符边框、以不同颜色突出显示文本、字体颜色、带圈字符等，如图 2-1-3 所示。

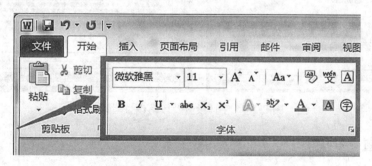

图 2-1-3　功能区字符格式选项

（2）段落格式的设置包含了项目符号、编号、多级列表、减少缩进量、增加缩进量、中文版式、排序、显示/隐藏编辑标记、文本左对齐、居中、文本右对齐、两端对齐、行和段落间距、底纹、下框线，如图 2-1-4 所示。

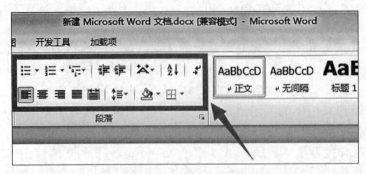

图 2-1-4 功能区段落格式选项

（3）通过在编辑区单击右键弹出菜单中的"字体""段落"命令，也可以实现对文件中字符格式及段落格式的设置，如图 2-1-5 所示。

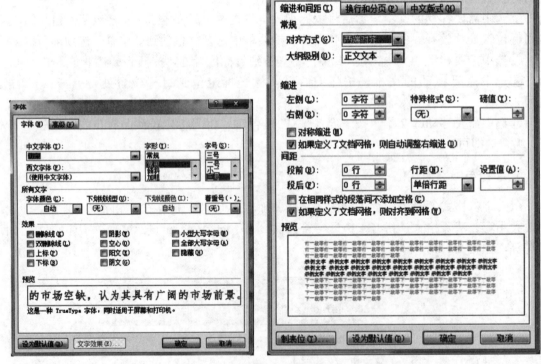

图 2-1-5 字体设置及段落设置对话框

## 6. 页面设置

页面设置主要包括设置纸张的大小、方向、页边距、页眉页脚等操作（图 2-1-6）。页面的含义如图 2-1-7 所示。

图 2-1-6　"页面设置"对话框

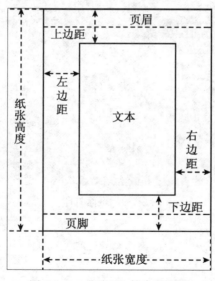

图 2-1-7　"页面"的含义图示

### 7. 格式刷

选中包含格式的文字内容，在开始功能区，双击格式刷按钮，当鼠标箭头变成刷子形状后，按住左键拖选其他文字内容，则格式刷经过的文字将被设置成格式刷记录的格式。松开鼠标左键后再次按住左键拖选其他文字内容，将再次重复设置格式。重复上述步骤多次复制格式，完成后单击"格式刷"按钮即可取消格式刷状态。

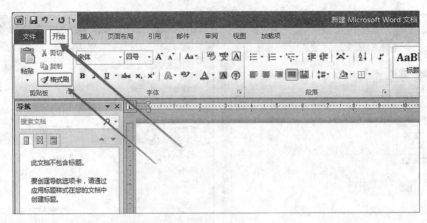

图 2-1-8　格式刷

**8. 页面打印**

（1）打印预览。在 Word 页面的左上角单击"文件"，在打开的选项中单击"打印"，在出现的页面中看到打印设置，右侧为打印预览区（图 2-1-9）。

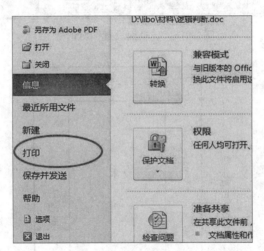

图 2-1-9　页面打印

（2）打印文档。

### 任务实现

**1. 创建"新员工培训通知"文档并保存**

启动 Word 2010，系统默认建立一个以"文档 1"为名的文档。单击"文件"按钮，在弹出的下拉菜单中选择"保存"命令，打开"另存为"对话框。选择"保存位置"为"桌面"，在"文件名"文本框中输入文档名称"新员工培训通知"，最后单击"保存"按钮。

## 2. 页面设置

设置页边距、纸张方向、纸张大小见图 2-1-10、图 2-1-11、图 2-1-12。

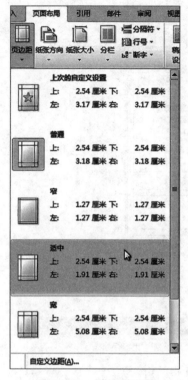

图 2-1-10　设置页边距

图 2-1-11　设置纸张方向

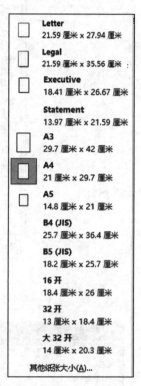

图 2-1-12　设置纸张大小

## 3. 文本录入

首先选择一种中文输入法，然后从页面的起始位置开始输入文字。如需换行，可直接按 Enter 键，强制使插入点移至下一行行首。

## 4. 字体设置

"字体"组中基本工具提供的字符格式设置从种类到功能都是有限的，若想使用更为丰富多样的字符格式，应使用"字体"对话框，如图 2-1-13 所示。

## 5. 段落设置

"段落"组中基本工具提供的段落格式设置从种类到功能都是有限的，若想使用更为多样和精确的段落格式，应使用"段落"对话框，如图 2-1-14 所示。

## 6. 边框和底纹设置

边框和底纹的设置可单击"页面背景"组中的"页面边框"进行设置，如图 2-1-15 所示。

图 2-1-13 "字体"对话框

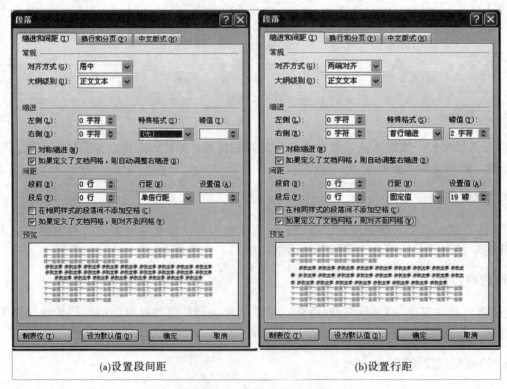

(a)设置段间距  (b)设置行距

图 2-1-14 "段落"对话框

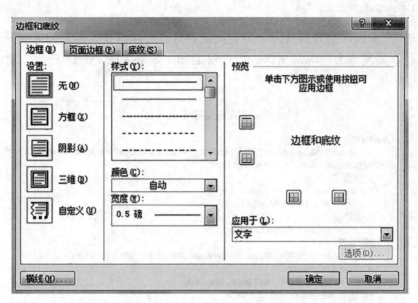

图 2-1-15 "边框和底纹"对话框

### 7. 插入特殊字符

在图 2-1-16 所示的对话框中,单击"特殊字符"选项卡,用户可根据具体需要选择相应的特殊符号。

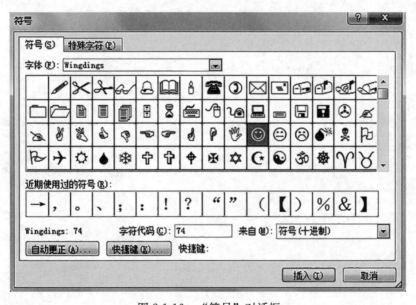

图 2-1-16 "符号"对话框

### 8. 保存文档

单击快速工具栏中的"保存"按钮,将文档及时保存。

## 训练任务

天津新技术产业园区南开科技园管委会决定召开"天津新技术产业园区南开科技园企业年终工作会议",需要人力资源部制作一份会议通知,效果如图 2-1-17 所示,请应用所学知识使用 Word 2010 软件完成此项任务。

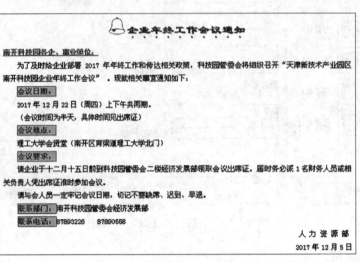

图 2-1-17　企业年终工作会议通知

## 任务2 制作图书订购单

对于一些分类的信息,我们通常用表格来呈现,Word 2010 提供了强大的制表功能,不仅可以自动制表,也可以手动制表。Word 的表格线自动保护,表格中的数据可以自动计算,表格还可以进行各种修饰。用 Word 软件制作表格,既轻松又美观,既快捷又方便。

### 任务描述

四维书店新增了邮购图书业务。为此,需要制作一份图书订购单作为客户购买图书与书店发货的凭据,如图 2-2-1 所示。

**图书订购单**

| 订购日期:___年___月___日 №: | | | | | |
|---|---|---|---|---|---|
| 订购人资料 | □会员<br>□首次 | 会员编号 | | 姓　名 | 联系电话 |
| | 姓　名 | | 电子邮箱 | | |
| | 联系电话 | | QQ 号码 | | |
| | 家庭住址 | 省　　市　　县/区 | | 邮政编码:□□□□□□ | |
| 收货人资料 | ★指定其他送货地址或收货人时请填写 | | | | |
| | 姓　名 | | 联系电话 | | |
| | 送货地址 | 省　　市　　县/区　(□家庭　□单位) | | | |
| | 备　注 | 有特殊送货要求时请说明 | | | |
| 订购商品资料 | 书号 | 商品名称 | 单价(元) | 数量 | 金额(元) |
| | W001 | 《Word 2010 实例教程》 | 32 | 40 | ¥1,280.00 |
| | E132 | 《Excel 2010 实例教程》 | 35 | 28 | ¥980.00 |
| | P203 | 《PowerPoint 2010 实例教程》 | 30 | 33 | ¥990.00 |
| | A468 | 《Access 2010 实例教程》 | 26 | 18 | ¥468.00 |
| | 合计总金额:叁仟柒佰壹拾捌元整(¥3,718.00　RMB) | | | | |
| 付款方式 | □邮政汇款　□银行汇款　□货到付款(只限北京地区) | | | | |
| 配送方式 | □普通包裹　　　　　□送货上门(只限北京地区) | | | | |
| 注意事项 | ● 请务必详细填写,以便尽快为您服务。<br>● 在收到您的订单后,我们的客户服务人员将会与您联系确认。 | | | | |

图 2-2-1　图书订购单

### 任务分析

实现本工作任务,我们需要做到:
(1) 根据订购人资料、收货人资料、订购商品资料、付款方式、配送方式等几个部分划分订购区域。

（2）整个表格的外边框、不同部分之间的边框以双实线来划分；对处于同一区域中的不同内容，可以用虚线等特殊线型来分隔。

（3）重点部分用粗体或者插入特殊符号来注明。

（4）为表明注意事项中提及内容的重要性，用项目符号对其进行组织。

（5）对于选择性的项目，或者填写数字之处，可以通过插入空心的方框作为书写框。

（6）对于重点部分或者不需要填写的单元格可以添加底纹效果。

（7）可以快速计算出每种商品的金额以及订购的总金额。

## 必备知识

### 1. 创建表格

（1）使用"插入"→"表格"按钮区域创建表格。首先选定需要创建表格的位置。单击"插入"下的"表格"按钮，如图2-2-2所示，会出现一个表格行数和列数的选择区域，拖动鼠标选择表格的行数和列数，释放鼠标就可在文本档中出现表格。

（2）使用"表格"对话框创建表格。首先选定需要创建表格的位置。选择"插入"选项卡下"表格"功能组中"表格"下的倒三角命令，在下拉列表中选择"插入表格"在弹出的对话框中，"行数"和"列数"微调框中输入需要表格的行列数，如图2-2-3所示，并且可以在"自动调整操作"选项组中设置表格的列宽或单击"根据内容调整表格"和"根据窗口调整表格"单选按钮来创建表格的格式，单击"确定"按钮即可插入表格了。

图2-2-2 插入表格

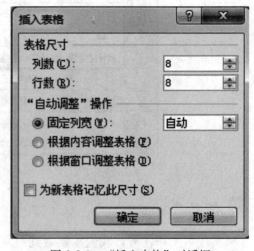

图2-2-3 "插入表格"对话框

## 2. 绘制斜线表头

首先选定需要绘制斜线表头的表格单元格。

选定"表格工具"→"设计"选项卡下"绘制边框"功能组右下角的斜箭头按钮,弹出"边框和底纹"对话框,在"预览"选项组中设计斜线表头的格式,并选择应用于下拉菜单中的单元格,如图 2-2-4 所示。

单击"确定"按钮即可实现。

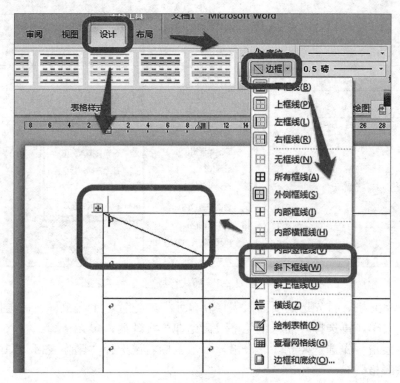

图 2-2-4 绘制斜线表头

## 3. 表格编辑

(1)输入表格数据。创建完表格后,使用鼠标单击表格的单元格即可输入数据。每输入完一个单元格内容,可以按 Tab 键,插入点将移到下一个单元格(按"Shift+Tab"键,插入点移动到上一个单元格,也可以用鼠标单击单元格定位)。

(2)选中表格中的行和列。选定单元格或一行:在单元格左边,鼠标指针变成向右上的黑箭头时单击鼠标。选定一列或多列:在表格的上方,指针变成黑箭头并按鼠标左键拖动。选定整个表格:表格左上角会出现十字花的方框标记,用鼠标单击它,便可选定整个表格。

(3)在表格中插入行。单击鼠标右键选择弹出菜单中的"插入"来插入行。首先选定要插入表格新行的位置,单击鼠标右键选择"插入"命令,会弹出子菜单,再选定要插入的"在上方插入行"或"在下方插入行"命令,如图 2-2-5 所示。也可使用回车键在行末或行中插入新行,将光标移到表格的某一行的最后一列单元格后面。按 Enter 键,即可在表格的某一行后面插入一个新行。

（4）在表格中插入列。单击鼠标右键选择弹出菜单中的"插入"来插入列。首先选定要插入表格新列的位置，单击鼠标右键选择"插入"命令，会弹出子菜单，再选择"在左侧插入列"或"在右侧插入列"命令，如图2-2-5所示，即可实现左侧或右侧插入新列。

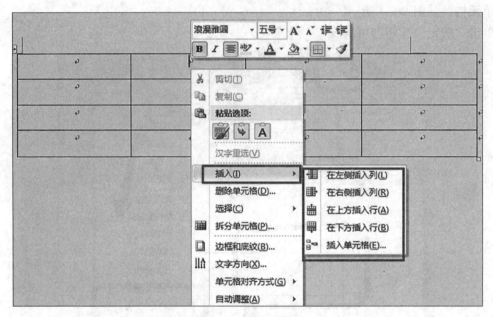

图 2-2-5　插入行或列

（5）插入单元格。首先选定要插入表格新单元格的位置，单击鼠标右键选择"插入"命令，会弹出子菜单，再选择"插入单元格"命令即可实现插入单元格。

（6）删除表格。先选定要删除的表格，单击鼠标右键选择"删除表格"即可删除，按退格键也可删除表格。

（7）删除单元格、行、列等。先选中要删除的单元格、行、列，然后单击鼠标右键选择删除即可删除，或是按退格键删除。

（8）单元格的拆分和合并。合并单元格是将两个或两个以上的单元格合并成一个单元格。选定所要合并的单元格，至少两个，单击鼠标右键选择"合并单元格"命令。

拆分单元格是将一个单元格拆成两个或多个单元格。选择要拆分的单元格，单击鼠标右键选择"拆分单元格"命令。

（9）表格设置。首先选定要设置的表格。选择"表格工具"→"布局"选项卡下的"表"功能组的"属性"按钮，弹出"表格属性"对话框。选择"表格"选项卡，在"尺寸"项中，指定表格的宽度；在"对齐方式"项中，可以设置表格居中、右对齐和左对齐及左缩进的尺寸；在"文字环绕"项中，设置有、无环绕形式；单击"确定"按钮，即可实现表格位置设置。

在"表格属性"对话框中选定"行"或"列"选项卡，就可设置表格各行的高度和各列的宽度。选定"单元格"，可以设置单元格的大小及单元格中数据的垂直对齐方式，如图2-2-6所示。

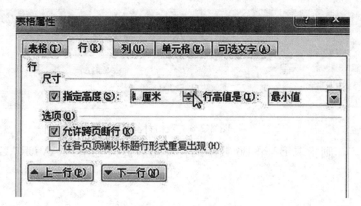

图 2-2-6 表格属性

### 4. 设置边框和底纹

首先选定要添加边框和底纹的表格或单元格。选择"表格工具"→"设计"选项卡下的"绘制边框"功能组右下角的斜箭头按钮，将显示"边框和底纹"对话框。在"边框和底纹"对话框中可选择表格边框的线型、颜色和宽度等。单击"确定"按钮，即可实现，如图 2-2-7 所示。

图 2-2-7 设置边框和底纹

### 5. 表格计算

将鼠标的光标移动到表格中单击，菜单栏上就会出现"表格工具"及下面的"布局"按钮，单击"布局"菜单下的"公式"按钮，弹出公式设置对话框，如图 2-2-8 所示。

默认公式是"=SUM（LEFT）"，指取左边所有数字的合计值，将公式设置为"=

图 2-2-8 表格计算

SUM（B2：B6）"，则指取 B2 至 B6 数字的合计值，此外还有"AVERAGE"（计算均值）等其他公式。

### 任务实现

**1. 创建订购单表格雏形**（图 2-2-9）

创建订购单表格步骤如下：
（1）插入标准表格。
（2）合并单元格。
（3）绘制表格斜线表头。
（4）确定行宽、列宽。

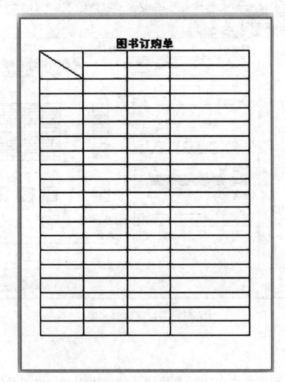

图 2-2-9 订购单雏形

## 2. 编辑订购单表格

编辑订购单表格（图 2-2-10）步骤如下：
（1）插入表格行和列。
（2）清除不需要的边框线。
（3）合并与拆分单元格。

图 2-2-10　编辑订购单表格

## 3. 输入与编辑订购单内容

输入与编辑订购单内容（图 2-2-11）步骤如下：
（1）输入表格内容。
（2）设置单元格对齐方式。
（3）设置文字方向与分散对齐。

## 4. 设置与美化订购单表格

设置与美化订购单表（图 2-2-12）步骤如下：
设置表格边框和底纹。
（1）选中要设置边框或底纹的行、列、单元格或整个表格。
（2）单击"表格工具"→"设计"选项卡下"表格样式"功能组中的"边框"或"底纹"下拉按钮，在弹出的下拉列表中选择边框线类型或需要填充的底纹颜色。

图 2-2-11 输入与编辑订购单内容

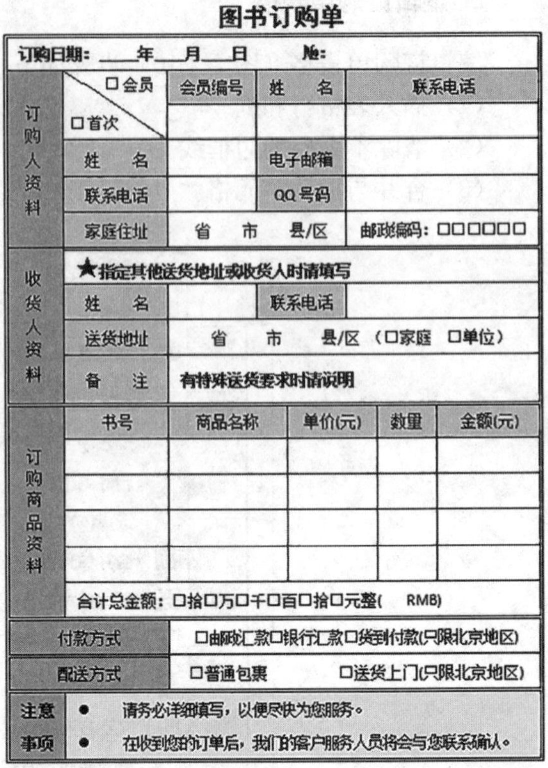

图 2-2-12 设置与美化订购单表格

## 5. 计算订购单表格中的数据

计算订购单表格中的数据（图 2-2-13）步骤如下：
（1）输入图书订购信息。
（2）计算图书的订购金额。

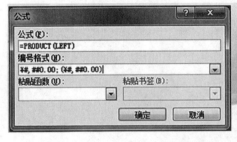

图 2-2-13 计算订购单表格中的数据

## 6. 保存文档

单击快速工具栏中的"保存"按钮，将文档及时保存。

### 训练任务

腾飞电脑公司要制作一份"采购询价单"。效果如图 2-2-14 所示，请应用所学知识在 Word 2010 软件中完成此项任务。

**腾飞公司采购询价单**

| 采购申请单号 | DS-52 | 询价单号 | DS-52-12 | 申请采用商品名称 | | 笔记本电脑 |
|---|---|---|---|---|---|---|
| 供应商 | | 电话 | 厂家报价（单价）(元) | | | |
| | | | 出厂价 | 批发价 | 零售价 | 备注 |
| IBM | | 010-85634774 | 8800 | 9150 | 9900 | 缺货 |
| 戴尔 | | 010-66557333 | 7300 | 7500 | 8250 | 现货 |
| 惠普 | | 010-86541455 | 7100 | 7400 | 8000 | 现货 |
| 联想 | | 010-86584156 | 6300 | 6650 | 7250 | 缺货 |
| 神州 | | 010-66583451 | 5600 | 5900 | 6600 | 现货 |
| | | 平均价 | 7020 | 7320 | 8000 | |
| 采购员 | 王金荣 | 采购员员工号 | CGB023 | 询价日期 | 2015-10-13 | |

图 2-2-14　采购询价单

## 任务3 制作广告宣传页

在编辑 Word 文档过程中，图文混排技术是常见的一类操作，却具有十分重要的意义和作用，掌握图文混排技术也是 Word 操作必备之技能。合理的图文混排操作往往能使文档表现更有特色，同时使人读起来更易于理解。

### 任务描述

一家房地产公司要进行一个楼盘的宣传推介工作，需要制作一份该楼盘的广告宣传页，效果如图 2-3-1 所示。

图 2-3-1 广告宣传页

## 任务分析

制作广告宣传页面对美感的要求非常高，Word 2010 可以非常方便地在文档中插入图片、剪贴画、文本框、图形和 SmartArt 图形，并且对插入的对象进行编辑和修饰。广告宣传页中的元素有文本、图像和艺术字，根据任务内容，共有以下 3 个子任务：

（1）输入文本并进行格式编辑。
（2）在文档中插入图片并调整图片的位置、大小、样式。
（3）将文档中题目设计成艺术字效果。

## 必备知识

### 1. 插入和编辑图片

（1）插入图片。
①用户可以在 Word 中插入图片文档，如". bmp"". jpg""png""gif"等。
a. 把插入点定位到要插入的图片位置。
b. 选择"插入"选项卡，单击"插图"组中的"图片"按钮。
c. 弹出"插入图片"对象框，找到需要插入的图片，单击"插入"按钮即可。
②用户也可以插入剪贴画，Word 的剪贴画存放在剪辑库中，用户可以由剪辑库中选取图片插入到文档中步骤如下：
a. 把插入点定位到要插入的剪贴画的位置。
b. 选择"插入"选项卡，单击"插图"组中的"剪贴画"按钮。
c. 弹出"剪贴画"窗格，在"搜索文字"文本框中输入要搜索的图片关键字，单击"搜索"按钮，如选中"包括 office. com 内容"复选框，可以搜索网站提供的剪贴画。
d. 搜索完毕后显示出符合条件的剪贴画，单击需要插入的剪贴画即可完成插入。
③用户除了可以插入电脑中的图片或剪贴画外，还可以随时截取屏幕的内容，然后作为图片插入到文档中步骤如下：
a. 把插入点定位到要插入屏幕图片的位置。
b. 选择"插入"选项卡，单击"插图"组中的"屏幕截图"按钮。
c. 在展开的下拉面板中选择需要的屏幕窗口，即可将截取的屏幕窗口插入到文档中。
d. 如果想截取电脑屏幕上的部分区域，可以在"屏幕截图"下拉面板中选择"屏幕剪辑"选项，这时当前正在编辑的文档窗口自行隐藏，进入截屏状态，拖动鼠标，选取需要截取的图片区域，松开鼠标后，系统将自动重返文档编辑窗口，并将截取的图片插入到文档中。

（2）编辑图片。
①选定图片。对图片操作前，首先要选定图片，选中图片后图片四边出现 4 个小方块，对角上出现 4 个小圆点，这些小方块\圆点称为尺寸控点，可以用来调整图片的大小，图片上方有

图 2-3-2　选定图片

一个绿色的旋转控制点，可以用来旋转图片。

②设置文字环绕。环绕是指图片与文本的关系，图片一共有 7 种文字环绕方式，分别为嵌入型、四周型、紧密型、穿越型、上下型、衬于文字下方和浮于文字上方，如图 2-3-3 所示。

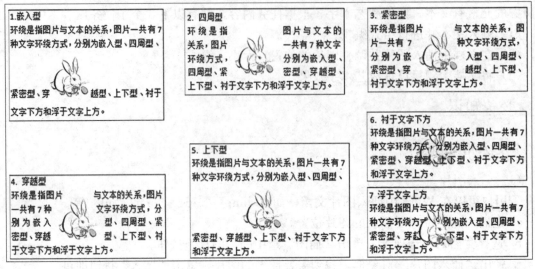

图 2-3-3　文字环绕方式

设置文字环绕时单击"图片工具"→"格式"选项卡下"排列"功能组中的"自动换行"下拉按钮，在弹出的"文字环绕方式"下拉列表中选择一种适合的文字环绕方式即可，如图 2-3-4 所示。

图 2-3-4　文字环绕下拉列表

下拉列表也可以通过选中图片，右击鼠标，在快捷菜单中选择"自动换行"选项。

单击"其他布局选项"，打开"布局"对话框的"文字环绕"选项卡也可以设置文字环绕方式，如图 2-3-5 所示。

③调整图片的大小和位置。图片选中后，将鼠标移到所选图片，当鼠标指针变成飞形状时拖动鼠标，可以移动所选图片的位置，移动鼠标到图片的某个尺寸控点上，当鼠标变成双

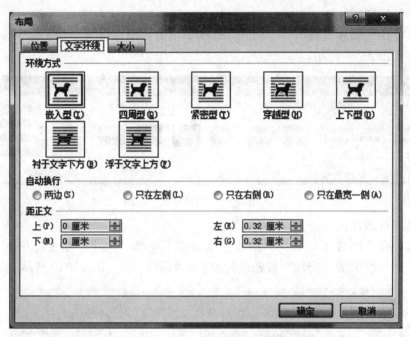

图 2-3-5 "文字环绕设置"对话框

向箭头↔时，拖动鼠标可以改变图片的形状和大小，如图 2-3-6 所示。

如要精确调整图片大小，则可在"图片工具"→"格式"选项卡下"大小"功能组中设定图片的高度和宽度，或选中图片，在右键单击出现的下拉菜单中选择"大小和位置"，弹出"布局"对话框可设置图片大小。

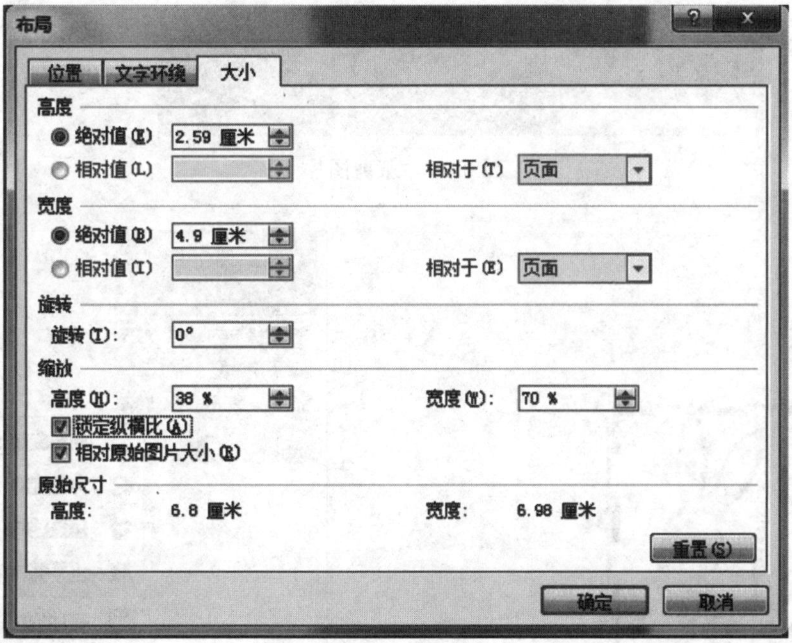

图 2-3-6 调整图片大小

④设置图片的样式。

选中图片,在"图片工具"→"格式"选项卡下的"图片样式"功能组中选择需要的图片样式即可,如图 2-3-7 所示。

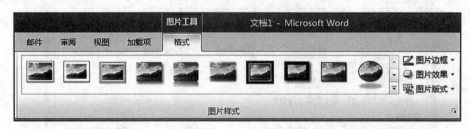

图 2-3-7　图片样式

⑤裁剪及旋转图片。

选中图片,在"图片工具"→"格式"选项卡下选择"大小"功能组中的"裁剪"按钮,以及"排列"组中的"旋转"按钮进行设置,如图 2-3-8～图 2-3-10 所示。

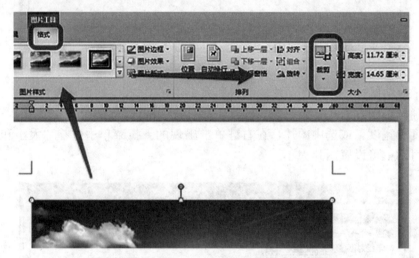

图 2-3-8　裁剪图片

图 2-3-9　裁剪图片时的裁剪控制点

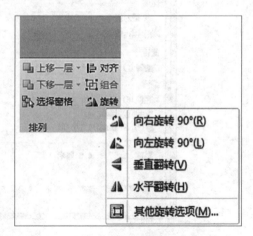

图 2-3-10　旋转图片

也可将鼠标移到旋转控制点上,此时鼠标变成形状,按下鼠标左键,此时鼠标变成形状,拖动即可旋转图片了。

### 2. 插入和编辑艺术字

艺术字是指将一般文字经过各种特殊的着色、变形处理得到的艺术化的文字。在 Word 中可以创建出漂亮的艺术字,并可作为一个对象插入到文档中。Word 2010 将艺术字作为文本框插入,用户可以任意编辑文字。

(1) 插入艺术字。在 Word 文档中,单击功能区中的"插入"选项卡,然后在插入面板的"文本"功能组中单击"艺术字"按钮,在出现的面板中根据自己的需要选择艺术字样式。然后在出现的对话框中输入汉字,最后单击"确定"按钮,如图 2-3-11、图 2-3-12 所示。

图 2-3-11 插入艺术字

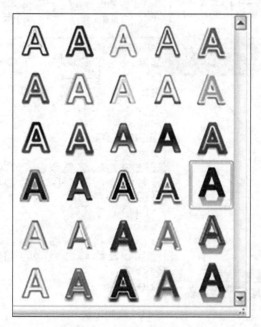

图 2-3-12 艺术字形状

(2) 编辑艺术字。鼠标单击要编辑的艺术字,功能区出现"绘图工具"面板,其中的"艺术字样式"功能可以实现对艺术字更改形状、更改文本填充颜色、设置轮廓颜色、设置文字效果等编辑操作。

### 3. 插入和编辑自绘图形

Word 提供了绘制图形的功能,可以在文档中绘制各种线条、基本图形、箭头、流程

图 2-3-13 艺术字样式

图、星、旗帜、标注等。对绘制出来的图形还可以设置线型、线条颜色、文字颜色、图形或文本的填充效果、阴影效果、三维效果线条风格。

（1）绘制形状。打开 Word 文档，然后单击"插入"选项卡下"插图"功能组中的"形状"按钮，如图 2-3-14 所示，从弹出的下拉菜单中选择所要绘制的形状，在文档中单击图形绘制的起始位置，然后拖动鼠标左键至终止位置，即可绘制所需的图形。

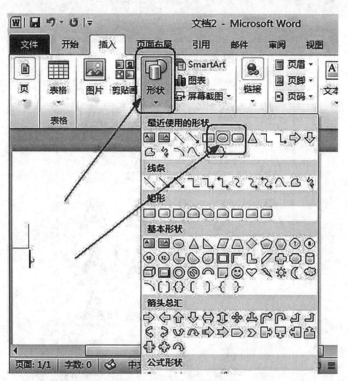

图 2-3-14 绘制形状

（2）编辑形状。单击"绘图工具"→"格式"选项卡，进入到"格式"设置界面，如图 2-3-15 所示。可以对所绘制的形状进行更改样式、更改填充颜色、设置轮廓颜色、设置效果等编辑操作。

用户可以为封闭的形状添加文字，并设置文字格式，要添加文字，需要选中相应的形状并右击，在弹出的快捷菜单中选择"添加文字"选项，此时，该形状中出现光标，并可以输入文本，输入后，可以对文本格式和文本效果进行设置。

在已绘制的图形上再绘制图形，则产生重叠效果，一般先绘制的图形在下面，后绘制的

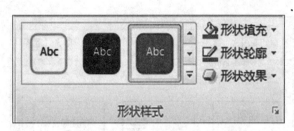

图 2-3-15　形状样式

图形在上面。要更改叠放次序，先需要选择要改变叠放次序的对象，选择"图片工具"→"格式"选项卡，单击"排列"功能组的"上移一层"按钮和"下移一层"按钮选择本形状的叠放位置，或单击快捷菜单中的"上移一层"选项和"下移一层"选项，如图 2-3-16 所示。

图 2-3-16　排列功能组

用户还可以对多个绘制的形状进行组合的分解，组合时，按住 Shift 键，用鼠标左键依次选中要组合的多个对象；选择"图片工具"→"格式"选项卡，单击"排列"功能组中"组合"下拉按钮，在弹出的下拉菜单中选择"组合"选项，或单击快捷菜单中的"组合"下的"组合"选项，即可将多个图形组合为一个整体。分解时选中需分解的组合对象后，选择"图片工具"→"格式"选项卡，单击"排列"功能组中"组合"下拉按钮，在弹出的下拉菜单中选择"取消组合"选项，或单击快捷菜单中的"组合"下的"取消组合"选项。

### 4. 插入和编辑文本框

文本框是储存文本的图形框，如图 2-3-17 所示，文本框中的文本可以像页面文本一样进行各种编辑和格式设置操作，而同时对整个文本框又可以像图形、图片等对象一样在页面上进行移动、复制、缩放等操作，并可以建立文本框之间的链接关系。

（1）插入文本框。将光标定位到要插入文本框的位置，选择"插入"选项卡，如图 2-3-18 所示，单击"文本"功能组中

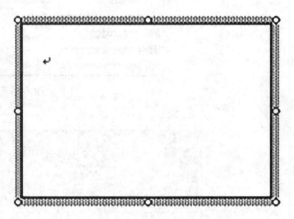

图 2-3-17　文本框

的"文本框"下拉按钮，在弹出的下拉面板中选择"绘制文本框"，拖动创建合适的文本框。

（2）编辑文本框。通过调节文本框周边的控制点，可以改变形状的大小。此时系统自动切换到绘图工具选项卡，可以设置文本框效果，如图 2-3-19 所示。

如果一个文本框显示不了过多的内容，可以在文档中创建多个文本框，然后将它们链接在一起，如图 2-3-20 所示，链接后的文本框中的内容是连续的，一篇连续的文章可以依链

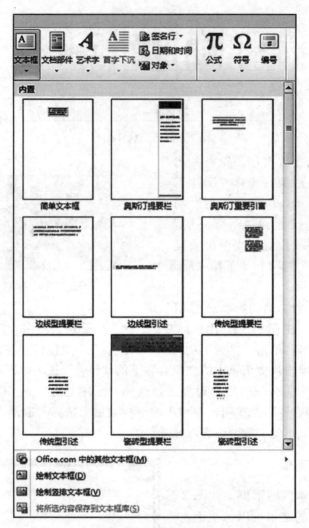

图 2-3-18　插入文本框

图 2-3-19　编辑文本框

接顺序排在多个文本框中；在某一个文本框中对文章进行插入、删除等操作时，文章会在各文本框间流动，保持文章的完整性。

　　Word 2010 除了可以插入和编辑图片、艺术字、自绘图形和文本框外，还可以插入表示对象之间从属层次关系的 SmartArt 图形及公式（需安装内嵌公式）等，见图 2-3-21、图 2-3-22。

图 2-3-20　链接文本框

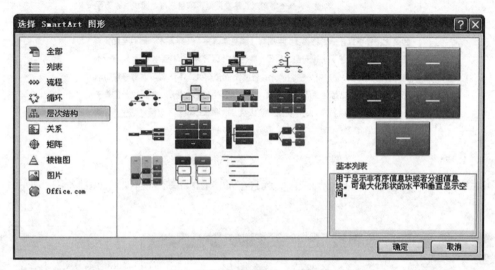

图 2-3-21　插入 SmartArt 图形

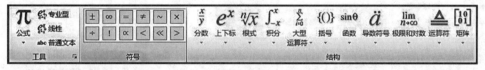

图 2-3-22　插入公式

### 任务实现

#### 1. 输入文本并进行格式编辑

利用前面已学习的方法完成前期工作：准备好图片文件和文字资料，创建文档，设置纸张大小，输入文字并对格式进行编辑（图 2-3-23）。

#### 2. 插入并调整图片

鼠标在文档中单击，确定要插入图片的大致位置，切换到"插入"选项卡，在"插图"选项组单击"图片"按钮，打开"插入图片"对话框，如图 2-3-24 所示。

选中要编辑的图片，选择"图片工具"→"格式"选项卡，对图片进行编辑。在"排

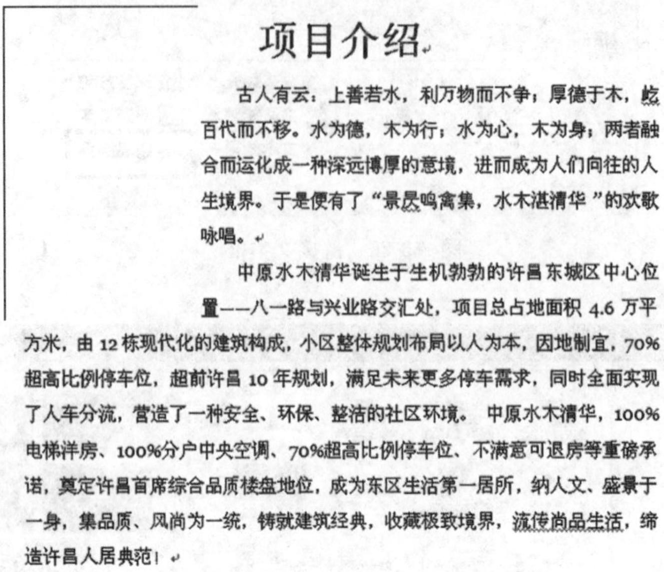

## 项目介绍

古人有云：上善若水，利万物而不争，厚德于木，炫百代而不移。水为德，木为行；水为心，木为身；两者融合而运化成一种深远博厚的意境，进而成为人们向往的人生境界。于是便有了"景昃鸣禽集，水木湛清华"的欢歌咏唱。

中原水木清华诞生于生机勃勃的许昌东城区中心位置——八一路与兴业路交汇处，项目总占地面积 4.6 万平方米，由 12 栋现代化的建筑构成，小区整体规划布局以人为本，因地制宜，70%超高比例停车位，超前许昌 10 年规划，满足未来更多停车需求，同时全面实现了人车分流，营造了一种安全、环保、整洁的社区环境。中原水木清华，100%电梯洋房、100%分户中央空调、70%超高比例停车位、不满意可退房等重磅承诺，奠定许昌首席综合品质楼盘地位，成为东区生活第一居所，纳人文、盛景于一身，集品质、风尚为一统，铸就建筑经典，收藏极致境界，流传尚品生活，缔造许昌人居典范！

图 2-3-23 输入文本并进行格式编辑

列"功能组单击"自动换行"下列菜单，选择"四周型环绕"选项，如图 2-3-25 所示。

图 2-3-24 "插入图片"对话框

图 2-3-25 选择"四周型环绕"

将鼠标置于图片之上，看到鼠标显示为四箭头时，把图片拖动到合适的位置，使图文很好地搭配起来，如图 2-3-26 所示。

在文档的合适位置插入第二张图片，图片的环绕方式设置为"衬于文字下方"，调整图片位置和大小，如图 2-3-27 所示。

选中图片，单击 图片效果 下拉按钮，选择"柔化边缘"命令，选中"50 磅"，调整图片大小和位置，如图 2-3-28 所示。

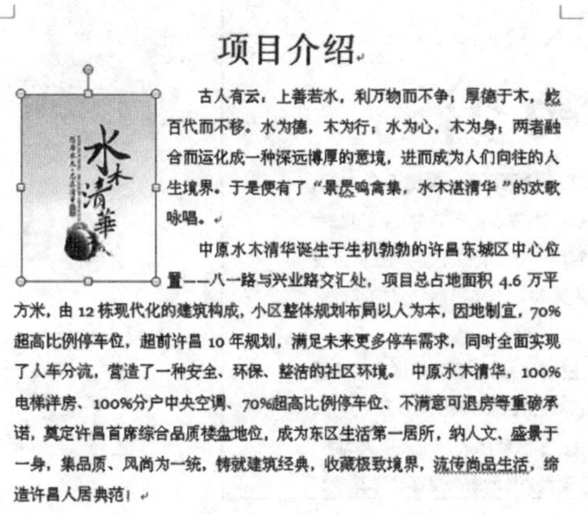

项目介绍
古人有云：上善若水，利万物而不争；厚德于木，屹百代而不移。水为德，木为行；水为心，木为身；两者融合而运化成一种深远博厚的意境，进而成为人们向往的人生境界。于是便有了“景悬鸣禽集，水木湛清华”的欢歌咏唱。
中原水木清华诞生于生机勃勃的许昌东城区中心位置——八一路与兴业路交汇处，项目总占地面积 4.6 万平方米，由 12 栋现代化的建筑构成，小区整体规划布局以人为本，因地制宜，70%超高比例停车位，超前许昌 10 年规划，满足未来更多停车需求，同时全面实现了人车分流，营造了一种安全、环保、整洁的社区环境。中原水木清华，100%电梯洋房、100%分户中央空调、70%超高比例停车位、不满意可退房等重磅承诺，奠定许昌首席综合品质楼盘地位，成为东区生活第一居所，纳人文、盛景于一身，集品质、风尚为一统，铸就建筑经典，收藏极致境界，流传尚品生活，缔造许昌人居典范！

图 2-3-26　调整图片位置

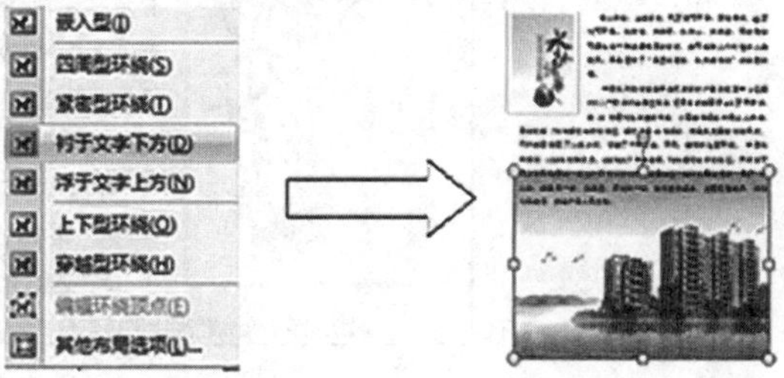

嵌入型(I)
四周型环绕(S)
紧密型环绕(T)
衬于文字下方(D)
浮于文字上方(N)
上下型环绕(O)
穿越型环绕(H)
编辑环绕顶点(E)
其他布局选项(L)...

图 2-3-27　衬于文字下方

图片样式
排列
区中心位置——八一路与兴业路交汇
总占地面积 4.6 万平方米，由 12 栋现代化的建筑构成。小区
布局以人为本，因地制宜，70%超高比例停车位，超前许昌
满足未来更多停车需求。同时全面实现了人车分流，营造了一
环保、整洁的社区环境。中原水木清华，100%电梯洋房，10
央空调，70%超高比例停车位，不满意可退房等重磅承诺，奠
席综合品质楼盘地位，成为东区生活第一居所。纳人文、盛景于一身，
集品质、风尚为一统。铸就建筑经典，收藏极致境界，流传尚品生活，
缔造许昌人居典范。
预设(P)
阴影(S)
映像(R)
发光(G)
柔化边缘(E)
棱台(B)
三维旋转(D)
无柔化边缘
1 磅
2.5 磅
5 磅
10 磅
25 磅
50 磅

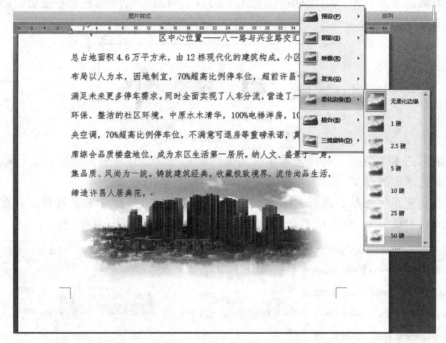

图 2-3-28　柔化边缘

### 3. 将文档中题目设计成艺术字效果

将文本插入点定位到文档中要插入艺术字的位置；单击“插入”选项卡，在“文本”功能组中，单击“艺术字”按钮，打开艺术字库样式列表框，在其中选择需要的艺术字样式；在“文本”文本框中输入需要创建的艺术字文本“项目简介”。

选择艺术字即可出现艺术字工具，选择“格式”选项卡，对艺术字进行各种设置。

（1）设置文字环绕方式。

①选中艺术字“项目简介”，激活艺术字工具的“格式”选项卡。

②单击“排列”按钮，展开“排列”工具栏。单击自动换行按钮。

③在弹出的列表中选择“上下型环绕”选项，效果如图 2-3-29 所示。

图 2-3-29 "上下型环绕"艺术字

（2）编辑艺术字大小。用鼠标按住艺术字的右下角的控制点向左上方拖动，即可缩小艺术字，如图 2-3-30 所示。

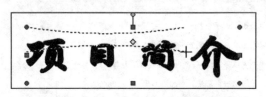

图 2-3-30 调整艺术字大小

（3）编辑艺术字位置。选择艺术字，当鼠标光标变为 时，按住鼠标左键，拖动到适当位置可改变艺术字的位置。

（4）改变艺术字形状。选择艺术字，选择"艺术字样式"库中的某种样式（在兼容情况下会出现样式对话框）。也可单击 文本效果 按钮，在弹出的列表框中选择。

图 2-3-31 改变艺术字形状

（5）设置艺术字的颜色。选择艺术字，单击"艺术字样式"工具栏中的 形状填充 按钮，在弹出的列表中可选择颜色选项，即可设置艺术字的填充色彩。单击 形状轮廓 按钮可设置艺术字边框颜色。

### 4. 保存文档

单击快速工具栏中的"保存"按钮，将文档及时保存，完成本任务要求。

> 训练任务

某手机专卖店需要制作一份广告宣传页,效果如图 2-3-32 所示,请应用所学知识使用 Word 2010 软件完成此项任务。

图 2-3-32　广告宣传页

## 任务4 制作产品说明书

Word 2010 操作中，我们除了可以对文本进行录入、编辑，并在文档中插入表格、图片、艺术字等对象，有时为了便于阅读及美观，还需要对文档细节部分进行一些编辑操作，例如：插入页眉、页脚和页码，对文档进行分栏，添加项目符号和编号，插入脚注和尾注，设置背景、水印及超链接等。

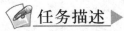任务描述

请为某"不锈钢杯"产品制作一份产品说明书，效果如图 2-4-1 所示。

图 2-4-1 产品说明书

任务分析

根据效果图所示，为实现本工作任务，我们需要：
(1) 新建文档，命名为"不锈钢杯使用说明书.docx"。
(2) 页面设置：页边距为"窄"，纸张宽 21cm、高 15cm，纸张方向为横向。
(3) 在第一行插入图片"涌泉商标.jpg"，文字环绕为嵌入式，对齐方式为居中对齐。
(4) 插入页眉为现代型（奇数页），输入文本"使用说明书"，将文本加粗，页脚为现代型（偶数页），将页眉、页脚中多余的文本删除。
(5) 文本录入。
(6) 各级标题为宋体，小四号，加粗；段前为 1 行，居中对齐。
(7) "产品特点"标题下的文本为宋体，五号；首行缩进 2 字符。
(8) 其余标题下的文本为宋体，五号；添加项目符号◆。

(9) 将全文分成两栏。

(10) 在第二栏首行输入文本"不锈钢杯系列",宋体,小四,加粗,蓝色,居中对齐;在文本两边插入虚线,蓝色,粗细为 1 磅。

(11) 文本背景设置文字水印"涌泉"。

### 必备知识

**1. 插入页眉、页脚和页码**

打开 Word 2010 文档,单击"插入"选项卡,可以看到"页眉和页脚"功能组,如图 2-4-2 所示。

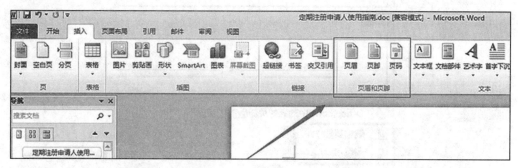

图 2-4-2 "页眉和页脚"选项组

单击"页眉",出现页眉参考模板,如图 2-4-3 所示,用户可以根据需要进行选择。

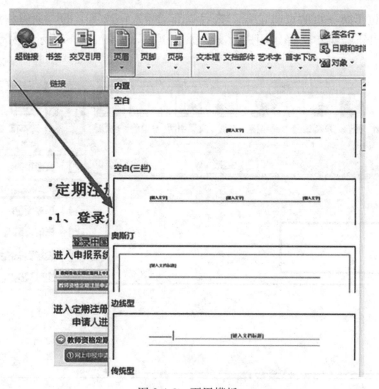

图 2-4-3 页眉模板

例如，选择第一个"空白"，则出现如图 2-4-4 所示界面，用户可在其中输入页眉文字。

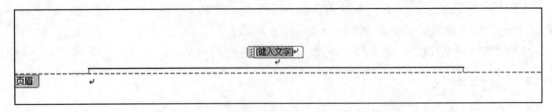

图 2-4-4 "空白"页眉模板

页脚插入方法与页眉相同。用户还可以用模板框下方的"编辑页眉（页脚）"和"删除页眉（页脚）"命令对页眉页脚进行编辑和删除，如图 2-4-5 所示。

图 2-4-5 页眉页脚的编辑和删除

将鼠标定位于第一页的页脚位置，然后单击"插入"选项卡的"页眉和页脚"选项组中的"页码"打开下拉菜单选择，用户为文档添加页码，如图 2-4-6 所示。页码的样式可以根据需要来选择。

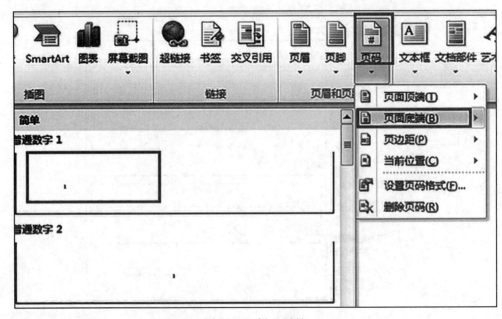

图 2-4-6 插入页码

## 2. 分栏

分栏指将文档中的文本分成两栏或多栏，是文档编辑中的一个基本方法，一般用于排版。具体操作步骤如下：

选中所有文字或选中要分栏的段落，在 Word 界面单击"页面布局"选项卡，在页面设置功能组中单击"分栏"按钮，如图 2-4-7 所示，会弹出一些分栏样式，可以直接选择分几栏。如果需要其他设置，还可以自定义分栏，如图 2-4-8 所示。

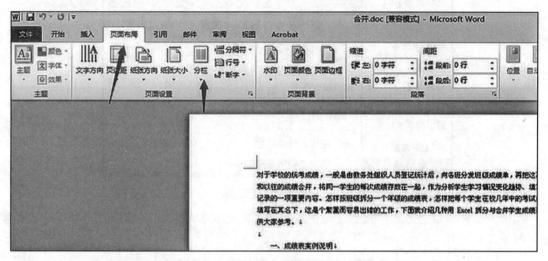

图 2-4-7 "分栏"命令

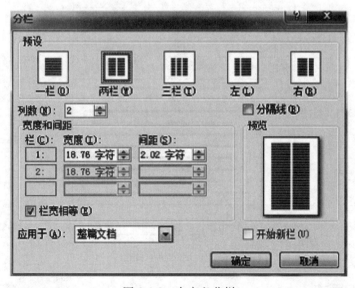

图 2-4-8 自定义分栏

## 3. 插入项目符号和编号

在 Word 文档中，有时候会遇到一些并列的内容，这时可以根据实际情况设置项目符号或编号，使得文档变得美观。具体操作步骤如下：

选中需要设置项目符号的文本，单击右键，在出现的下拉菜单中单击"项目符号"命令，根据需要选择项目符号，如图 2-4-9 所示。

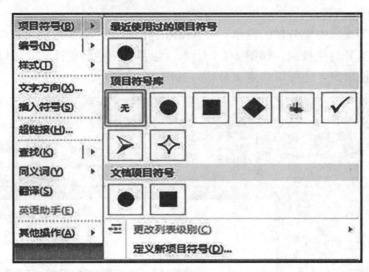

图 2-4-9 "项目符号和编号"命令

如果没有在项目符号库中找到合适的项目符号，还可以在"定义新项目符号"中进行增加，如图 2-4-10 所示。

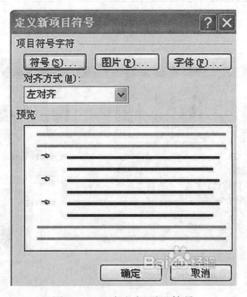

图 2-4-10 定义新项目符号

### 4. 插入脚注和尾注

尾注和脚注相似，是一种对文本的补充说明。脚注一般位于页面的底部，可以作为文档某处内容的注释；尾注一般位于文档的末尾，列出引文的出处等。

选中要添加脚注的文本，将主界面切换到"引用"的一栏，找到"脚注"功能组中的

"插入脚注",如图 2-4-11 所示。

单击"插入脚注"选项,将立即在该页的最下方出现输入界面,将所需要输入的文字输入其中,即可成功添加了脚注。设置成功后,在需要添加脚注的文字右上方就会出现脚注的符号,同时在页面下端出现脚注文字,如图 2-4-12 所示。

尾注的插入方法与脚注相同。

图 2-4-11　脚注设置

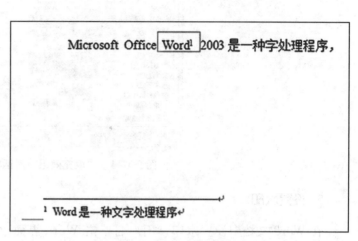

图 2-4-12　插入脚注

### 5. 设置背景

好的 Word 背景能够渲染主体,让里面的文字、排版变得生动,像是给文章赋予了活力。Word 2010 设置背景具体操作步骤如下:

打开 Word 2010 文档,单击"页面布局"选项卡,在"页面背景"功能组中单击"页面颜色"按钮,在颜色框中选择合适的颜色即可,如图 2-4-13 所示。

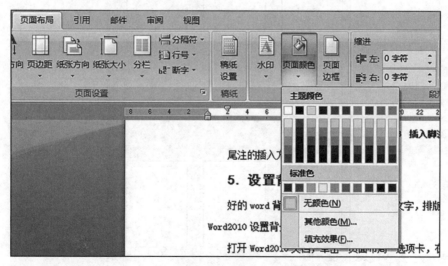

图 2-4-13　页面颜色

如需其他背景设置,也可单击"填充效果"命令,在出现的对话框中选择渐变、纹理、图案、图片等其他背景设置,如图 2-4-14 所示。

图 2-4-14 "填充效果"对话框

## 6. 设置水印

在 Word 文档中设置水印,用户需单击 Word 界面菜单栏的"页面布局"选项卡,在"页面背景"功能组中单击"水印"按钮,可以选择水印样式,如图 2-4-15 所示。

图 2-4-15 设置水印

如用户需自定义水印,则可单击"自定义水印"命令,在出现的对话框中进行设置,如图 2-4-16 所示。

图 2-4-16　自定义水印

## 7. 设置超链接

超链接可以在两个对象之间建立,当单击一个对象的时候就会跳到另一个对象的位置。在网页制作上经常会运用到,非常方便查找阅读。超链接在 Word 中也是可以实现的。

鼠标选择需要做超链接的文字,在"插入"功能区,找到"超链接"按钮,如图 2-4-17 所示。

图 2-4-17　超链接

在"插入超链接"对话框中有很多可供选择的超链接,例如,选择链接百度,在网址一栏输入需要链接的网站地址,单击"确定"按钮,链接就完成了,如图 2-4-18 所示。

图 2-4-18　"插入超链接"对话框

## 任务实现

### 1. 创建文档并保存

启动 Word 2010，将新建一空白文档。单击快速访问工具栏中的"保存"按钮，在打开的"另存为"对话框中设置保存位置为"桌面"，设置"文件名"为"不锈钢杯使用说明书"，最后单击"保存"按钮。

### 2. 页面设置

切换到"页面布局"选项卡，在"页面设置"功能组中单击"页边距"下拉按钮，在其下拉列表中选择"窄"选项，完成页边距的设置。单击"纸张方向"下拉按钮，在其下拉菜单中选择"横向"选项，完成纸张方向的设置。单击"纸张大小"下拉按钮，在其下拉菜单中选择"其他页面大小"选项，在弹出的"页面设置"对话框中的"纸张"选项卡中设置宽度为 21cm，高度为 15cm，单击"确定"按钮完成纸张大小的设置。

### 3. 插入图片

（1）将光标插入点放在首行起始位置，切换到"插入"选项卡，在"插图"功能组中单击"图片"按钮，在打开的"插入图片"对话框中选择"涌泉商标.jpg"图片，单击"插入"按钮即可完成插入。

（2）选中图片，切换到"图片工具"→"格式"选项卡，在"排列"功能组中单击"自动换行"下拉按钮，在其下拉列表中选择"嵌入型"选项，如图 2-4-19 所示。

（3）选中图片，在"开始"选项卡的"段落"功能组中单击"居中对齐"按钮。

### 4. 插入页眉和页脚

（1）切换到"插入"选项卡，在"页眉和页脚"功能组中单击"页眉"下拉按钮，在弹出的下拉列表中选择"现代型（奇数页）"选项。

（2）在页眉中"［键入文档标题］"位置输入"使用说明书"，并将页眉中的第二行删除。选中"使用说明书"文本，并将其进行"加粗"设置。双击文档任意位置退出页眉设置。

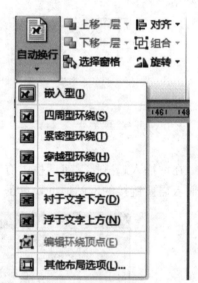

图 2-4-19 设置"嵌入型"文字环绕

（3）在"插入"选项卡的"页眉和页脚"功能组中单击"页脚"下拉按钮，在弹出的下拉列表中选择"现代型（偶数页）"。

（4）选中页脚中的页码数字，将其删除。

### 5. 文本录入

录入不锈钢杯使用说明书的文本。

### 6. 字体和段落设置

（1）选中"产品特点"文本，切换到"开始"选项卡，在"字体"选项组中设置"字体"为宋体，字号为"小四"，文字"加粗"。在"开始"选项卡的"段落"选项组中单击"居中"按钮；在"段落"功能组中单击右下角按钮，在弹出的"段落"对话框的"缩进和间距"选项卡的间距选项组中设置"段前"为1行。

（2）选中"产品特点"所在的段落，在"开始"选项卡的"剪贴板"功能组中双击"格式刷"按钮，再依次选中其他标题所在的段落。完成后再一次单击"格式刷"按钮，完成文本段落的样式复制。

（3）选中"产品特点"标题下面的段落，在"开始"选项卡的"段落"功能组中单击右下角按钮，在弹出的"段落"对话框中的"缩进和间距"选项卡的"缩进"选项组中设置"特殊格式"为"首行缩进"，缩进值为2字符。

### 7. 插入项目符号

根据前面所学知识，为文本插入项目符号，如图2-4-20所示。

### 8. 分栏设置

对文本进行分栏设置，效果如图2-4-21所示。

### 9. 画直线

（1）将光标插入点放在第一栏尾行"安装完好。"后面，按3次Enter键，这时第二栏首部出现两行空行。

（2）在第二栏首部的第二行中输入文本"不锈钢杯系列"。选中该文本，在"开始"选项卡的"字体"功能组中设置"字体"为宋体，"字号"为"小四"，文字"加粗"，"字体颜色"为蓝色；在"段落"功能组中设置为"居中对齐"。

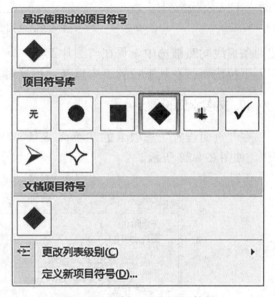

图2-4-20 插入选定项目符号

（3）切换到"插入"选项卡，在"插图"功能组中单击"形状"下拉按钮，在弹出的下拉列表中选择"线条"中的"直线"。此时光标变成十字形状，再在"不锈钢杯系列"文本的左边，按住Shift键同时画一条直线。

（4）选中直线，切换到"格式"选项卡，在"形状样式"组中单击"形状轮廓"下拉按钮，在弹出的下拉列表中选择"蓝色"；选择"粗细"选项，设置为1磅；选择"虚线"选项，设置为短划线。

（5）选中虚线，使用快捷键"Ctrl+C"将虚线复制，再使用快捷键"Ctrl+V"将虚线粘贴。使用鼠标将新粘贴的虚线移动到文本右边。按住Shift键的同时分别选中两条虚线，

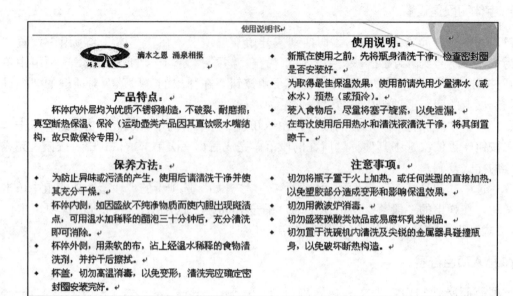

图 2-4-21 分栏后的文本设置

使两条虚线同时被选中，再在"图片工具"→"格式"选项卡的"排列"功能组中单击"对齐"下拉按钮，在其下拉列表中选择"顶端对齐"命令。

### 10. 文字水印设置

在"页面设置"选项卡的"页面背景"功能组中单击"水印"，为文档设置水印"涌泉"，如图 2-4-22 所示。

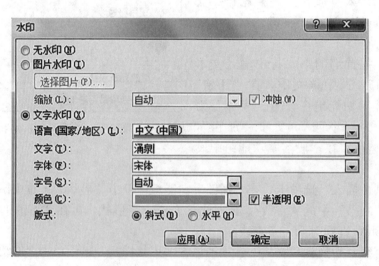

图 2-4-22 为文档设置水印"涌泉"

### 11. 保存文档

单击快速工具栏中的"保存"按钮将文档进行保存，完成本任务要求。

**训练任务**

为"佳能"系列相机制作一份产品性能说明书,效果如图 2-4-23 所示,请应用所学知识在 Word 2010 软件中完成此项任务。

### 佳能产品性能指标

|  |  |  |
|---|---|---|
| 佳能 A800 | 佳能 A1200 | 佳能 A3300IS |
| 数码相机类型:家用 | 数码相机类型:广角,家用 | 数码相机类型:广角,家用 |
| 有效像素数:1000万 | 有效像素数:1210万 | 有效像素数:1600万 |
| 最高分辨率:3648×2736 | 最高分辨率:4000×3000 | 最高分辨率:4608×3456 |
| 液晶屏尺寸:2.5英寸 | 液晶屏尺寸:2.7英寸 | 液晶屏尺寸:3英寸 |
| 光学变焦倍数:3.3倍 | 光学变焦倍数:4倍 | 光学变焦倍数:5倍 |
| 光圈范围:F3.0-F5.8 | 光圈范围:F2.8-F5.9 | 光圈范围:F2.8-F5.9 |
| 快门速度:15-1/2000秒 | 快门速度:15-1/1600秒 | 快门速度:15-1/1600秒 |
| 存储卡类型:SD/SDHC/SDXC卡 | 存储卡类型:SD/SDHC/SDXC卡 | 存储卡类型:SD/SDHC/SDXC卡 |
| 焦距(相当于35mm相机):37-122mm | 焦距(相当于35mm相机):28-112mm | 焦距(相当于35mm相机):28-140mm |
| 颜色:黑色,银色,红色 | 颜色:黑色,银色 | 颜色:黑色,银色,红色,蓝色,粉色 |
| 尺寸:长94.3×高61.6×厚31.2 | 尺寸:长97.5×高62.5×厚30.7 | 尺寸:长95.1×高56.7×厚23.9 |
| 重量:138.0g | 重量:137.0g | 重量:130.0g |

图 2-4-23 "佳能"系列相机产品性能说明书

## 阅读材料　曙光"星云"系列超级计算机

曙光"星云"系列超级计算机系统是中国第一台具有自主知识产权的实测性能超千万亿次的超级计算机系统。该系统用于科学计算、互联网智能搜索、气象海洋预报、基因测序等行业和领域,其峰值运算速度可达每秒3 000万亿次。2010年5月31日在全球最快超级计算机前500名排行榜上,"星云"系列超级计算机及其相关系统经过众多专家测评,跻身排行榜第二的位置,超越欧洲和日本的同类产品,是中国历史上在全球超级计算机中排名最好的一次。

曙光"星云"系列超级计算机

该计算机系统是在国家"863计划"重大专项支持下,由曙光信息产业(北京)有限公司、中国科学院计算技术研究所、国家超级计算深圳中心共同研制,由曙光集团天津产业基地制造的国内第一台、世界第三台实测性能超千万亿次的超级计算机。

超级计算机中有"星群"概念,与以往集群不同,星群的每一个节点都很强,这样汇聚起来就像一个灿烂的光球。另外,云计算现在是热门的概念,而超级计算机是云计算的重要组成部分,"星云"在投入运行之后将担当云计算中心的重要角色。这就是曙光千万亿次超级计算机命名为"星云"的原因。

"星云"超级计算机系统采用自主设计的HPP体系结构,由4 640个计算单元组成,采用了高效异构协同计算技术,系统包括了9 280颗通用CPU和4 640颗专用GPU组成。计算网络采用了单向40Gbps QDR Infiniband技术,核心存储采用了自主设计的Parastor高速IO系统,并使用了Intel Xeon 5650+Fermi架构的NVIDIA Tesla C2050通用处理器,运行Linux操作系统。"星云"系统还应用了曙光自主研发的QDR Ifiniband高速交换模块(HSSM)、大规模系统管理和调度系统(Gridview)、高性能计算机安全系统(NiKey)等多项领先技术,使"星云"成为中国自主可控的高性能计算机系统。

"星云"超级计算机系统的特点:

(1)高性能。"星云"超级计算机系统运算峰值达到每秒3 000万亿次(3PFlops),实现Linpack值每秒1 271万亿次(1.271PFlops)。

(2) 高效能。采用了自主设计的 HPP 体系结构、高效异构协同计算技术，高效易用的编程环境，极大地方便了用户操作。

(3) 高可靠性。采用全冗余设计，无单一故障点，在对系统 Linpack（国际标准的超级计算机测试方法）测试中，"星云"表现出它的极高稳定性和可靠性。

(4) 高密度。在对单柜测试得出，"星云"单柜峰值高达 25.7TFlops，成为国内同类系统单位面积计算峰值最高的计算机。

(5) 低功耗。每瓦能耗实测性能超过 4.98 亿次，成为 2010 年中国国内最绿色的超级计算机。

(6) 低成本。"星云"系统遵循中国 HPCSC（中国电子工业标准化协会-高性能计算机标准工作委员会）标准，实现专用计算机关键部件的标准化和产业化，大大节省了用户产品扩容成本。

"星云"卓越的计算能力也得到了世界级计算机大会的认可。2010 年 5 月 31 日，国际超级计算机大会公布的世界 500 强排名显示，中国超级计算机"星云"超级计算机系统是世界第二快的计算机，仅仅排在美国克雷公司的"美洲豹 XT5"之后。美国《纽约时报》的分析称，中国正挑战美国在这一领域的霸主地位。北京时间 2010 年 6 月 1 日，曙光公司以"极速超越 中国力量"为主题，向中国地区用户隆重发布曙光星云高性能系统。

此外，"星云"系统也在各个方面有新的突破与创新。该系统的核心部件采用了曙光公司自主研发的最新一代刀片服务器曙光 TC 3600，是全球第一款同时支持 HPCSC 并兼容 SSI 国际开放性标准的刀片服务器系统，实现了我国刀片服务器产品的标准化。同时，曙光"星云"是中国第一台面向未来云计算环境设计的超级计算机系统，强调系统的均衡设计和资源动态调度能力，将成为我国新一代超级云计算中心建设的主力机种。

## 综合练习 2

### 一、选择题

1. 中文 Word 2010 是（　　）。
   A. 字处理软件　　　　　　　　　　B. 系统软件
   C. 硬件　　　　　　　　　　　　　D. 操作系统
2. 在 Word 2010 的文档窗口进行最小化操作（　　）。
   A. 会将指定的文档关闭
   B. 会关闭文档及其窗口
   C. 文档的窗口和文档都没关闭
   D. 会将指定的文档从外存中读入，并显示出来
3. 若想在快速访问工具栏上添加命令按钮，应当使用（　　）。
   A. "文件"标签中的命令　　　　　　B. "格式"标签中的命令
   C. "插入"标签中的命令　　　　　　D. "工具"标签中的命令
4. 在工具栏中 按钮的功能是（　　）。
   A. 撤销上次操作　　　　　　　　　B. 加粗
   C. 设置下划线　　　　　　　　　　D. 改变所选择内容的字体颜色
5. 用 Word 2010 进行编辑时，要将选定区域的内容放到剪贴板上，可单击工具栏中（　　）。
   A. 剪切或替换　　　　　　　　　　B. 剪切或清除
   C. 剪切或复制　　　　　　　　　　D. 剪切或粘贴
6. 在 Word 2010 中，如果要使图片周围环绕文字应选择（　　）操作。
   A. "绘图"工具栏中"文字环绕"列表中的"四周环绕"
   B. "图片"工具栏中"文字环绕"列表中的"四周环绕"
   C. "常用"工具栏中"文字环绕"列表中的"四周环绕"
   D. "格式"标签中"位置"列表中的"文字环绕"
7. Word 2010 的页边距可以通过（　　）设置。
   A. "页面"视图下的"标尺"　　　　B. "格式"标签下的段落
   C. "页面布局"标签下的"页面设置"　D. "工具"标签下的"选项"
8. 在 Word 2010 中，对表格添加边框应执行（　　）操作。
   A. "布局"标签中的"边框和底纹"对话框中的"边框"标签项
   B. "表格"标签中的"边框和底纹"对话框中的"边框"标签项
   C. "工具"标签中的"边框和底纹"对话框中的"边框"标签项
   D. "插入"标签中的"边框和底纹"对话框中的"边框"标签项
9. 要删除单元格正确的是（　　）。
   A. 选中要删除的单元格，按 Del 键
   B. 选中要删除的单元格，按"剪切"按钮

C. 选中要删除的单元格，使用"Shift+Del"组合键
D. 选中要删除的单元格，使用右键的"删除单元格"

10. 在 Word 2010 中要对某一单元格进行拆分，应执行（　　）操作。
    A. "布局"标签中的"拆分单元格"命令
    B. "格式"标签中"拆分单元格"命令
    C. "工具"标签中的"拆分单元格"命令
    D. "表格"标签中"拆分单元格"命令

## 二、判断题

1. 在 Word 2010 中，通过"屏幕截图"功能，不但可以插入未最小化到任务栏的可视化窗口图片，还可以通过屏幕剪辑插入屏幕任何部分的图片。（　　）

2. 在 Word 2010 中，可以插入表格，而且可以对表格进行绘制、擦除、合并和拆分单元格、插入和删除行列等操作。（　　）

3. 在 Word 2010 中，表格底纹设置只能设置整个表格底纹，不能对单个单元格进行底纹设置。（　　）

4. 在 Word 2010 中，只要插入的表格选取了一种表格样式，就不能更改表格样式和进行表格的修改。（　　）

5. 在 Word 2010 中，不但可以给文本选取各种样式，而且可以更改样式。（　　）

6. 在 Word 中，"行和段落间距"或"段落"提供了单倍、多倍、固定值、多倍行距等行间距选择。（　　）

7. 在 Word 2010 中，可以插入"页眉和页脚"，但不能插入"日期和时间"。（　　）

8. 在 Word 2010 中，能打开 *.dos 扩展名格式的文档，并可以进行格式转换和保存。（　　）

9. 在 Word 2010 中，通过"文件"按钮中的"打印"选项同样可以进行文档的页面设置。（　　）

10. 在 Word 2010 中，插入的艺术字只能选择文本的外观样式，不能进行艺术字颜色、效果等其他的设置。（　　）

## 三、思考题

1. 对文本进行分栏操作是，如果两栏文本的长度不一样，该如何操作才能将两栏的长度调整为一样？

2. 在 Word 中要精确旋转图片，该如何操作？

# 项目 3 <<<

## 电子表格处理软件 Excel 2010

Excel 2010 是微软公司推出的 Office 办公系统软件的一个组件,是一个电子表格软件。它不仅包含表格制作功能,而且具备强大的数据处理功能,在公司管理、财务管理、市场与销售、经济统计等方面都有着广泛的应用。

本项目将对 Excel 2010 进行介绍,其中包括一些基本概念和基本操作。

## 任务 1　创建员工信息表

### 任务描述

利达公司决定对所有员工信息进行管理,需要人事部出具一份员工信息表,样表如图 3-1-1 所示。

| | A | B | C | D | E | F | G | H |
|---|---|---|---|---|---|---|---|---|
| 1 | 利达公司员工信息表 | | | | | | | |
| 2 | 员工编号 | 姓名 | 部门 | 性别 | 参加工作日期 | 身份证号 | 联系电话 | 工龄 |
| 3 | A0001 | 李波 | 技术部 | 男 | 2002/6/7 | 412928197906202823 | 13000000000 | 14 |
| 4 | A0002 | 张长海 | 人力资源部 | 男 | 2008/9/14 | 412928197906202823 | 13000000000 | 8 |
| 5 | A0003 | 郭灿 | 后勤部 | 男 | 2006/8/9 | 412928197906202823 | 13000000000 | 10 |
| 6 | A0004 | 黎明 | 市场部 | 男 | 2014/6/10 | 412928197906202823 | 13000000000 | 2 |
| 7 | A0005 | 林鹏 | 技术部 | 男 | 2008/7/11 | 412928197906202823 | 13000000000 | 8 |
| 8 | A0006 | 骆杨明 | 财务部 | 男 | 2002/6/12 | 412928197906202823 | 13000000000 | 14 |
| 9 | A0007 | 江长华 | 财务部 | 女 | 2011/8/23 | 412928199108202824 | 13000000000 | 5 |
| 10 | A0008 | 张博 | 业务部 | 男 | 2002/8/14 | 412928197906202823 | 13000000000 | 14 |
| 11 | A0009 | 陈士玉 | 市场部 | 女 | 2014/8/15 | 412928199605202824 | 13000000000 | 2 |
| 12 | A0010 | 李海星 | 业务部 | 男 | 2015/8/22 | 412928199606202823 | 13000000000 | 1 |

图 3-1-1　员工信息表

### 任务分析

本任务要进行工作簿的新建、打开、关闭与保存;数据输入的方法,行、列和单元格的插入、删除方法;数据的清除、删除与撤销、恢复方法及工作表的基本操作,从而掌握常用员工信息表、员工工资表等日常工作表的创建。

项目3　电子表格处理软件Excel 2010

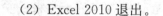 必备知识

### 1. Excel 2010 的启动和退出

（1）启动 Excel 2010。

方法1：在桌面上双击 Excel 的快捷方式图标，如图 3-1-2 所示。

方法2：双击带有 .xlsx 后缀的工作簿（即 Excel 文件）来启动，这样在打开 Excel 工作簿文件的同时也启动了 Excel 2010 应用程序。

方法3：如果桌面上没有快捷方式图标，可以通过单击 Windows 桌面左下角的"开始"按钮，然后选择"程序"→"Microsoft Office 2010"→"Microsoft Excel"打开。

（2）Excel 2010 退出。

方法1：单击"文件"菜单中的"退出"命令。

方法2：单击右上角的"关闭"按钮。

方法3：按"Alt+F4"组合键。

方法4：双击工作界面左上角应用程序图标 退出。

如果在要退出 Excel 2010 时工作簿尚未被保存，系统就会出现保存文件的对话框，此时可以对工作簿进行保存。

Excel界面

图 3-1-2　快捷方式

### 2. 认识 Excel 2010 界面

在启动 Excel 2010 之后，将出现如图 3-1-3 所示的工作窗口。

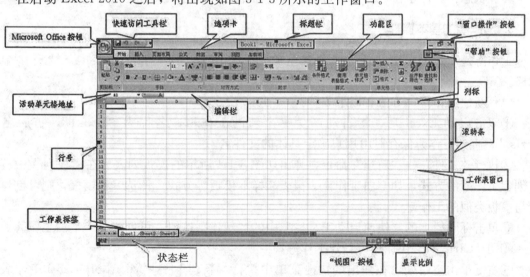

图 3-1-3　Excel 2010 应用程序窗口界面

（1）标题栏。位于窗口上端，由控制菜单图标、快速访问工具栏及当前工作簿名称和3个控制按钮组成。

（2）选项卡。在 Excel 2010 中采用选项卡的形式，其中包括了 Excel 2010 全部的命令，有"文件""开始""插入""页面布局""公式""数据""审阅"8个选项卡。每个选项卡中

又包含了很多功能组，每一个功能组又包含了若干个工具按钮。

（3）名称框。显示当前单元格地址，在公式编辑状态下名称框变为函数框。

（4）编辑栏/名称框。编辑栏中可同步显示当前活动单元格中的具体内容。如果单元格中输入的是公式，则单元格显示公式的计算结果，但编辑栏中显示的是具体的公式。有时单元格的内容比较长，无法在单元格中以一行显示，编辑栏中可以看到比较完整的内容。

当把光标定位在编辑栏时，编辑栏前面会显示3个按钮，它们的功能分别为：

"取消"按钮×：单击该按钮取消输入内容。

"输入"按钮✓：单击该按钮确认输入内容。

"插入函数"按钮fx：单击该按钮执行插入函数的操作。

（5）工作表窗口。由16 384列（A至XFD列）和1 048 576行（1至1 048 576行）组成。行和列交叉的区域称为单元格，单元格是Excel 2010工作簿的最小组成单位。移动鼠标到某单元格单击，则该单元格变成当前单元格，也称为活动单元格。并且单元格框线变成粗线，此时单元格名称显示在名称框中，如图3-1-3所示。

（6）工作表标签。在默认情况下，Excel 2010工作簿由3张工作表组成，名称分别为Sheet1、Sheet2和Sheet3。用户可以通过在标签上单击鼠标右键，利用快捷菜单完成插入新工作表、删除工作表、更改工作表标签名称等操作，也可利用拖动的方法完成工作表的移动和复制。

（7）水平、垂直拆分块。将当前工作表拆分成水平和垂直相同的两个窗口，被拆分的窗口都有各自独立的滚动条。

（8）水平、垂直滚动条。滚动条用来改变工作表的可见区域。

（9）状态栏。位于窗口的底部，显示当前命令的执行情况及与其相关的操作信息。

**3. 工作簿的基本操作**

工作簿是Excel文档的统称，含有至少一个工作表。而一张工作表中又含有多个单元格。

（1）新建工作簿。方法有以下5种：

①双击启动Excel后，将自动产生一个新的工作簿，名称为"Book1"，扩展名为".xlsx"，直到工作簿保存时由用户确定具体的文件名。

②执行"文件"→"新建"命令，弹出如图3-1-4所示的模板列表。在模板列表中有多种创建工作簿的方式，如空白工作簿、报表、样本模板等方式。任选一种模板，则可创建一个与模板类似的工作簿。

③单击标题栏上的"快速启动工具栏"中的"新建"按钮，可创建一个空白工作簿。

④用"Ctrl+N"快捷键可新建工作簿。

⑤右键单击空白处，在弹出的快捷菜单中执行"新建"→"Microsoft Excel 工作表"，也可新建一个工作簿。

（2）保存工作簿。Excel 2010文件的保存方法基本上有以下4种：

①单击快速启动工具栏中的"保存"按钮。

②执行"文件"→"保存"命令。

③按"Ctrl+S"快捷键保存。

项目 3　电子表格处理软件 Excel 2010

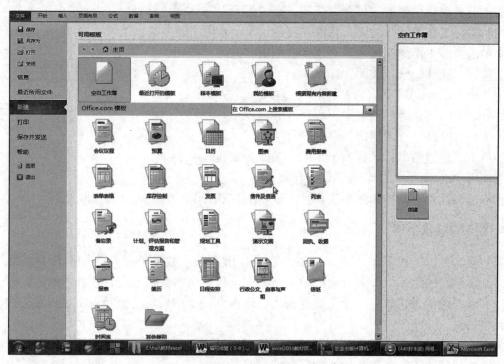

图 3-1-4　模板列表

④已经存在的文件需要更换名称，或者更改保存位置时，则执行"文件"→"另存为"，弹出"另存为"对话框，指定保存的位置并输入新的文件名，然后单击"保存"按钮即可。在"另存为"命令后所做的各种操作都只会对另存后的新文件有效。

（3）打开工作簿。

①执行"文件"→"打开"，在打开对话框中选择要打开的工作簿。

②按"Ctrl+O"组合键打开工作簿。

③单击"文件"→"最近所用文件"，将显示最近使用过的工作簿名称，单击工作簿的名称，即可打开对应的文件，如图 3-1-5 所示。

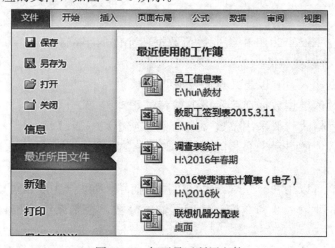

图 3-1-5　打开最近所用文件

④单击快速启动栏的"打开"按钮,在"打开"对话框中选择。

(4) 关闭工作簿。只关闭工作簿而不退出 Excel 程序的方法:

①单击当前工作簿文件窗口选项卡右侧的"关闭"按钮。

②执行"文件"→"关闭"命令。

③使用"Ctrl+W"组合键关闭工作簿。

另外,关闭工作簿的同时退出程序的方法:

①执行"文件"→"退出"命令。

②单击工作簿窗口标题栏右上角的"关闭"按钮。

③使用"Alt+F4"组合键关闭工作簿。

④双击标题栏上的控制菜单图标☒,即可在关闭工作簿的同时退出程序。

**4. 输入与编辑数据**

(1) 输入数据。在 Excel 2010 的工作表中,用户输入数据的基本类型有 2 种,即常量和公式。常量指的是不以等号开始的单元格数据,包括文本、数据、日期和时间等;而公式则是以等号开始的表达式,一个正确的公式会运算出一个结果,这个结果将显示在公式所在的单元格里。

为单元格输入数据,首先要用鼠标单击或用方向键选定要输入的单元格,使其成为活动单元格,然后用以下 2 种方法输入数据:

方法一:在活动单元格中直接输入数据,输入之后按 Enter 键确认(按 Esc 键撤销)。

方法二:在编辑栏中输入数据,输入之后按 Enter 键或单击"确认"按钮确认(按 Esc 键或单击☒按钮撤销)。

若要修改某个单元格里已有的数据,有以下两种常用的方法:

方法一:先用鼠标单击或用方向键使该单元格成为活动单元格,然后再到编辑栏里进行修改。

方法二:用鼠标双击该单元格,光标会在单元格里闪烁,此时可在该单元格里直接进行修改。

Excel 2010 中输入的常量分为数值、文本、日期及时间 3 种数据类型。以下介绍这 3 种数据类型的输入。

①数值输入。在 Excel 2010 中组成数值数据所允许的字符有:数字 0~9、正负号、圆括号(表示负数)、分数线(除号)、$、%、E、e。

对于数值型数据输入,有以下几点需要说明:

默认情况下,数值类型数据在单元格中靠右对齐。

默认的通用数字格式一般采用整数(如 3578)或小数(34.12)。

数值的输入与数值的显示未必相同。如:单元格宽度不够时,数值数据自动显示为科学计数法或几个"#"。

输入负数时,既可以用"—"号,也可以用圆括号,如,—100 也可以输成"(100)"。

输入分数时,先要输入 0 和空格,然后再输入分数,否则系统将按日期对待。如 1/4,要输成"0 1/4"。

若要限定小数点的位数,可以在该单元格上单击右键,执行"设置单元格格式"命令,在弹出的对话框中选择"数字"选项卡，然后在"分类"列表框里选择"数值"，在窗口右侧设定小数的位数（还可以设定千位分隔符和负数的显示格式），如图3-1-6所示。

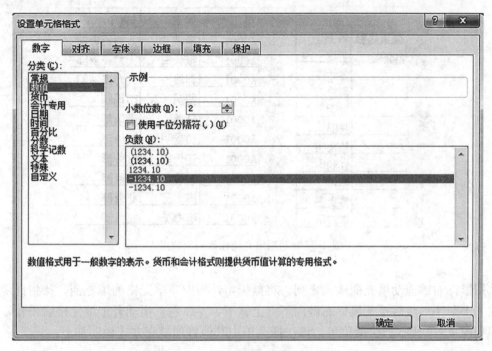

图3-1-6　设置数值型数据的小数位

②文本输入。Excel文本包括汉字、英文字母、数字、空格及其他键盘上能输入的符号。文本数据在单元格中默认左对齐。Excel会将邮政编码、电话号码、身份证号等数据默认为数字类型，因此需要手工将它们转变为文本型数据，一般有2种方法：

方法一：在数字序列前加单引号。

方法二：在该单元格上单击右键，执行"设置单元格格式"命令，然后在弹出的对话框中选择"数字"选项卡，在"分类"列表框里选择"文本"，如图3-1-6所示。

③日期和时间输入。Excel内置了一些日期时间的格式，当输入数据与这些格式相匹配时，Excel将识别它们为日期或时间型。常见的日期或时间格式为"mm/dd/yy""dd-mm-yy""hh：mm（am/pm）"，其中"am/pm"前应有一个空格，它们不区分大小写。

若要同时输入日期和时间，需要在日期和时间之间至少留一个空格。若要输入当前日期，按组合键"Ctrl+;"即可。若要输入当前时间，按组合键"Ctrl+Shift+;"即可。

（2）智能填充数据。Excel能将相邻单元格按某种规律自动填入数据，称为自动填充。选定单元格后，将鼠标移动到当前单元格的填充柄上，鼠标变成"+"字形，此时为自动填充状态，拖动鼠标，就会在相邻的单元格中填入数据。

①使用鼠标左键拖到填充柄输入序列。如果在第一个单元格输入数据（称为源单元格），将鼠标指针指向源单元格的填充柄，待指针变成黑色实心的"+"字状后按下鼠标左键向下（上、下、左、右）拖动，则指针经过的单元格就会以源单元格中相同的数据或公式进行填充，如图3-1-7所示；如果先在两个单元格中输入有规律的数据，当选定了这两个有规律数据的单元格后，再按住鼠标左键进行拖动，则鼠标经过的单元格数据也具有相同的规律，如

图 3-1-8 所示。

图 3-1-7 利用填充柄输入相同数据

②用鼠标右键拖动填充柄输入序列。将鼠标指针指向源单元格的填充柄，待指针变成黑实心的"+"字形状后按下鼠标右键向下（上、下、左、右）拖动若干单元格后松开，此时会弹出如图 3-1-9 所示的快捷菜单，该快捷菜单中其他各项填充方式说明如下：

图 3-1-8 利用填充柄输入有规律的数字序列 　　　图 3-1-9 右键拖动输入序列

- "复制单元格"命令。直接复制单元格内容，使目的单元格与源单元格内容一致。
- "填充序列"命令。即按照一定的规律进行填充。如源单元格中是数据 1，则选中此方式后，图 3-1-10 所示的 B2 和 B3、B4 单元格分别是 2、3、4；如源单元格是汉字"一"，则填充的分别是汉字"二""三""四"；如源单元格中是无规律的普通文本，则该选项变成灰色的不可用状态。

●"仅填充格式"命令。此选项的功能类似于 Word 中的格式刷，即被填充的单元格中并不会出现序列数据，而不复制源单元格中的格式。

●"以天数填充""以月填充""以年填充"命令，可按日期天数、工作日、月份或年份进行填充。

●"等差序列""等比序列"命令。这种填充方式要求首先要选中两个以上的带有规律的数据单元格，再按住右键进行拖动松开，在弹出的快捷菜单中选择相应的命令，则鼠标经过单元格中的数据就是等差序列或者等比序列。

●"序列"命令。当源单元格数据为数值型数据时，用鼠标右键拖动松开，在弹出的快捷菜单中选择"序列"命令，则打开如图 3-1-10 所示的"序列"对话框，应用此对话框可以灵活方便地选择多种序列填充方式。

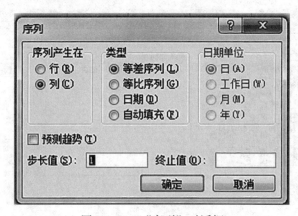

图 3-1-10　"序列"对话框

③使用"开始"选项卡中的"填充"命令输入序列。首先在源单元格中输入数据，让后选中需要填充数据段的单元格，单击"开始"选项卡下"编辑"功能组中的"填充"命令按钮，根据目的单元格相对源单元格的位置选择"向上""向下""向左""向右"填充或选择"系列"打开"序列"对话框。

④自定义序列。Excel 2010 中已经预定义好了一些序列，如"星期日、星期一、星期二……""甲、乙、丙……"等，在实际应用中有些数据需要自定义为序列，如"教授、副教授、讲师……"。

操作方法：

第一步　执行"开始"选项卡下"编辑"功能组中的"排序和筛选"命令按钮，在下拉菜单中选择"自定义排序"命令。

第二步　在打开的"排序"对话框中，单击"次序"下方的箭头，从弹出的下拉列表选择"自定义序列"，如图 3-1-11 所示，即可打开"自定义序列"对话框。

第三步　在打开对话框中选择"自定义序列"列表框第一项"新序列"，在"输入序列"列表框中输入新序列（例如：教授、副教授、讲师、助讲），然后单击"添加"按钮，将其添加到"自定义序列"列表框中，最后单击"确定"按钮完成操作，如图 3-1-12 所示。

注意：中间的逗号用英文标点符号。

图 3-1-11 在"排序"对话框中设置自定义序列

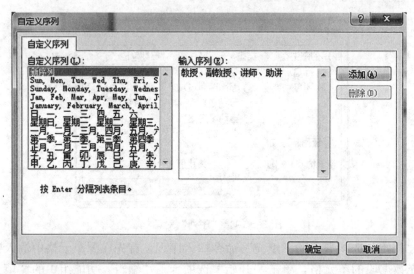

图 3-1-12 "自定义序列"对话框

（3）验证数据输入的有效性。向工作表中输入数据信息时，由于数据较多，有可能会出现错误，因此为了保证数据输入无误，Excel 2010 提供了建立验证数据内容的方法，防止输入数据时发生不必要的错误。

假设规定学生的年龄在 20~38 周岁，则可以根据"数据有效性"命令来设置该列的数据有效规则。具体的操作步骤如下：

①选中"年龄"列中的单元格，单击"数据"选项卡下"数据工具"功能组中的"数据有效性"下拉按钮，在弹出的菜单中选择"数据有效性"命令，打开如图 3-1-13 所示的"数据有效性"对话框。

②选择"设置"选项卡，分别在"允许"和"数据"下拉列表框中选择相应的信息。

③当鼠标指向该列的某个单元格时，如果希望显示提示信息，可选择"输入信息"选项卡，选中"选定单元格时显示输入信息"复选框，在"输入信息"文本框中输入要显示的提示信息，输入完成后出现的效果如图 3-1-14 所示；如果某个单元格数据输入错误，希望显示出错信息，可选择"出错警告"选项卡，在"样式"下拉列表框中选择一种错误报警方式，在"错误信息"文本框中输入出错时显示信息，这样当某个单元格输入数据错误时，将

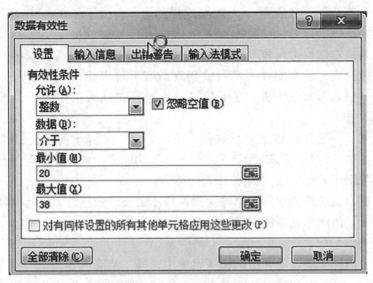

图 3-1-13 "数据有效性"对话框

弹出提示框,如图 3-1-15 所示。

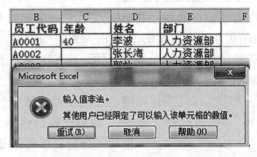

图 3-1-14 输入数据时显示提示信息　　　图 3-1-15 出错警告

### 5. 编辑工作表

编辑工作表一般指对工作表的数据进行修改、复制、移动、查找与替换等操作。

(1) 选定单元格和单元格区域。

①单元格的选择。用鼠标单击要选定的单元格,此时该单元格会被加粗的黑线框住,同时被选定的单元格对应的行号都会变成橘黄色。

②选择多个连续的单元格区域。

方法:先选择单元格区域左上角的第一个单元格,按住鼠标左键,拖曳到右下角后一个单元格。

③选择多个不相邻的单元格区域。先选择一个单元格或单元格区域,按住 Ctrl 键选择不相邻的区域。

④全选。单击"全选"按钮(即行号和列标交叉的空白格)或按"Ctrl+A"组合键。

(2) 行列的选择、插入与删除。

①选定整行和整列。单击行号和列标,即可以选择一行或一列。在行号或列标上按住鼠标左键拖曳即可选择连续的多行和多列。

②选定多个不连续的行（或列）。单击要选择的第一行的行号（或列的列标），按住 Ctrl 键，再单击其他要选择的行号（或列标）。

③插入行或列。右键单击行号（列标），从弹出的快捷菜单中选择"插入"命令，即可在选定行的上方或选定列的左侧插入新行或新列；或者可以执行"开始"选项卡下"单元格"功能组中的"插入"命令按钮，在下拉菜单中选择"插入工作表行"或"插入工作表列"命令。

④删除行或列。先选择要删除的行或列，单击右键，从弹出的快捷键菜单中选择"删除"命令；或者是执行"开始"选项卡下"单元格"功能组中的"删除"下拉按钮，在下拉菜单中选择"删除工作表行"或"删除工作表列"。

（3）清除数据。当工作表中的数据输入错误或不需要该数据时，可将其清除。选择要清除内容的单元格后，清除单元格的内容一般有以下几种方法：

方法一：按 Delete 键。

方法二：单击鼠标右键，从弹出的快捷菜单中选择"清除内容"。

方法三：执行"开始"选项卡下"编辑"功能组中的"清除"下拉按钮，在下拉菜单中选择"清除内容"命令。

（4）移动或复制区域。

方法一：使用"开始"选项卡。选定要移动或复制的单元格，单击"开始"选项卡下"剪贴板"功能组中的"剪切"或者"复制"按钮，此时单元格被一个闪动的虚线包围，然后选择目标单元格，再单击"开始"选项卡下"剪贴板"功能组中的"粘贴"按钮完成移动或复制。按 Esc 键可以取消闪烁的虚线。

方法二：使用快捷键。选定要移动或复制的单元格，然后按"Ctrl+X"（剪切）或按"Ctrl+C"组合键（复制），然后选择目标单元格，按"Ctrl+V"组合键即可粘贴成功。

方法三：使用鼠标拖动。选定要移动或复制的单元格，将鼠标移到单元格的边框上，当鼠标成为"+"字箭头形状时，按住鼠标左键将内容拖曳到目标单元格后放开鼠标即可完成移动。如果是复制，拖动的时候按住 Ctrl 键。

方法四：使用快捷菜单。选定要移动或复制的单元格，单击右键，从弹出的快捷菜单中选择"剪切"或"复制"，然后选择目标单元格，单击右键，从弹出的快捷菜单中选择"剪切"或"复制"，然后选择目标单元格，单击右键，从弹出的快捷菜单中选择"粘贴"即可。

（5）插入与编辑批注。对数据进行编辑时，有时需要在数据旁做注释，标注与数据相关的内容，这时可以通过添加"批注"来实现。添加批注的步骤如下：

①添加批注。选择要添加批注的单元格，单击右键，在弹出的快捷菜单中选择"插入批注"命令后弹出一个文本框，用户在其中输入注释的文本，输入完毕单击该文本框外工作表区域即可完成插入。在添加批注后该单元格的右上角会出现一个红色的小三角形，提示该单元格已被添加了批注。

②修改批注。选中要修改批注的单元格，单击右键，在弹出的快捷菜单中选择执行"编辑批注"命令即可。

用户还可以单击"审阅"选项卡下"批注"功能组中的"新建批注"命令按钮添加批注，选择"编辑批注""显示/隐藏批注""显示所有批注""删除"等按钮完成对应的操作。

（6）选择性粘贴。Excel 中单元格内容除了有具体数据意义外，还包含公式、格式、批注等，有时只需要复制其中的具体数据、公式或格式等，可使用"选择性粘贴"命令来操作。操作具体步骤如下：

①选定需要复制的单元格，单击"开始"选项卡下"剪贴板"功能组中的"复制"或"剪切"按钮。

②选定目标单元格，单击右键，从快捷菜单中选择"选择性粘贴"命令，弹出"选择性粘贴"对话框，单击"粘贴"类别中相应的选项，如图 3-1-16 所示，单击"确定"按钮即可。

图 3-1-16 "选择性粘贴"对话框

### 6. 工作表的基本操作

空白工作簿创建后，默认有 3 个工作表，即 Sheet1、Sheet2、Sheet3。根据需要可以增加工作表、删除工作表和重命名工作表等。

（1）工作表的选择。

①单个工作表的选择。单击工作表标签或右键单击工作表标签按钮，即可弹出工作表名称列表，从中选择一个工作表即可。

②多个连续的工作表的选择。单击第一个工作表标签，按住 Shift 键，再单击最后一个工作表标签即可选择多个连续的工作表。

③多个不连续的工作表的选择。单击第一个工作表标签，按住 Ctrl 键，然后分别单击其他要选择的工作表标签即可选择多个不连续的工作表。

④选择全部工作表的方法。右键单击工作表标签中的任意位置，在弹出的快捷键菜单中选择"选定全部工作表"命令即可。

Excel 中选定的多个工作表组成一个工作组。当在工作组中某一工作表内输入数据或设置格式的时候，工作组中其他工作表的相同位置也将被置入相同的内容。

如果要取消工作组，只需要单击任意一个未选定的工作表标签或者右键单击工作表标签中的任意位置，在弹出的快捷键菜单中选择"取消组合工作表"命令即可。

（2）工作表的插入、删除和重命名。

①插入工作表。

方法一：当要在某工作表之前插入一张新的工作表时，先选定该工作表，然后单击"开始"选项卡下"单元格"功能组中的"插入"按钮在下拉菜单中选择"插入工作表"命令。这样就在选定工作表之前插入了一张新工作表。

方法二：右键单击要插入的工作表标签，从快捷菜单中选择"插入"命令。

②删除工作表。

方法一：选定工作表，单击"开始"选项卡下"单元格"功能组中的"格式"按钮，在下拉菜单中选择"重命名工作表"，删除原来的名字，输入新名称即可。

方法二：在选定的工作表标签上右击，选择"重命名"。

方法三：双击要改名的工作表标签，删除原来的名字，输入新名称即可。

### 7. 单元格的合并与拆分

合并单元格有以下两种方法：

（1）选定要合并的单元格区域，单击"开始"选项卡下"对齐方式"功能组中的"合并后居中"按钮，将所选择的多个单元格合并为一个单元格，文字居中显示。

（2）选定要合并的单元格区域，单击右键，从弹出的快捷菜单中选择"设置单元格格式"命令，打开"设置单元格格式"对话框，在"对齐"选项卡的"文本控制"选项中勾选"合并单元格"复选框，单击"确定"按钮即可。

若要将合并后的单元格拆分，选定合并后的单元格，再次选择"合并后居中"按钮即可。

也可在"设置单元格格式"对话框中，在"对齐"选项卡的"文本控制"选项中将"合并单元格"复选框前的"√"去掉即可。

## 任务实现

### 1. 创建"员工信息表"并保存

启动 Excel 2010，系统默认建立一个以 book1 命名的工作簿。

将鼠标移至工作表标签 Sheet1 上，单击鼠标右键，在弹出的快捷菜单中选择"插入"命令，出现插入对话框，选择"工作表"，单击"确定"按钮。

用鼠标右键单击 Sheet1 标签，在快捷菜单中选择"重命名"命令，将"Sheet1"改为"员工信息表"。在"文件"菜单中选择"保存"命令或单击"常用"工具栏上的"保存"按钮，弹出"另存为"对话框，输入文件名为"员工信息表"，单击"保存"按钮。

### 2. 页面设置

在输入数据之前，对页面进行设置。打开"页面设置"选项卡，页边距设置如图 3-1-17 所示，纸张方向设置如图 3-1-18 所示，纸张大小设置如图 3-1-19 所示。

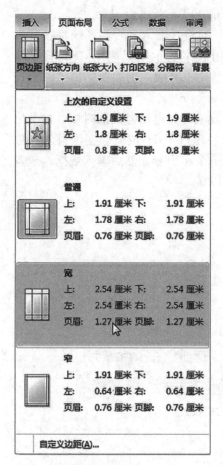
图 3-1-17 设置页边距

图 3-1-18 设置纸张方向

图 3-1-19 设置纸张大小

### 3. 数据输入

(1) "员工编号"列输入。选定要录入数据的单元格,从键盘录入。按下 Enter 键或 Tab 键或方向键移至下一个需要录入的单元格。对于员工代码一栏,可以采用填充柄快速填充。

(2) 对"性别"列与"学历"列内容有一定的范围,且范围不大(性别只有"男""女"两种,而学历只有"研究生""本科""专科""中专"及"中专以下"5 种),为避免表格在录入过程中出现不规范数据,可以在这些列设置数据有效性,以采用下拉列表的形式进行数据选择,不允许用户录入非法数据。

下拉列表选择数据的使用范围:项目个数少而规范的数据,如职称、工种、学历、单位及产品类型等适宜采用"数据有效性"的校验方式,以下拉列表的方式输入。

(3) 输入"出生日期"。使用数字型日期,需按照格式"年/月/日"或"年-月-日"。年份可以只输入后两位,系统自动添加前两位。月份不得超过 12,日不得超过 31,否则系统默认为文字型数据。例如:输入 2009 年 08 月 15 日,可输入"09/08/15"或"09-08-15"。会自动显示为"2009-08-15"[*],若采用"日/月/年"的格式,月份只能用相应月份的英文字母的前 3 个字母来代替,不能使用数字。例如:输入 2009 年 08 月 15 日,可输入"15/

aug/2009"或"15/aug/09"或"15-aug-2009"或"15-aug-09",完成后显示"15-aug-09"[*],任何情况下都不能采用"月/日/年"或"月-日-年"的格式输入,否则系统将视其为文字型数据。如果采用当前系统年份,只输入月和日,用数字表示则只能用"月/日"或"月-日"的格式;如果月份用相应英文字母来代替,格式则比较灵活。例如要输出"8月15日",则可使用下列输入方法都可:8/15、8-15。

(4)输入"身份证号"列数据。在输入身份证号者邮政编码、电话号码的时候,显示出来的是科学计数法表示。这是因为 Excel 中输入的数值只要超过了 11 位就会变为科学计数法。应该把它当作文本类型来处理:如在输入的时候先打一个单引号,然后输入数据;或者先改变单元格的数据类型为文本型,然后再进行输入就可以了。

### 4. 输入图 3-1-1 表中其他数据

### 5. 字体字号设置

参照图 3-1-20 所示,设置字体为宋体、字号 11。

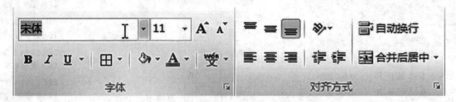

图 3-1-20 字体字号及单元格对齐方式设置

### 6. 格式设置

可参照图 3-1-20 所示的方式,设置单元格对齐方式。

### 7. 根据实际需要对页面、打印参数进行设置,保存工作表

▶ 训练任务 ▶

制作班级课程表,如图 3-1-21 所示。

|   | A | B | C | D | E | F |
|---|---|---|---|---|---|---|
| 1 | | | 课程表 | | | |
| 2 | 节次 | 星期一 | 星期二 | 星期三 | 星期四 | 星期五 |
| 3 | 1 | 语文 | 数学 | 英语 | 计算机 | 政治 |
| 4 | 2 | | | | | |
| 5 | 3 | 物理 | 化学 | 物理 | 化学 | 英语 |
| 6 | 4 | | | | | |
| 7 | 5 | 音乐 | 体育 | 政治 | 计算机 | 语文 |
| 8 | 6 | | | | | |

图 3-1-21 课程表

项目3 电子表格处理软件 Excel 2010

## 任务2 美化工作表

工作表的内容输入完毕以后，如果毫无修饰，必然会降低其可读性。通常我们需要对工作表进行修饰，使其更加美观并适合用户的需要。如文本的对齐、单元格的大小及表格套用格式等。

### 任务描述

打开员工信息表，对表格的格式进行设置，以方便阅读。样表如图3-2-1所示。

|  | A | B | C | D | E | F | G | H |
|---|---|---|---|---|---|---|---|---|
| 1 | 员工编号 | 姓名 | 部门 | 性别 | 参加工作日期 | 身份证号 | 联系电话 | 工龄 |
| 2 | A0001 | 李波 | 技术部 | 男 | 2002-6-7 | 412928197906202823 | 13000000000 | 14 |
| 3 | A0002 | 张长海 | 人力资源部 | 男 | 2008-9-14 | 412928197906202823 | 13000000000 | 8 |
| 4 | A0003 | 郭灿 | 后勤部 | 男 | 2006-8-9 | 412928197906202823 | 13000000000 | 10 |
| 5 | A0004 | 黎明 | 市场部 | 男 | 2014-6-10 | 412928197906202823 | 13000000000 | 2 |
| 6 | A0005 | 林鹏 | 技术部 | 男 | 2008-7-11 | 412928197906202823 | 13000000000 | 8 |
| 7 | A0006 | 骆杨明 | 财务部 | 男 | 2002-6-12 | 412928197906202823 | 13000000000 | 14 |
| 8 | A0007 | 江长华 | 财务部 | 女 | 2011-8-23 | 412928199108202824 | 13000000000 | 5 |
| 9 | A0008 | 张博 | 业务部 | 男 | 2002-8-14 | 412928197906202823 | 13000000000 | 14 |
| 10 | A0009 | 陈士玉 | 市场部 | 女 | 2014-8-15 | 412928199605202824 | 13000000000 | 2 |
| 11 | A0010 | 李海星 | 业务部 | 男 | 2015-8-22 | 412928199606202823 | 13000000000 | 1 |

图3-2-1 员工信息表

### 任务分析

此任务需要掌握 Excel 2010 中单元格区域格式设置、条件格式的使用方法及套用表格格式的设置方法。

### 必备知识

**1. 设置工作表的行高或列宽**

（1）精确调整。选定要调整的列，单击"开始"选项卡下"单元格"功能组的"格式"按钮，弹出如图3-2-2所示的下拉菜单，选择"列宽"命令，输入宽度，单击"确定"按钮。

行高的设置方法和列宽的设置方法基本相同，区别在于选择的对象是行，命令是"行高"。

（2）鼠标调整。如果要更改单个列或多个列的宽度，可先选定所有需要更改的列，然后将鼠标指针移到选定列标的右边界，鼠标指针变成"+"形

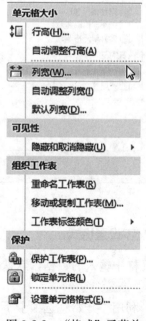

图3-2-2 "格式"子菜单

状时左右拖动,即可实现列宽的调整。行高的调整方法与列宽的调整方法类似。

(3) 自动调整。用鼠标双击行号之间的分隔线,Excel 会根据分隔线左列的内容,自动调整该行到最适合的行高;用鼠标双击列标之间的分隔线,Excel 会根据分隔线左列的内容,自动调整该列到最适合的列宽,或者单击"开始"选项卡下"单元格"功能组中的"格式"按钮,从下拉菜单中选择"自动调整行高"或"自动调整列宽"。

### 2. 数据的对齐方式

默认状态下,单元格中输入的数据,在水平方向文本行数据自动靠左对齐,数字、日期和时间自动靠右对齐,根据需要可以设置居中等其他对齐方式,主要有以下 2 种方法:

(1) 可以利用"开始"选项卡下"对齐方式"功能组中的"文本左对齐""居中""文本右对齐"等按钮设置数据的水平对齐方式。

(2) 选定要对齐的单元格或单元格区域,单击"开始"选项卡下"单元格"功能组中的"格式"按钮,在打开的菜单中选择"设置单元格格式",打开"设置单元格格式"对话框,在"对齐"选项卡中设置数据的水平对齐和垂直对齐方式,也可以设置文字的旋转角度,如图 3-2-3 所示。

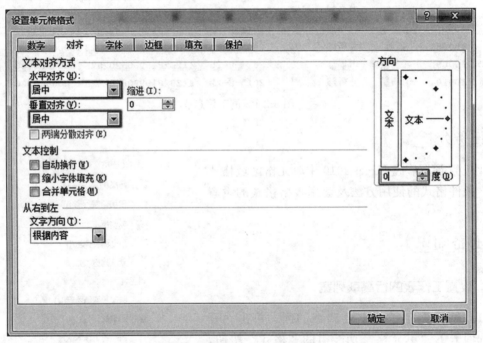

图 3-2-3 "设置单元格格式"对话框的"对齐"选项卡

### 3. 文字设置格式

单元格中输入的数据,默认字体字号为宋体,11 号,在 Excel 中字体的设置有以下 2 种方式:

(1) 利用"开始"选项卡下"字体"功能组中的命令按钮对单元格中的数据进行字体、字号、字形、字体颜色、下画线等格式的设置。

（2）单击"开始"选项卡下"单元格"功能组中的"格式"按钮，在打开的下拉菜单中选择"设置单元格格式"命令，打开"设置单元格格式"对话框，选择"字体"选项卡，进行字体、字号、字形、字体颜色、下画线、上标、下标的设置，如图 3-2-4 所示。

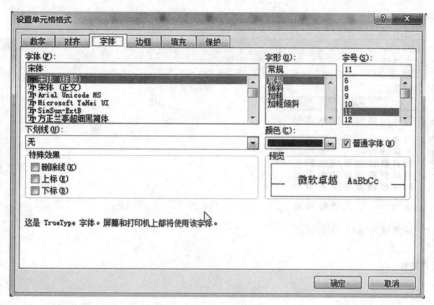

图 3-2-4　"设置单元格格式"对话框的"字体"选项卡

### 4. 设置单元格边框和底纹

为电子表格设置边框和底纹，使表格变得美观，更具有表现力，一般可以使用两种方法设置边框和底纹：

（1）选择要添加边框和底纹的单元格区域，单击"开始"选项卡下"单元格"功能组中的"格式"按钮，在打开的下拉菜单中选择"设置单元格格式"命令，打开"设置单元格格式"对话框，单击"边框"选项卡，选择线条样式、线条颜色和边框样式，如图 3-2-5 所

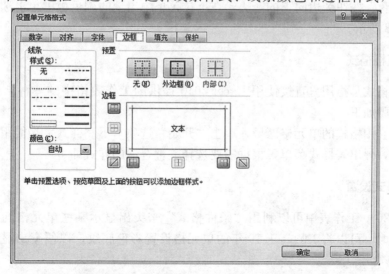

图 3-2-5　"设置单元格格式"对话框的"边框"选项卡

示。单击"填充"选项卡,在"背景色"区域选择一种颜色作为填充颜色,如图 3-2-6 所示;也可以单击"图案样式"下拉列表框,在打开的图案列表中选择一种图案样式,在上面的"图案颜色"下拉列表中设置图案的颜色,如果要取消填充颜色及图案,单击"无颜色"按钮即可。

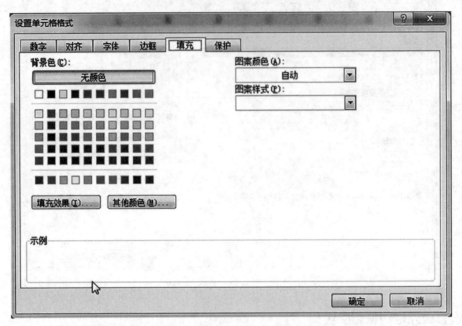

图 3-2-6　"设置单元格格式"对话框的"填充"选项卡

(2) 通过"开始"选项卡上的按钮设置。

设置表格框线:选定要添加边框的单元格区域,单击"开始"选项卡下"字体"功能组中的"边框"按钮旁边向下的箭头,在下拉菜单中进行选择,如图 3-2-7 所示。

设置表格底纹:选择要填充颜色的单元格区域,单击"开始"选项卡下"字体"功能组中的"填充颜色"按钮旁边向下的箭头,在下拉菜单中出现的调色板中单击选择一种填充颜色,如图 3-2-8 所示。

### 5. 套用表格格式

套用表格格式是指用户直接使用 Excel 2010 提供的工作表格中的一种来修饰自己的工作表。操作步骤如下:

先选定要套用格式的单元格区域,单击"开始"选项卡下"样式"功能组中的"套用表格格式"命令,弹出表样式菜单,根据需要选择一种合适的样式即可。

### 6. 条件格式设置

在 Excel 2010 工作表中可以利用"条件格式"来突出显示某些单元格的内容。例如在处理"工龄"时,可以将工龄高于 10 年的单元格设置彩色底纹,以便突出显示,操作步骤如下:

选定要设置的单元格区域,单击"开始"选项卡下"样式"功能组中的"条件格式"按

图 3-2-7　边框设置

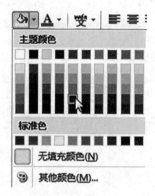

图 3-2-8　"填充颜色"设置

钮,在弹出的如图 3-2-9 所示的下拉菜单中假设选择"突出显示单元格规则"方式中的"大于"命令,打开如图 3-2-10 所示的对话框:在其中设置数值,并在"设置为"后下拉列表框中选择一种显示方式或者单击"自定义格式"自己设置对应的显示方式,单击"确定"按钮,设置完成。

### 7. 格式的复制

在实际的工作中,如果有多处单元格区域的格式要求是一样的,则可以复制格式。

(1) 使用"格式刷"复制格式。与 Word 一样 Excel 也提供了一个方便易用的格式刷,其使用方式也一样。

(2) 使用"选择性粘贴"复制。操作步骤如下:

先选定已经设置了某些格式的单元格,这些选定的单元格成为源单元格,然后单击右键后执行快捷菜单中的"复制"命令,就将源单元格的内容及格式复制到剪贴板中。

选定要应用的这些格式的单元格(成为目标单元格),单击右键后执行菜单中的"选择性粘贴"命令在弹出的"选择性粘贴"对话框中选中粘贴区域的某个按钮,如"格式"单选按钮,则目标单元格与源单元格的格式一致,如图 3-2-11 所示。

图 3-2-9 "条件格式"级联菜单

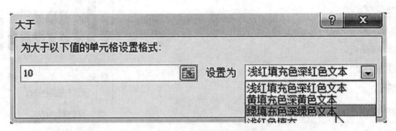

图 3-2-10 "条件格式"级联菜单中的"大于"对话框

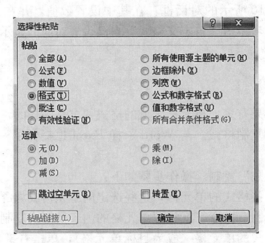

图 3-2-11 利用选择性粘贴进行格式复制

## 任务实现

表格数据输入完毕后，剩下的内容便是使表格更易阅读、更具说服力及提升表格的商务气质了。

### 1. 设置字体

字体设置可参照图 3-2-4 进行，但字体、字号设置应注意以下问题：

字体要与表格用途协调，字体的风格有严肃庄重的，也有活泼装饰性的。在字体的选择上要考虑表格的用途，选择与表格用途相协调的字体。统观表格内其他字体风格：选择外观、风格彼此协调的字体，使表格看起来更专业。

字号应考虑各字号大小之间是否协调，应整体和谐，不能过大，也不能过小，可参照图 3-2-12 的设置。

图 3-2-12　字体字号设置

### 2. 单元格对齐方式设置

数据输入完毕后，需要设置单元格对齐方式。有如下两种方法：

（1）选择"开始"选项卡下"对齐方式"功能组中的"居中"对齐方式，如图 3-1-20 所示。

（2）选定要对齐的单元格或单元格区域，单击"开始"选项卡下"单元格"功能组中的"格式"按钮，在打开的下拉菜单中选择"设置单元格格式"，打开"设置单元格格式"对话框，在"对齐"选项卡中设置数据的水平对齐和垂直对齐方式，如图 3-2-3 所示。

### 3. 表格边框设置

表格的美化除了可以添加简单的边框和单元格底色进行美化外，还可以将边框和底色相结合进行造型，以进一步美化表格，制作出与众不同的表格。有如下两种方法：

（1）单击"开始"选项卡下"单元格"功能组中的"格式"按钮，在打开的下拉菜单中选择"设置单元格格式"命令，打开"设置单元格格式"对话框，单击"边框"选项卡，选择线条样式，线条颜色和边框样式，如图 3-2-5 所示。单击"填充"选项卡，在"背景色"区域选择一种颜色作为填充颜色，如图 3-2-6 所示，本任务参照如图 3-2-13 所示的边框颜色。

（2）通过"开始"选项卡上的按钮设置。选定要添加边框

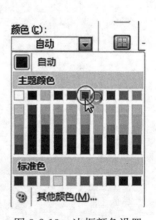

图 3-2-13　边框颜色设置

的单元格区域，单击“开始”选项卡下“字体”功能组中的“边框”按钮旁边向下的箭头进行选择，如图 3-2-7 所示。

### 4. 保存表格

单击快速工具栏中的“保存”按钮，及时保存文档。

## 训练任务

将“班级课程表”做如下修饰，条件样式：以粉红色显示“计算机”课程如图 3-2-14 所示。

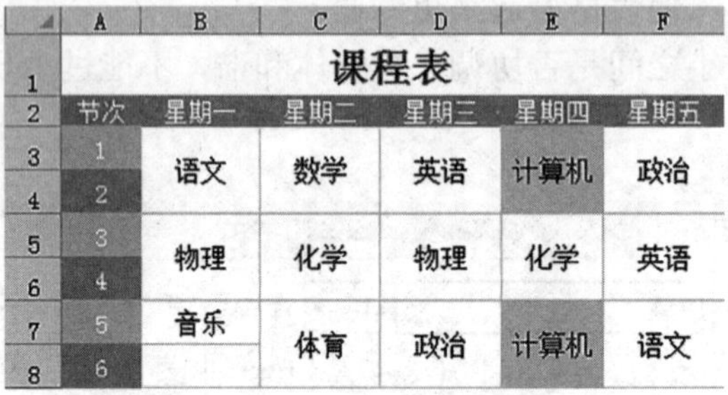

| | A | B | C | D | E | F |
|---|---|---|---|---|---|---|
| 1 | 课程表 | | | | | |
| 2 | 节次 | 星期一 | 星期二 | 星期三 | 星期四 | 星期五 |
| 3 | 1 | 语文 | 数学 | 英语 | 计算机 | 政治 |
| 4 | 2 | | | | | |
| 5 | 3 | 物理 | 化学 | 物理 | 化学 | 英语 |
| 6 | 4 | | | | | |
| 7 | 5 | 音乐 | 体育 | 政治 | 计算机 | 语文 |
| 8 | 6 | | | | | |

图 3-2-14　课程表条件样式

## 任务3 制作工资管理报表

Excel 中除了能进行一般的表格处理外,还具有较强的数据计算能力,可以在单元格中利用公式或函数进行各种复杂运算。利用 Excel 可实现工资管理的自动化,包括工资单的浏览、工资报表的自动生成等。

### 任务描述

利达公司决定对公司员工工资进行统计,涉及员工的工龄、基本工资、出勤天数、全勤奖、社保等,涉及员工个人隐私的"等级"列做了隐藏,员工工资表如图 3-3-1 所示。另外,为查看方便,需要对窗格进行冻结和拆分等。

| | A | B | C | D | E | F | G | H | I | J |
|---|---|---|---|---|---|---|---|---|---|---|
| 1 | | | | | 员工工资表 | | | | | |
| 2 | 员工代码 | 姓名 | 部门 | 基本工资(元) | 生活补贴(元) | 出勤天数 | 全勤奖 | 社保 | 实发工资 | 备注 |
| 3 | A0001 | 李波 | 人力资源部 | 1760 | 840 | 22 | 0 | 208 | 2392 | |
| 4 | A0002 | 张长海 | 人力资源部 | 1780 | 850 | 25 | 500 | 250.4 | 2879.6 | |
| 5 | A0003 | 郭灿 | 人力资源部 | 1700 | 840 | 24 | 480 | 241.6 | 2778.4 | |
| 6 | A0004 | 黎明 | 市场部 | 1200 | 2200 | 26 | 520 | 313.6 | 3606.4 | |
| 7 | A0005 | 林鹏 | 市场部 | 1200 | 2400 | 24 | 480 | 326.4 | 3753.6 | |
| 8 | A0006 | 骆扬明 | 财务部 | 2100 | 1200 | 22 | 0 | 264 | 3036 | |
| 9 | A0007 | 江长华 | 财务部 | 2010 | 1300 | 22 | 0 | 264.8 | 3045.2 | |
| 10 | A0008 | 张博 | 业务部 | 1200 | 2200 | 23 | 460 | 308.8 | 3551.2 | |
| 11 | A0009 | 陈士玉 | 业务部 | 1250 | 2400 | 24 | 480 | 330.4 | 3799.6 | |
| 12 | A0010 | 李海星 | 业务部 | 1260 | 2200 | 28 | 560 | 321.6 | 3698.4 | |

图 3-3-1 员工工资表

### 任务分析

新建员工工资表,对员工工龄、基本工资、绩效工资进行考核,学会使用公式、函数对表中"工资"涉及的数据进行计算和统计,另外涉及个人隐私等,需要对工作表的"等级"列进行隐藏;为查看信息的方便需要对窗格进行冻结和拆分等,从而学会制作工资管理报表。

### 必备知识

#### 1. 工作表的隐藏与取消

在 Excel 软件制表中,有时候我们的工作表暂时不使用或者有隐私不想被别人看到,可以把工作表先隐藏起来,下面介绍如何隐藏和显示工作表。

(1)工作表的隐藏。

方法一:选中需要隐藏的工作表(如,班级课程表),在"视图"选项卡下"窗口"功能组中单击"隐藏"按钮即可隐藏选定的工作表,如图 3-3-2 所示。

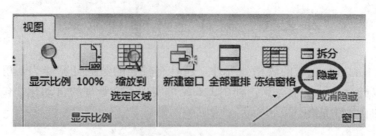

图 3-3-2 视图选项卡下的"隐藏"按钮

方法二：在工作表的名称上右击在弹出的菜单中选择"隐藏"，如图 3-3-3 所示。

（2）取消隐藏。选中要隐藏的工作表，在视图选项卡下"窗口"功能组中选择"取消隐藏"，或者在工作表名称上右击，在弹出的菜单上选择"取消隐藏"即可。

### 2. 工作表窗格的冻结与拆分

如果工作表中的表格内容比较多，通常需要使用滚动条来查看全部内容。在查看时表格的标题、项目名等也会随着数据一起移出屏幕，造成只能看到内容，而看不到标题、项目名。需要使用 Excel 2010 的"拆分"和"冻结"窗格功能来解决该类问题。

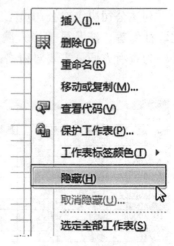

图 3-3-3 工作表"隐藏"

（1）拆分窗格。打开表格，选择"视图"选项卡下"窗口"功能组中的"拆分"命令按钮。

有两种情况：

①选择某个窗格（单元格）后单击"拆分"，如图 3-3-4 所示结果在该窗格（单元格）的上方线和左边线进行拆分共分为 4 个部分，如选择 B3 单元格后拆分，结果如图 3-3-5 所示。

|   | A | B | C | D |
|---|---|---|---|---|
| 1 |   |   |   |   |
| 2 | 员工代码 | 姓名 | 部门 | 基本工资（元） |
| 3 | A0001 | 李波 | 人力资源部 | 1760 |
| 4 | A0002 | 张长海 | 人力资源部 | 1780 |
| 5 | A0003 | 郭灿 | 人力资源部 | 1700 |
| 6 | A0004 | 黎明 | 市场部 | 1200 |
| 7 | A0005 | 林鹏 | 市场部 | 1200 |
| 8 | A0006 | 骆杨明 | 财务部 | 2100 |

图 3-3-4 选择一个窗格后单击"拆分"

②全部选择所有窗格（单元格）后单击"拆分"，结果显示，屏上窗格（单元格）被平均拆分成 4 个部分，如图 3-3-5 所示。

（2）冻结窗格。选定窗格（单元格）所在的行或列进行冻结后，用户可以任意查看工作表的其他部分而不移动表头所在的行或列，可方便用户查看表格末尾的数据。即冻结线以上或是冻结线以左的数据在进行滚动的时候位置不发生变化，如图 3-3-6 所示。

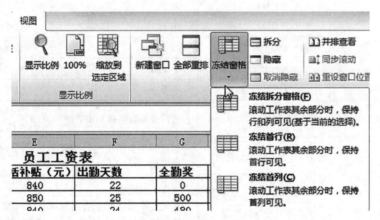

图 3-3-5 全选窗格后拆分

图 3-3-6 冻结窗格

### 3. 公式

公式的形式为"＝表达式",表达式是由运算符、常量、单元格地址、函数及括号组成的,但是表达式中不一定全部具备这些项,例如下面的公式:

＝102＋10＋8
＝A1＊0.4＋B1＊0.6
＝SUM(B2：B10)

### 4. 运算符

运算符在 Excel 中可以分为以下 4 种类型:

(1) 算术运算符。算术运算符可以完成基本的数学运算,如加、减、乘、除。

(2) 比较运算符。比较运算符可以比较两个数据或表达式的大小,并且产生的结果是 TRUE 或者 FALSE 的逻辑值。

(3) 文本运算符。文本运算符可以将两段文本连接为一段连续的文本。
(4) 引用运算符。引用运算符可以将单元格区域合并计算。
Excel 中使用的运算符见表 3-3-1。

表 3-3-1　Excel 中使用的全部运算符

| 类　　型 | 运算符 | 含　　义 | 示　　例 |
|---|---|---|---|
| 算术运算符 | ＋（加号） | 加 | 1＋3 |
| | －（减号） | 减 | 4－1 |
| | －（负号） | 负数 | －10 |
| | ＊（星号） | 乘 | 6＊5 |
| | ／（斜杠） | 除 | 9/3 |
| | ％（百分号） | 百分比 | 25％ |
| | ^（乘方） | 乘幂 | 2^3＝8 |
| 比较运算符 | ＝（等号） | 等于 | A1＝B1 |
| | ＞（大于号） | 大于 | A1＞B1 |
| | ＜（小于号） | 小于 | A1＜B1 |
| | ＞＝（大于等于号） | 大于等于 | A1＞＝B1 |
| | ＜＝（小于等于号） | 小于等于 | A1＜＝B1 |
| | ＜＞（不等于号） | 不等于 | A1＜＞B1 |
| 文本运算符 | ＆（连字符） | 将两段字符连成一片字符 | "Hello"＆"Kitty"＝"Hello Kitty" |
| 引用运算符 | ：（冒号）区域运算符 | 包括两个引用在内的所有单元格引用 | A1：A8 |
| | ，（逗号）联合运算符 | 将多个引用合并为一个引用 | SUM(A1：A8,B1：B8) |
| | （空格）交叉运算符 | 对同事隶属于两个引用的单元格区域的引用 | SUM（B1：B8　B1：C8）引用 B7 单元格 |

## 5. 运算顺序

在数学运算中，如果遇到如"b5＋d3＊a1/b2^2"所示的公式，在其中包含了加法、乘法、除法还有乘方。应该先运算哪个运算符呢？这里涉及运算符的优先级别，如果是同一级运算，则从等号开始从左到右逐步计算；对于不同级别的运算，则参照表 3-3-2 列出的先后顺序进行计算。

表 3-3-2　运算符的运算优先级别

| 优先顺序 | 运算符 | 说　　明 |
|---|---|---|
| 由高到低 | ： | 引用运算符（逗号） |
| | ， | 逗号 |
| | － | 负号 |
| | ％ | 百分比 |

(续)

| 优先顺序 | 运算符 | 说　明 |
| --- | --- | --- |
| 由高到低 | ^ | 乘幂 |
|  | *和／ | 乘和除 |
|  | ＋和－ | 加和减 |
|  | & | 文本运算符（连接） |
|  | ＝、＞、＜、＞＝、＜＝、＜＞ | 比较运算符 |

#### 6. 输入公式

在目标单元格中先输入"＝"，再写出公式的表达式，如图 3-3-1 所示的工作表为例，单击选择 H3 单元格，输入公式"＝（D4＋E4＋G4）*8％"按 Enter 键确认输入，公式中的单元格地址可以用键盘输入，也可以直接单击相应的单元格。

#### 7. 复制公式

图 3-3-1 所示的例子中，H3 单元格的社保计算完成后，可以用公式复制的方法，自动填充其他单元格，操作步骤如下：

（1）单击如图 3-3-1 所示已经输入的公式的 H3 单元格。

（2）移动鼠标到该单元格的填充柄处，鼠标变为细"＋"字形状，按住鼠标左键拖动到 H12 单元格，将完成所有员工社保的计算。

#### 8. 单元格的地址引用

公式中使用其他单元格的方式称为单元格引用，在公式中一般不写单元格中的数值，而写数值所在单元格的地址，以便公式复制，在公式中可以引用本工作表中的单元格，也可以引用同一个工作簿中其他工作表的单元格，以及不同工作簿中的单元格，当被引用的单元格数值被修改时，公式的运算结果也会随之变化。Excel 中单元格的引用有相对引用、绝对引用、混合引用、跨工作表引用和跨工作簿引用等几种方式。

（1）相对应用。相对引用是在公式中引用了"a1"这样形式的相对地址，相对地址进行公式复制后，目标单元格公式中的地址会相对变化，变化的方向是根据源单元格到目标单元格变化的方向而变化。

（2）绝对引用。绝对引用是在公式中使用了像"＄A＄1"这样形式的绝对地址。绝对地址进行公式复制后，公式中的单元格地址不会产生变化。

（3）混合引用。如果单元格引用地址部分为绝对引用，另一部分为相对引用，如"＄a1"或者"a＄1"，这类地址称为混合引用地址，如果"＄"符号在列标前，则表明该列的位置是绝对不变的，而行位置会随着目的位置的变化而变化，如果"＄"符号在行号前，则表明该行位置是绝对不变的，而列位置会随着目的位置的变化而变化。

（4）跨工作表引用。跨工作表引用是指引用同一个工作簿其他工作表单元格地址，表示单元格时，单元格名称前必须加单元格所在的工作表标签名称和感叹号。

引用的格式为：工作表！单元格，例如：Sheet1@A4 表示相对引用工作表 Sheet1 的

A4单元格。

Sheet1A4:D8:相对引用工作表Sheet1的A4到D8的一个矩形区域。

Sheet1@＄A＄4:绝对引用工作表Sheet1的A4单元格。

(5) 跨工作簿的引用。跨工作簿的引用是指引用其他工作簿中的单元格,表示单元格时,单元格名称前除了要加上工作表标签以外,还要加上所在的工作簿的名称。

引用的格式为:"工作簿名"工作表名!单元格,例如

【ABC.xlsx】Sheet!＄A＄4:绝对引用ABC.xlsx工作簿中Sheet1的工作表中的单元格。

### 9. 公式的错误值

当Excel中不能正确计算某个单元格中的公式时,便会在单元格中显示一个错误代码,错误代码都是由♯号开头,表3-3-3中列出了常见的错误信息及出错原因。

表3-3-3 常见错误代码和出错原因

| 错误代码 | 出错原因 |
| --- | --- |
| ♯♯♯♯ | 公式产生的结果太长或输入的常数太长,应增加列宽 |
| ♯DIV/0! | 除数为零 |
| ♯N/A | 引用了当前不能使用的值 |
| ♯NAME? | 使用了Excel不能识别的名称 |
| ♯NULL! | 指定了无效的"空"值 |
| ♯NUM! | 使用了不正确的参数 |
| ♯REF! | 引用了无效的单元格 |
| ♯VALUE! | 引用了不正确的参数或运算对象 |

### 10. 函数的形式

Excel中提供了10类200多种函数,合理使用这些函数将大大提高表格计算的效率。

函数的形式如下:

函数名【参数1】,【参数2】,…,【参数n】

函数以函数名开头,其后是一对圆括号,括号中是若干个参数,如果有多个参数,参数之间用逗号隔开,参数可以是数字、文本、逻辑值、单元格引用或其他函数(嵌套函数)。

### 11. 函数的使用

(1) 选择目标单元格,单击"公式"选项卡下"函数库"功能组中的"插入函数"按钮,打开"插入函数"对话框,从中选择需要插入的函数,如图3-3-7所示。

(2) 如果对所使用的函数很熟悉,直接在编辑栏或单元格中输入即可。

(3) 对于求合计、平均值、最大值、最小值等常用的函数,可以单击"开始"选项卡下"编辑"功能组中的"自动求和"右侧小三角按钮,在下拉菜单中选择"最大值",即可弹出对应的菜单,进行自动计算,如图3-3-8所示。

(4) 在单元格中输入"=",名称框会变成函数的下拉列表框,如图3-3-9所示,从中

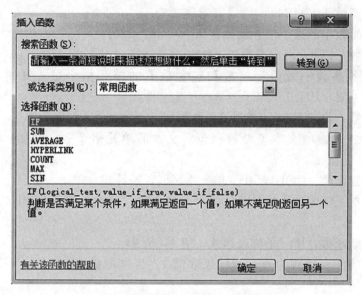

图 3-3-7 "插入函数"对话框

选择要插入的函数,如果列表中没有显示所需的函数,可以单击"其他函数"命令,在打开的"插入函数"对话框中选择函数。

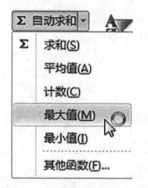

图 3-3-8 "最大值"下拉按钮

图 3-3-9 函数下拉列表框

(5) 单击编辑栏左边的按钮 ƒx,将弹出"插入函数"对话框,在该对话框中选择要插入的函数。

### 12. 常用的函数

(1) 求和函数:SUM(参数1,参数2,…)。

功能:求各参数的和,参数可以是数值或含有数值的单元格引用,最多包含 30 个参数。例如:SUM(H2:I2);SUM(A1,B1,C1);SUM(A1:A3,B1:B3)。

(2) 求平均值函数:AVERAGE(参数1,参数2,…)。

功能:求各参数的平均值。参数可以是数值或者含有数值的单元格引用。例如:AVERAGE(A2,B2,C2);AVERAGE(A2:E2)。

(3) 求最大值函数:MAX(参数1,参数2,…)。

功能:求各参数中的最大值,例如:MAX(H2:H10)。

(4) 求最小函数值：MIN（参数1，参数2，…）。

功能：求各参数中的最小值，例如：MIN（B2：B20）。

(5) 计数函数：COUNT（参数1，参数2）。

功能：统计各参数中数值型参数和包含数值的单元格个数。例如：COUNT（b1：b10）；COUNT（A1，B1：B5，C1：C3）。

(6) 计数函数：COUNTA（参数1，参数2）。

功能：统计各参数中文本型参数和包含文本的单元格个数，例如：COUNTA（C1：C10）。

(7) 条件计数函数：COUNTIF（单元格区域，条件式）。

功能：统计单元格区域内满足条件的单元格个数，例如：COUNTIF（J3：J12，">=2500"）。

(8) 条件判断函数：IF（条件表达式，值1，值2）。

功能：如果条件表达式为真，则结果取值1；否则取值2，例如：=if（J3>=2500，"优秀"，"合格"）。

(9) 排名次函数：RANK（带排名的数据，数据区域，升降序）。

功能：计算数据在数据区域内相对于其他数据的大小排名，注释："升降序参数"为0或忽略不写表示降序，1表示升序，例如：=RANK（h4 $h$4：$h$17）后面什么也没写表示降序。

### 任务实现

**1. 输入工资表信息**

新建一个空工作簿，在工作簿中默认工作表book1中输入工资表的相应信息。

**2. 计算全勤奖**

方法一：公式法。选择G3单元格，输入公式"=IF（F3>22，F3*20，0）"按回车键，即可以算出奖金，拖曳填充柄计算出其他单元格的全勤奖。注意这里是按出勤天数22天以上，奖金按出勤天数乘以20来发放奖金，22天以下没有奖金。

方法二：函数法。选择G3单元格，单击编辑栏中的"插入函数"按钮 fx 或选择"公式"选项卡中的"插入函数"按钮，如图3-3-10所示。

图3-3-10 "插入函数"按钮

在"插入函数"列表框中选择"IF"函数。单击"确定"按钮，弹出"函数参数"对话框，输入条件参数，如图3-3-11所示。

# 项目3 电子表格处理软件 Excel 2010

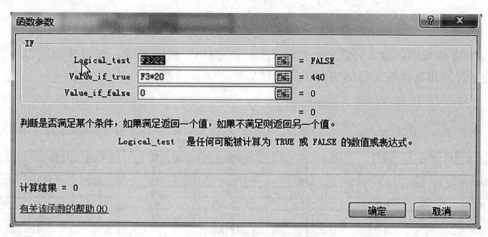

图 3-3-11 "函数参数"对话框

返回 G3 单元格的值 "0",因此不符合全勤奖的条件,利用填充柄自动填充其他"全勤奖",结果如图 3-3-12 所示。

| | A | B | C | D | E | F | G | H | I |
|---|---|---|---|---|---|---|---|---|---|
| 1 | | | | | 员工工资表 | | | | |
| 2 | 员工代码 | 姓名 | 部门 | 基本工资(元) | 生活补贴(元) | 出勤天数 | 全勤奖 | 社保 | 实发工资 |
| 3 | A0001 | 李波 | 人力资源部 | 1760 | 840 | 22 | 0 | | |
| 4 | A0002 | 张长海 | 人力资源部 | 1780 | 850 | 25 | 500 | | |
| 5 | A0003 | 郭灿 | 人力资源部 | 1700 | 840 | 24 | 480 | | |
| 6 | A0004 | 黎明 | 市场部 | 1200 | 2200 | 26 | 520 | | |
| 7 | A0005 | 林鹏 | 市场部 | 1200 | 2400 | 24 | 480 | | |
| 8 | A0006 | 骆杨明 | 财务部 | 2100 | 1200 | 22 | 0 | | |
| 9 | A0007 | 江长华 | 财务部 | 2010 | 1300 | 22 | 0 | | |
| 10 | A0008 | 张博 | 业务部 | 1200 | 2200 | 23 | 460 | | |
| 11 | A0009 | 陈士玉 | 业务部 | 1250 | 2400 | 24 | 480 | | |
| 12 | A0010 | 李海星 | 业务部 | 1260 | 2200 | 28 | 560 | | |

图 3-3-12 函数计算全勤奖

### 3. 计算社保

这里按全部收入的 8% 缴纳。

选择 H3 单元格,输入公式"=(D4+E4+G4)*8%"按回车键,可以算出本单元格的社保,拖曳填充柄计算出其他单元格的社保,结果如图 3-3-13 所示。

H3    fx    =(D3+E3+G3)*8%

| | A | B | C | D | E | F | G | H | I |
|---|---|---|---|---|---|---|---|---|---|
| 1 | | | | | 员工工资表 | | | | |
| 2 | 员工代码 | 姓名 | 部门 | 基本工资(元) | 生活补贴(元) | 出勤天数 | 全勤奖 | 社保 | 实发工资 |
| 3 | A0001 | 李波 | 人力资源部 | 1760 | 840 | 22 | 0 | 208 | |
| 4 | A0002 | 张长海 | 人力资源部 | 1780 | 850 | 25 | 500 | 250.4 | |
| 5 | A0003 | 郭灿 | 人力资源部 | 1700 | 840 | 24 | 480 | 241.6 | |
| 6 | A0004 | 黎明 | 市场部 | 1200 | 2200 | 26 | 520 | 313.6 | |
| 7 | A0005 | 林鹏 | 市场部 | 1200 | 2400 | 24 | 480 | 326.4 | |
| 8 | A0006 | 骆杨明 | 财务部 | 2100 | 1200 | 22 | 0 | 264 | |
| 9 | A0007 | 江长华 | 财务部 | 2010 | 1300 | 22 | 0 | 264.8 | |
| 10 | A0008 | 张博 | 业务部 | 1200 | 2200 | 23 | 460 | 308.8 | |
| 11 | A0009 | 陈士玉 | 业务部 | 1250 | 2400 | 24 | 480 | 330.4 | |
| 12 | A0010 | 李海星 | 业务部 | 1260 | 2200 | 28 | 560 | 321.6 | |

图 3-3-13 公式法计算社保

### 4. 计算实发工资

选择 I3 单元格，输入公式"＝D3＋E3＋G3－H3"按回车键，即可算出实得工资，拖曳填充柄计算出其他单元格的实发工资，结果如图 3-3-14 所示。

| | A | B | C | D | E | F | G | H | I |
|---|---|---|---|---|---|---|---|---|---|
| 1 | | | | | 员工工资表 | | | | |
| 2 | 员工代码 | 姓名 | 部门 | 基本工资（元） | 生活补贴（元） | 出勤天数 | 全勤奖 | 社保 | 实发工资 |
| 3 | A0001 | 李波 | 人力资源部 | 1760 | 840 | 22 | 0 | 208 | 2392 |
| 4 | A0002 | 张长海 | 人力资源部 | 1780 | 850 | 25 | 500 | 250.4 | 2879.6 |
| 5 | A0003 | 郭灿 | 人力资源部 | 1700 | 840 | 24 | 480 | 241.6 | 2778.4 |
| 6 | A0004 | 黎明 | 市场部 | 1200 | 2200 | 26 | 520 | 313.6 | 3606.4 |
| 7 | A0005 | 林鹏 | 市场部 | 1200 | 2400 | 24 | 480 | 326.4 | 3753.6 |
| 8 | A0006 | 骆杨明 | 财务部 | 2100 | 1200 | 22 | 0 | 264 | 3036 |
| 9 | A0007 | 江长华 | 财务部 | 2010 | 1300 | 22 | 0 | 264.8 | 3045.2 |
| 10 | A0008 | 张博 | 业务部 | 1200 | 2200 | 23 | 460 | 308.8 | 3551.2 |
| 11 | A0009 | 陈士玉 | 业务部 | 1250 | 2400 | 24 | 480 | 330.4 | 3799.6 |
| 12 | A0010 | 李海星 | 业务部 | 1260 | 2200 | 28 | 560 | 321.6 | 3698.4 |

图 3-3-14 公式法计算实发工资

### 5. 拆分窗格

选择 B3 单元格，单击"视图"选项卡下"窗口"功能组中的"拆分"按钮，工作表被拆分成如图 3-3-4 所示 4 个部分。

### 6. 冻结窗格

若要冻结首行或首列，打开工作表，选择视图选项卡下的"冻结首行"或"冻结首列"即可，或者拆分后选择"冻结拆分窗格"。本任务中不适合此选项，应该选择"视图"选项卡下"窗口"功能组中的"冻结窗格"，下拉菜单中选择"冻结拆分窗格"按钮，如图 3-3-6 所示。

### 训练任务

根据工资表的内容，进行员工等级设置，使用 IF 函数查看员工等级。我们新加一列——等级。实发工资大于等于 2 500 为优，低于 2 500 为良。拖曳填充柄计算出其他单元格的等级，并隐藏"等级"列的内容，或者隐藏此工作表。最终效果如图 3-3-15 所示。

| | A | B | C | D | E | F | G | H | I | J |
|---|---|---|---|---|---|---|---|---|---|---|
| 1 | | | | | 员工工资表 | | | | | |
| 2 | 员工代码 | 姓名 | 部门 | 基本工资（元） | 生活补贴（元） | 出勤天数 | 全勤奖 | 社保 | 实发工资 | 等级 |
| 3 | A0001 | 李波 | 人力资源部 | 1760 | 840 | 22 | 0 | 208 | 2392 | 良 |
| 4 | A0002 | 张长海 | 人力资源部 | 1780 | 850 | 25 | 500 | 250.4 | 2879.6 | 优 |
| 5 | A0003 | 郭灿 | 人力资源部 | 1700 | 840 | 24 | 480 | 241.6 | 2778.4 | 优 |
| 6 | A0004 | 黎明 | 市场部 | 1200 | 2200 | 26 | 520 | 313.6 | 3606.4 | 优 |
| 7 | A0005 | 林鹏 | 市场部 | 1200 | 2400 | 24 | 480 | 326.4 | 3753.6 | 优 |
| 8 | A0006 | 骆杨明 | 财务部 | 2100 | 1200 | 22 | 0 | 264 | 3036 | 优 |
| 9 | A0007 | 江长华 | 财务部 | 2010 | 1300 | 22 | 0 | 264.8 | 3045.2 | 优 |
| 10 | A0008 | 张博 | 业务部 | 1200 | 2200 | 23 | 460 | 308.8 | 3551.2 | 优 |
| 11 | A0009 | 陈士玉 | 业务部 | 1250 | 2400 | 24 | 480 | 330.4 | 3799.6 | 优 |
| 12 | A0010 | 李海星 | 业务部 | 1260 | 2200 | 28 | 560 | 321.6 | 3698.4 | 优 |

图 3-3-15 IF 函数计算员工等级（未隐藏"等级"列）

# 任务 4　销售统计表的处理

## 任务描述

利达公司决定对鸡场鸡蛋的销售情况进行处理，销售部为部长提供了一份销售统计表，如图 3-4-1 所示。

| 日期 | 鸡舍 | 产蛋量（个） | 日龄（d） | 蛋重（kg/30个） | 批发价（元/kg） | 销售收入（元） |
|---|---|---|---|---|---|---|
| \multicolumn{7}{c}{利达公司鸡场销售情况统计表} | | | | | | |
| 2016-3-1 | A号舍 | 9200 | 210 | 1.85 | 8.70 | 4936 |
| 2016-3-1 | B号舍 | 9520 | 220 | 1.85 | 8.70 | 5107 |
| 2016-3-1 | C号舍 | 9550 | 230 | 1.85 | 8.70 | 5124 |
| 2016-3-2 | A号舍 | 9283 | 211 | 1.85 | 8.60 | 4923 |
| 2016-3-2 | B号舍 | 9608 | 221 | 1.85 | 8.60 | 5095 |
| 2016-3-2 | C号舍 | 9580 | 231 | 1.85 | 8.60 | 5081 |
| 2016-3-3 | A号舍 | 9605 | 212 | 1.85 | 8.65 | 5123 |
| 2016-3-3 | B号舍 | 9532 | 222 | 1.85 | 8.65 | 5085 |
| 2016-3-3 | C号舍 | 9646 | 232 | 1.85 | 8.65 | 5145 |

图 3-4-1　销售统计表

部长要求对销售统计表中的数据做如下处理：

（1）以"销售收入"为关键字，"鸡舍"为次要关键字升序排序。
（2）筛选出"销售收入低于 5 000 元"的记录，并复制到新工作表中。
（3）高级筛选出"产蛋量低于 9 500 或者销售收入低于 5 000 元"的记录，并复制到新工作表中。
（4）以"鸡舍"为分类字段，对"产蛋量""销售收入"进行"求和"分类汇总。
（5）合并计算出每个鸡舍每天产蛋量的平均值。

## 任务分析

Excel 中的工作表也称为数据清单。对于数据清单，可能并不仅仅满足于计算，实际工作中还需要对这些数据按照某种规则进行分析处理，如把数据按规则排序、从大量数据中筛选出符合条件的数据，对一类数据进行某种方式的汇总计算等。Excel 2010 提供了非常强大的数据管理和分析功能。

## 必备知识

排序是指按一定的规则对数据进行整理和排列。排序分升序和降序两大类型。对于字母，升序是从 A 到 Z 排列；对于日期，升序是从最早到最近；对于中文，一般是按照汉语拼音字母的顺序排序，也可指定由文字的笔画来排序。排序可以按照某一字段的值进行排序，用来排序的字段称为关键字，关键字可以有多个，分为主要关键字、次要关键字。当主要关键字相同时可以再按次要关键字排序，以此类推。

数据筛选是将数据清单中符合某种条件的记录显示出来，并将不符合条件的记录隐藏起来，Excel 提供了筛选和高级筛选两种方式。

分类汇总中将数据清单中的每类数据进行汇总，它是建立在已排序的基础上，因此，进行分类汇总前必须将数据清单进行排序，排序的关键字是汇总的字段。

合并计算是对一个或多个源数据区的数据进行合并计算，并将结果放在目标区域中。目标区、一个或多个源数据区可以在一个工作表中，也可以在不同的工作表中，还可以在不同的工作簿中。

### 1. 数据的排序

可以使用"数据"选项卡上的排序按钮或使用"排序"对话框来进行排序。

方法一：使用"数据"选项卡上的排序按钮 ↓ 和 ↑ 。

选定排序字段列中的任意一个非空单元格，单击"数据"选项卡下"排序和筛选"功能组中的"升序"按钮 ↓ 或"降序"按钮 ↑ ，即可完成排序。也可以单击"开始"选项卡下"编辑"功能组中的"排序和筛选"按钮，在弹出的下拉菜单中选择"升序"或"降序"命令。

方法二：使用"排序"对话框。

具体操作如下：

（1）简单排序。选定要进行排序的单元格区域，注意一般要同时包含表头字段以及各列的数据，否则排序后可能会破坏记录中各条数据的对应关系；或者选中数据清单中的任意一个单元格，Excel 会自动选定整个数据清单。

（2）自定义排序。单击"数据"选项卡下"排序和筛选"功能组中的"排序"按钮，或单击"开始"选项卡下"编辑"功能组中的"排序和筛选"按钮，在弹出的下拉菜单中选择"自定义排序"命令，弹出如图 3-4-2 所示的"排序"对话框；在该对话框右上角勾选"数据包含标题"复选框，单击"列"区域中的列表框按钮，显示出所选中区域的所有字段名；用户指定排序的关键字及排序的方式（升序或降序）。如果一个关键字排序出现相同值，用

图 3-4-2 "排序"对话框

户可以单击"添加条件"按钮来增加次要关键字,以此类推。用户可单击"添加条件"或"删除条件"按钮来增减关键字,最后单击"确定"按钮完成排序。

### 2. 数据的筛选

筛选是按简单条件进行筛选,条件可以是 Excel 自动确定的,也可以是用户自定义的条件。筛选适用于同一字段中的多个条件是"与""或",不同字段的条件只能是"与"的关系,即在多字段都有条件的情况下,筛选出来的是同时满足多个字段条件的记录。

具体操作如下:

(1) 将鼠标指针定位到需要筛选的数据清单中的任意一个单元格。

(2) 单击"数据"选项卡下"排序和筛选"功能组中的"筛选"按钮 ,或单击"开始"选项卡下"编辑"功能组中的"排序和筛选"按钮 ,在弹出的菜单中选择"筛选"命令,此时每个列标题右侧都会出现一个带三角形的按钮,单击它出现下拉菜单,如图 3-4-3 所示。选择菜单上部的 3 个命令可实现升序、降序或按颜色进行排序;选择中间部分的"数字筛选"或"文本筛选"可设置更加详细的筛选条件;菜单下部分如果勾选了"全选"复选框则列出了当前字段所有值,如果只勾选了某个复选框,则数据清单中的内容就会按照指定的条件进行筛选,其他不符合条件的记录就会被隐藏起来。

图 3-4-3  打开鸡舍筛选三角形按钮下拉菜单的销售统计表

(3) 当前选定筛选字段如果是数值型的字段,则单击标题右侧时弹出的菜单中出现"数字筛选"命令,如果是文本型的字段,则单击标题右侧时弹出的菜单中出现"文本筛选"命令;单击"数字筛选"或"文本筛选"命令都会弹出子菜单,如图 3-4-4 所示。在这个子菜单中可以进一步设置筛选的条件。

(4) 在该对话框中可以设置一个或两个筛选条件,如有两个条件,则这两个条件只能是"与"或"或"的关系。

取消筛选只需要再次单击"数据"选项卡下"排序和筛选"功能组中的"筛选"按钮

图 3-4-4 筛选的状态

▼或再次单击"开始"选项卡下的"编辑"功能组中的"排序和筛选"按钮，在弹出的菜单中单击"筛选"命令即可。

### 3. 数据的高级筛选

高级筛选是用户自己设定更加复杂条件的筛选方式，使用高级筛选必须首先定义好筛选条件并建立条件区域。

条件区域一般放在数据清单范围的正上方或正下方，防止条件区域的内容受到数据清单插入或删除记录行的影响。条件区域的第一行是筛选条件中的字段名，其他行为条件行；同一条件行不同单元格中的条件之间是"与"的关系，不同条件行的单元格条件之间是"或"的关系。如：(1) 条件是产蛋量高于 9 500 且销售收入高于 5 000 元。(2) 条件是产蛋量低于 9 300 或者销售收入低于 5 000 元，如图 3-4-5 所示是上述两种条件的输入方式。

| 产蛋量<br>（个） | 销售收入<br>（元） | 产蛋量<br>（个） | 销售收入<br>（元） |
| --- | --- | --- | --- |
| >9500 | >5000 | <9300 |  |
|  |  |  | <5000 |

图 3-4-5 高级筛选的条件输入示例

高级筛选的具体操作如下：

(1) 根据筛选条件建立条件区域。

(2) 单击数据清单中的任意一个单元格，单击"数据"选项卡下的"排序和筛选"功能组中的"高级"按钮，打开"高级筛选"对话框，如图 3-4-6 所示。

(3) 在"方式"选择区选择筛选结果存放的位置（在原有区域显示或复制到其他位置显示）。

（4）"列表区域"中已经出现有效的数据清单范围，如果范围不合适则单击"列表区域"输入框右侧的按钮，然后拖动鼠标选择正确的范围。

（5）单击"条件区域"输入框右侧的按钮，然后在前面建立的条件区域中拖动鼠标选中区域，此时被选中的区域会自动填充到如图3-4-7所示的条件输入框中，再按Enter键返回到"高级筛选"对话框。

图 3-4-6　"高级筛选"对话框

| | | | | | | | |
|---|---|---|---|---|---|---|---|
| 7 | 2016-3-2 | 二号舍 | 221 | 9608 | 1.85 | 8.60 | 5 095 |
| 8 | 2016-3-2 | 三号舍 | 231 | 9580 | 1.85 | 8.60 | 5 081 |
| 9 | 2016-3-3 | 一号舍 | 212 | 9605 | 1.85 | 8.65 | 5 123 |
| 10 | 2016-3-3 | 二号舍 | 222 | 9532 | 1.85 | 8.65 | 5 085 |
| 11 | 2016-3-3 | 三号舍 | 232 | 9646 | 1.85 | 8.65 | 5 145 |
| 12 | | | | | | | |
| 13 | | 产蛋量<br>（个） | 销售收入<br>（元） | 高级筛选 - 条件区域： | | | |
| 14 | | <9300 | | | | | |
| 15 | | | <5000 | | | | |

图 3-4-7　条件区域的选择

（6）单击"确定"按钮，则数据清单符合条件区域中所设置的条件的记录就会显示出来。

取消高级筛选状态，只需要单击"数据"选项卡下"排序和筛选"功能组中的"清除"按钮即可。

### 4. 数据的分类汇总

分类汇总就是将数据清单中的每类数据进行汇总，它是建立在排序的基础上，因此，进行分类汇总前必须先将数据进行排序且排序的关键字是汇总的字段。汇总的方式有计数、求和、求平均值、最大值、最小值等。

具体操作如下：

(1) 单击数据清单中的任意一个单元格。

(2) 按分类字段排序。或单击"开始"选项卡下"编辑"功能组中的"排序和筛选"按钮，在弹出的菜单中根据需要选择"升序""降序"或"自定义排序"命令，按照指定字段进行排序。

(3) 单击"数据"选项卡下"分级显示"功能组中的"分类汇总"命令，弹出如图 3-4-8 所示的"分类汇总"对话框，对话框中分类字段就是进行分类的字段，汇总方式就是对汇总结果的处理方法，如求和，选定汇总项就是选择参与汇总的字段。单击"确定"按钮。

分类汇总完成后，在工作表的左端自动产生分级显示按钮。"１２３"为分级显示编号，单击其中的编号可选择分级显示。"＋"和"－"为分级分组显

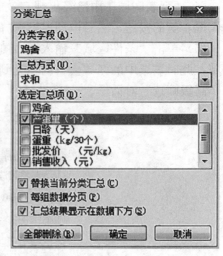

图 3-4-8 "分类汇总"对话框

示按钮，又称"展开"和"折叠"按钮，单击可以隐藏或显示明细记录。

取消分类汇总，只需要单击"数据"选项卡下"分级显示"功能组中的"分类汇总"命令，打开"分类汇总"对话框，单击其中的"全部删除"按钮即可。

**5. 数据的合并计算**

合并计算是指通过计算的方式来汇总一个或多个源数据区中的数据，并将汇总的结果放置在目标区域中。目标区和一个或多个源数据区可以在一个工作表中，也可以在不同的工作表中，还可以在不同的工作簿中。

对于单个源数据区进行合并计算，具体操作如下：

(1) 选定目标数据区最左上方的第一个单元格。

(2) 单击"数据"选项卡下"数据工具"功能组中的"合并计算"按钮，打开如图 3-4-9 所示的"合并计算"对话框。

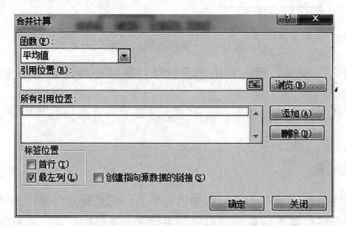

图 3-4-9 "合并计算"对话框

(3) 在"函数"下拉列表中选择合并计算的汇总函数（如求平均值）。

(4) 单击"引用位置"文本框右侧的按钮,弹出"合并计算-引用位置"对话框,选定源数据区后,则其地址出现在"合并计算-引用位置"输入框中,再按 Enter 键返回到"合并计算"对话框中。

(5) 根据合并数据标签的位置选择"首行"或"最左列"复选框。如果目标区域和源数据区在不同的工作簿中,并且想让源数据改变时,合并计算的结果能够自动更新,则勾选"创建指向源数据的链接"复选框。

(6) 单击"确定"按钮,即可完成合并计算。

### 任务实现

#### 1. 以"销售收入"为关键字,"鸡舍"为次要关键字升序排序

具体操作步骤如下:

(1) 选定要进行排序的单元格区域。

(2) 单击"数据"选项卡下"排序和筛选"功能组中的"排序"按钮,或单击"开始"选项卡下"编辑"功能组中的"排序和筛选"按钮,在弹出的菜单中选择"自定义排序"命令,弹出"排序"对话框中,选择主要关键字为"销售收入"、升序;次要关键字为"鸡舍"、升序;勾选数据包含标题复选框。

(3) 单击"确定"按钮后完成排序,如图 3-4-10 所示。

| | A | B | C | D | E | F | G |
|---|---|---|---|---|---|---|---|
| 1 | 利达公司鸡场销售情况统计表 | | | | | | |
| 2 | 日期 | 鸡舍 | 产蛋量(个) | 日龄(d) | 蛋重(kg/30个) | 批发价(元/kg) | 销售收入(元) |
| 3 | 2016-3-2 | A号舍 | 9283 | 211 | 1.85 | 8.60 | 4 923 |
| 4 | 2016-3-1 | A号舍 | 9200 | 210 | 1.85 | 8.70 | 4 936 |
| 5 | 2016-3-2 | C号舍 | 9580 | 231 | 1.85 | 8.60 | 5 081 |
| 6 | 2016-3-3 | B号舍 | 9532 | 222 | 1.85 | 8.65 | 5 085 |
| 7 | 2016-3-2 | B号舍 | 9608 | 221 | 1.85 | 8.60 | 5 095 |
| 8 | 2016-3-1 | B号舍 | 9520 | 220 | 1.85 | 8.70 | 5 107 |
| 9 | 2016-3-3 | A号舍 | 9605 | 212 | 1.85 | 8.65 | 5 123 |
| 10 | 2016-3-1 | C号舍 | 9550 | 230 | 1.85 | 8.70 | 5 124 |
| 11 | 2016-3-3 | C号舍 | 9646 | 232 | 1.85 | 8.65 | 5 145 |

图 3-4-10 排序后的销售统计表

#### 2. 筛选出"销售收入低于 5 000 元"的记录,并复制到新工作表中

具体操作步骤如下:

(1) 将鼠标指针定位到需要筛选的数据清单中的任意一个单元格。

(2) 单击"数据"选项卡下"排序和筛选"功能组中的"筛选"按钮,或单击"开始"选项卡下"编辑"功能组中的"排序和筛选"按钮,在弹出的菜单中选择"筛选"命令,此时每个列标题右侧都会出现一个带三角形的按钮,单击"销售收入"后的三角形按钮,在出现的下拉菜单中选择"数字筛选"条件中的"小于",出现"自定义自动筛选方式"对话框,在"小于"后面的数值框中输入 5 000,如图 3-4-11 所示。

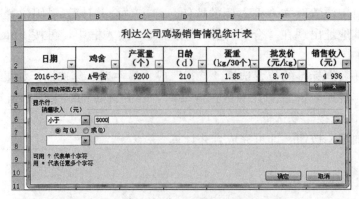

图 3-4-11 "自定义自动筛选方式"对话框

（3）单击"确定"按钮后完成筛选，选定筛选后的结果并复制到新的工作表中。

**3. 高级筛选出"产蛋量低于 9 500 或者销售收入低于 5 000 元"的记录，并复制到新工作表中**

具体操作步骤如下：

（1）根据筛选条件建立条件区域。

（2）单击数据清单中的任意一个单元格，单击"数据"选项卡下"排序和筛选"功能组中的"高级"按钮，打开"高级筛选"对话框，在"方式"选择区选择在原有区域显示；单击"列表区域"输入框右侧的按钮，拖动鼠标选择正确的范围；单击"条件区域"输入框右侧的按钮，然后在前面建立的条件区域中拖动鼠标选中区域，此时被选中的区域会自动填充到条件输入框中，再按 Enter 键返回到"高级筛选"对话框中。

（3）单击"确定"按钮后完成高级筛选，筛选结果如图 3-4-12 所示。选定筛选后的结果并复制到新的工作表中。

| | A | B | C | D | E | F | G |
|---|---|---|---|---|---|---|---|
| 1 | 利达公司鸡场销售情况统计表 | | | | | | |
| 2 | 日期 | 鸡舍 | 产蛋量<br>（个） | 日龄<br>（d） | 蛋重<br>（kg/30个） | 批发价<br>（元/kg） | 销售收入<br>（元） |
| 3 | 2016-3-1 | A号舍 | 9200 | 210 | 1.85 | 8.70 | 4 936 |
| 4 | 2016-3-2 | A号舍 | 9283 | 211 | 1.85 | 8.60 | 4 923 |
| 9 | 2016-3-1 | C号舍 | 9490 | 230 | 1.85 | 8.70 | 5 091 |
| 12 | | | | | | | |
| 13 | | 产蛋量<br>（个） | 销售收入<br>（元） | | | | |
| 14 | | <9500 | | | | | |
| 15 | | | <5000 | | | | |

图 3-4-12 高级筛选后的工作表

**4. 以"鸡舍"为分类字段，对"产蛋量""销售收入"进行"求和"分类汇总**

具体操作步骤如下：

（1）单击数据清单中的任意一个单元格。

(2) 按分类字段排序。或单击"开始"选项卡下"编辑"功能组中的"排序和筛选"按钮,在弹出的下拉菜单中根据需要选择"升序""降序"或"自定义排序"命令,按照鸡舍字段进行升序排序。

(3) 单击"数据"选项卡下"分级显示"功能组中的"分类汇总"按钮,弹出"分类汇总"对话框,在对话框中分类字段选"鸡舍";汇总方式选"求和";汇总项选"产蛋量"和"销售收入"。

(4) 单击"确定"按钮后完成分类汇总,分类汇总结果如图3-4-13所示。

| | A | B | C | D | E | F | G |
|---|---|---|---|---|---|---|---|
| 1 | 利达公司鸡场销售情况统计表 | | | | | | |
| 2 | 日期 | 鸡舍 | 产蛋量(个) | 日龄(d) | 蛋重(kg/30个) | 批发价(元/kg) | 销售收入(元) |
| 3 | 2016-3-1 | A号舍 | 9200 | 210 | 1.85 | 8.70 | 4 936 |
| 4 | 2016-3-2 | A号舍 | 9283 | 211 | 1.85 | 8.60 | 4 923 |
| 5 | 2016-3-3 | A号舍 | 9605 | 212 | 1.85 | 8.65 | 5 123 |
| 6 | | A号舍 汇总 | 28088 | | | | 14 982 |
| 7 | 2016-3-1 | B号舍 | 9520 | 220 | 1.85 | 8.70 | 5 107 |
| 8 | 2016-3-2 | B号舍 | 9608 | 221 | 1.85 | 8.60 | 5 095 |
| 9 | 2016-3-3 | B号舍 | 9532 | 222 | 1.85 | 8.65 | 5 085 |
| 10 | | B号舍 汇总 | 28660 | | | | 15 287 |
| 11 | 2016-3-1 | C号舍 | 9550 | 230 | 1.85 | 8.70 | 5 124 |
| 12 | 2016-3-2 | C号舍 | 9580 | 231 | 1.85 | 8.60 | 5 081 |
| 13 | 2016-3-3 | C号舍 | 9646 | 232 | 1.85 | 8.65 | 5 145 |
| 14 | | C号舍 汇总 | 28776 | | | | 15 350 |
| 15 | | 总计 | 85524 | | | | 45 619 |

图3-4-13 分类汇总后的工作表

### 5. 合并计算出每个鸡舍每天产蛋量的平均值

具体操作步骤如下:

(1) 选定目标数据区最左上方的第一个单元格(图3-4-14中是I4单元格)。

| | A | B | C | D | E | F | G | H | I | J |
|---|---|---|---|---|---|---|---|---|---|---|
| 1 | 利达公司鸡场销售情况统计表 | | | | | | | | | |
| 2 | 日期 | 鸡舍 | 产蛋量(个) | 日龄(d) | 蛋重(kg/30个) | 批发价(元/kg) | 销售收入(元) | | | |
| 3 | 2016-3-1 | A号舍 | 9200 | 210 | 1.85 | 8.70 | 4 936 | | 鸡舍 | 平均产蛋量 |
| 4 | 2016-3-2 | A号舍 | 9283 | 211 | 1.85 | 8.60 | 4 923 | | A号舍 | 9362.666667 |
| 5 | 2016-3-3 | A号舍 | 9605 | 212 | 1.85 | 8.65 | 5 123 | | B号舍 | 9553.333333 |
| 6 | 2016-3-1 | B号舍 | 9520 | 220 | 1.85 | 8.70 | 5 107 | | C号舍 | 9592 |
| 7 | 2016-3-2 | B号舍 | 9608 | 221 | 1.85 | 8.60 | 5 095 | | | |
| 8 | 2016-3-3 | B号舍 | 9532 | 222 | 1.85 | 8.65 | 5 085 | | | |
| 9 | 2016-3-1 | C号舍 | 9550 | 230 | 1.85 | 8.70 | 5 124 | | | |
| 10 | 2016-3-2 | C号舍 | 9580 | 231 | 1.85 | 8.60 | 5 081 | | | |
| 11 | 2016-3-3 | C号舍 | 9646 | 232 | 1.85 | 8.65 | 5 145 | | | |

图3-4-14 合并计算后的源工作表和结果

（2）单击"数据"选项卡下"数据工具"功能组中的"合并计算"按钮，打开"合并计算"对话框。在"函数"下拉列表中选择求平均值函数；单击"引用位置"文本框右侧的按钮，弹出"合并计算-引用位置"对话框，选定 B3：C11 源数据区后，按 Enter 键返回到"合并计算"对话框中；根据合并数据标签的位置勾选"最左列"复选框。

（3）单击"确定"按钮后完成合并计算，合并计算结果如图 3-4-14 所示。

### 训练任务

按要求创建"学生成绩表"，包括字段：班级、学号、姓名、语文、数学、英语、德育、计算机、总分、平均分，如图 3-4-15 所示。

| | A | B | C | D | E | F | G | H | I |
|---|---|---|---|---|---|---|---|---|---|
| 1 | | | | 学生成绩表 | | | | | |
| 2 | 班级 | 姓名 | 语文 | 数学 | 英语 | 德育 | 计算机 | 总分 | 平均分 |
| 3 | 学前一班 | 关杰 | 79 | 81 | 76 | 80 | 78 | | |
| 4 | 学前一班 | 黄淼 | 86 | 66 | 85 | 83 | 79 | | |
| 5 | 学前一班 | 吕海灵 | 51 | 52 | 62 | 70 | 66 | | |
| 6 | 学前一班 | 王艳 | 95 | 90 | 92 | 90 | 93 | | |
| 7 | 学前二班 | 冯博 | 84 | 76 | 83 | 81 | 80 | | |
| 8 | 学前二班 | 王玉 | 77 | 81 | 54 | 70 | 83 | | |
| 9 | 学前二班 | 常晓桐 | 93 | 93 | 90 | 83 | 94 | | |
| 10 | 学前二班 | 尹一男 | 82 | 86 | 76 | 88 | 90 | | |
| 11 | 学前三班 | 阮依依 | 76 | 78 | 80 | 73 | 84 | | |
| 12 | 学前三班 | 海小方 | 62 | 70 | 66 | 55 | 50 | | |
| 13 | 学前三班 | 韩笑笑 | 80 | 84 | 76 | 83 | 90 | | |
| 14 | 学前三班 | 赵冰珂 | 76 | 80 | 86 | 90 | 83 | | |

图 3-4-15　学生成绩表

（1）用公式或函数计算总分、平均分，保留两位小数。

（2）复制此工作表，重命名为"排序"，在此工作表中按"计算机"成绩进行递增排序。

（3）复制此工作表，重命名为"分类汇总"，在此工作表中按班级对各科成绩进行平均分的分类汇总。

（4）复制此工作表，重命名为"筛选"，筛选出计算机不及格成绩的学生。

（5）复制此工作表，重命名为"高级筛选"，筛选出语文、数学和英语都在 90 分及以上的学生。

# 任务5  销售统计表的图表化

### 任务描述

利达公司在年底需要根据销售收入统计表对各鸡舍4个季度的销售收入进行图表化处理，看一下哪个鸡舍的收入最高，销售部为部长提供了一份销售统计表，如图3-5-1所示。

| | A | B | C | D | E | F |
|---|---|---|---|---|---|---|
| 1 | 利达公司各鸡舍销售统计表 | | | | | |
| 2 | 鸡舍 | 一季度（元） | 二季度（元） | 三季度（元） | 四季度（元） | 年收入（元） |
| 3 | A号舍 | 9500.00 | 9608.00 | 9483.00 | 9467.00 | 38058.00 |
| 4 | B号舍 | 9283.00 | 9332.00 | 9345.00 | 8854.00 | 36814.00 |
| 5 | C号舍 | 9105.00 | 9550.00 | 9201.00 | 8642.00 | 36498.00 |
| 6 | D号舍 | 9320.00 | 9580.00 | 9435.00 | 9256.00 | 37591.00 |

图3-5-1  各鸡舍销售统计表

要求对销售收入统计表中的数据进行图表化处理：
(1) 选择各鸡舍四个季度的销售收入生成二维柱形图。
(2) 添加图表标题，添加横坐标和纵坐标标题，在图表底部显示图例。
(3) 在绘图区进行图片或纹理填充。
做出如图3-5-2所示的销售统计图。

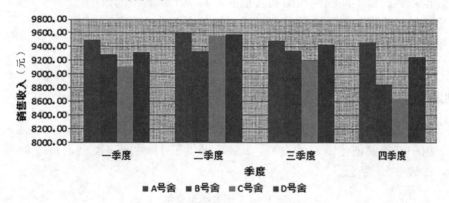

图3-5-2  利达公司各鸡舍销售统计图

### 任务分析

Excel除了能进行强大的计算外，还能将数据以图表的形式表现出来，它是依据选定工作表中单元格区域内的数据，按照一定的数据系列生成的，是工作表数据的图形表示方法。图表与数据是相互联系的，当数据发生变化时，图表中对应的数据也自动更新，从而更加直观地反映出数据的变化规律和发展趋势。

## 必备知识

要正确使用图表，首先要对图表有所了解。图表是由图表区、绘图区、图例、图表标题、坐标轴标题、数据系列等基本图素组成的，如图3-5-3所示。

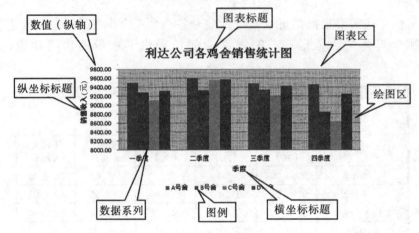

图3-5-3 图表的组成

常用的图表中的元素：

（1）图表区。整个图表及其包含的元素。

（2）绘图区。以坐标轴为界包含全部数据系列的区域。

（3）图表标题。一般情况下，一个图表应该有一个文本标题，它可以自动与坐标轴对齐或在图表顶端居中。

（4）数据系列。以不同颜色和图案区别的，对应工作表中的数据。

（5）坐标轴。为图表提供比较的参考，一般包含X轴和Y轴。

（6）图例。用于标识图表中的数据系列。

图表的制作一般分以下几个步骤：

### 1. 创建图表

在建立图表之前就先建立相关的数据。选择要创建图表的数据区域，在"插入"选项卡的"图表"组中选择要创建图表的类型。Excel提供了11种图表类型，每一种都有多种组合和变换，如表3-5-1所示。

表3-5-1 图表类型介绍

| 图表类型 | 用途 |
| --- | --- |
| 柱形图 | 用于一个或多个数据系列中值的比较 |
| 折线图 | 显示数据之间变化的趋势 |
| 饼图 | 显示数据之间所占比例 |
| 条形图 | 相当于翻转了的柱形图 |
| 面积图 | 显示一段时间内的累计变化 |

(续)

| 图表类型 | 用 途 |
|---|---|
| 散点图 | 一般用于科学计算 |
| 股价图 | 显示一段时间内一种股票的最高价、最低价和收盘价 |
| 曲面图 | 可用来找到两组数据之间的最佳组合 |
| 圆环图 | 类似于饼图，但可以包含多个系列 |
| 气泡图 | 类似于散点图，对成组的数值进行比较 |
| 雷达图 | 显示数据如何按中心点或其他数据变动 |

### 2. 更改图表

对于一个建好的图表，如果觉得图表类型不合适、数据源不正确等，可以对图表进行修改。

（1）更改图表类型。选定图表，切换到"图表工具"中"设计"选项卡，单击"类型"功能组中的"更改图表类型"按钮，在打开的"更改图表类型"对话框中选择合适的图表类型。

如果只想更改一个数据系列的图表类型，可用鼠标右键单击该数据系列，在弹出的快捷菜单中选择"更改系列图表类型"命令，打开"更改图表类型"对话框，在其中选择某种图表类型，这时图表中会出现两种图表类型。

（2）更改数据源。创建图表后，可以重新选择数据区域，或对图表再次添加数据。

选定图表，切换到"图表工具"中"设计"选项卡，单击"数据"功能组中的"选择数据"按钮，打开"选择数据源"对话框，如图3-5-4所示，可以在对话框的"图表数据区域"中对数据源进行修改。

图3-5-4 "选择数据源"对话框

选定图表，切换到"图表工具"中"设计"选项卡，单击"数据"功能组中的"切换行/列"按钮，可以将X轴上的数据与Y轴上的数据互换。

（3）更改图表布局。创建图表后，可利用图表的预定义布局更改它的外观。选定图表，切换到"图表工具"中"设计"选项卡，单击"图表布局"组右侧的快翻按钮，从展开的库中选择系统预设的图表布局，在所选图表布局的标题或坐标轴的占位符中输入相应名称即可。

（4）移动图表。默认情况下，插入的图表与数据区域在同一个工作表中，如果有需要可以将图表的位置调整到其他工作表中。

选定图表，切换到"图表工具"中"设计"选项卡，单击"位置"功能组中的"移动图表"按钮，打开"移动图表"对话框，选择图表位置，如图 3-5-5 所示。

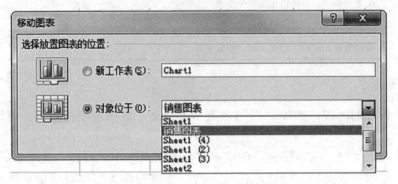

图 3-5-5 "移动图表"对话框

如果选择"新工作表"，即将图表放在一个新建工作表中，需要在后面的文本框中输入新建工作表的名称。如果选择"对象位于"，可在展开的下拉列表中选择所需的工作簿现有工作表标签的名称，即把图表移至所选工作表中。

3. 编辑图表

（1）添加标题、图例和标签。创建的图表如果没有图表标题、坐标轴标题、图例或数据标签等，或者对原有的标题、图例或标签不满意，则可切换到"图表工具"的"布局"选项卡，在"标签"功能组中选择要添加或更改的标题、图例或标签选项，如图 3-5-6 所示，在对应的下拉列表中进行设置。

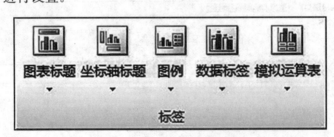

图 3-5-6 "标签"组按钮

（2）图表的格式化。

①使用预设图表样式。Excel 2010 为用户提供了很多预设的图表样式，用户可以直接选择样式套用即可。

选定图表，切换到"图表工具"中"设计"选项卡，单击"图表样式"功能组中的快翻按钮，在展表的库中选择所需的图表样式即可。

②使用形状样式。可利用形状样式对图表中的任意元素进行设置。

选定图表中的元素，切换到"图表工具"的"格式"选项卡，单击"形状样式"功能组的快翻按钮,在展开的库中选择所需要套用的形状样式即可。用户还可以在"形状填充""形状轮廓"和"形状效果"下拉列表中对样式进行设置。

③背景格式化。对于三维图形,图表区域中包括了背景墙和基底,可对它们设置不同的格式。

选定图表,切换到"图表工具"的"布局"选项卡,在"背景"功能组中单击"图表背景墙"按钮,在展开的下拉列表中单击"其他背景墙"选项,在打开的"设置背景墙格式"对话框中可以对填充、边框颜色、阴影等进行设置,如图3-5-7所示。基底的设置与背景墙的设置操作相同。

图 3-5-7 "设置背景墙格式"对话框

## 任务实现

### 1. 选择各鸡舍四个季度的销售收入生成二维柱形图

选择数据区域为 A2:6E,在"插入"选项卡下"图表"功能组中选择"柱形图"中的"二维柱形图",如图 3-5-8 所示。

### 2. 添加图表标题、横纵坐标及图例

在"图表工具"的"布局"选项卡中的"标签"组中选择要添加或更改的标签选项,设置图表标题为"利达公司各鸡舍销售统计图",在图表上方;横坐标标题为"季度",纵坐标标题为"销售收入",图例在底部显示。

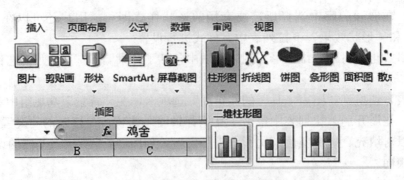

图 3-5-8　插入"二维柱形图"

### 3. 在绘图区进行图片或纹理填充

选定图表,在"图表工具"的"布局"选项卡中的"背景"组中单击"绘图区"按钮,在打开的下拉列表中选择"其他绘图区选项",打开"设置绘图区格式"对话框,设置其填充效果为"画布",单击"关闭"按钮,即可做出图 3-5-2 所示的图表。

▶ 训练任务 ▶

根据上一任务中的学生成绩表,做出标题为"学生成绩统计图"的柱形图,结果如图 3-5-9 所示。

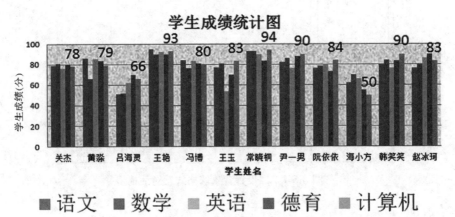

图 3-5-9　"学生成绩统计图"的柱形图

项目 3　电子表格处理软件 Excel 2010

## 任务 6　数据透视表

数据透视表是一种可以快速汇总、分析大量数据表格的交互式工具。使用数据透视表可以按照数据表格的不同字段从多个角度进行透视，并建立交叉表格，用以查看数据表格不同层面的汇总信息、分析结果以及摘要数据。使用数据透视表可以深入分析数值数据，以帮助用户发现关键数据，并做出有关企业中关键数据的决策。

### 任务描述

用 Excel 中的数据透视表来做统计既简单又方便，以销售统计表为例来介绍，按月统计出如图 3-6-1 所示的数据。

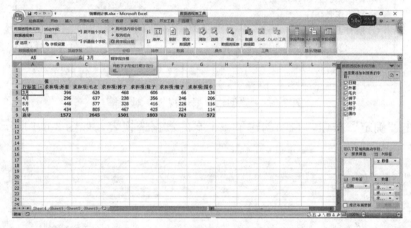

图 3-6-1　数据透视表（按月统计后）

### 任务分析

已有销售统计表，按月将不同列分别做统计，如求和、求平均值、最大值、最小值等，从而学会数据透视表的使用。

### 必备知识

**1. 创建数据透视表**

（1）打开一个已有的销售统计表。

（2）选择"插入"选项卡下"表格"功能组中的"数据透视表"命令，如图 3-6-2 所示。

图 3-6-2　插入选项卡下的"数据透视表"命令

（3）在弹出的"创建数据透视表"对话框中，如图 3-6-3 所示，"请选择要分析的数据"一项已经默认选中了"选择一个表或区域"，也可以选择"使用外部数据源"。"选择放置数据透视表的位置"项，可以在"新工作表"中创建数据透视表，也可以将数据透视表放置在"现有工作表"中。

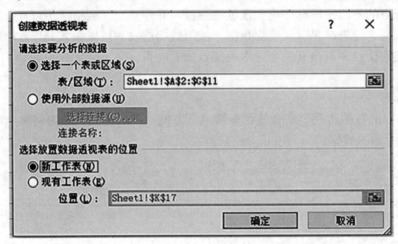

图 3-6-3　"创建数据透视表"对话框

（4）单击"确定"按钮，自动创建了一个空的数据透视表，如图 3-6-4 所示。

图 3-6-4　数据透视表

图 3-6-4 中左边为数据透视表的报表生成区域，会随着选择的字段不同而自动更新；右侧为"数据透视表字段列表"区域，可以添加字段。如果要修改数据透视表，可以使用该字段列表来重新排列和删除字段。默认情况下，数据透视表字段列表显示两部分：上方的字段部分用于添加和删除字段，下方的布局部分用于重新排列和重新定位字段，其中"报表筛选""列标签""行标签"区域用于放置分类字段，"数值"区域放置数据汇总字段。当将字段拖动到数据透视表区域中时，左侧会自动生成数据透视表报表。

### 2. 修改数据透视表布局

数据透视表中的报表筛选、行标签、列标签数据区域中字段的修改可在"数据透视表字段列表"区域中进行。在各个区域间拖动字段即可显示布局变化后的数据透视表，数据透视表中的各下拉列表按钮、数据项和快捷菜单，也可以修改数据透视表。

### 3. 数据透视图

数据透视图以图表的方式直观显示数据信息。

创建数据透视图的方法与创建数据透视表的方法基本一样，打开已有的销售统计表，单击"插入"选项卡下"表格"功能组中的"数据透视表"按钮，在弹出的下拉菜单中选择"数据透视图"即可，如图 3-6-5 所示。

图 3-6-5 创建"数据透视图"菜单

创建的结果是在数据透视表的基础上多个数据透视图，如图 3-6-6 所示。

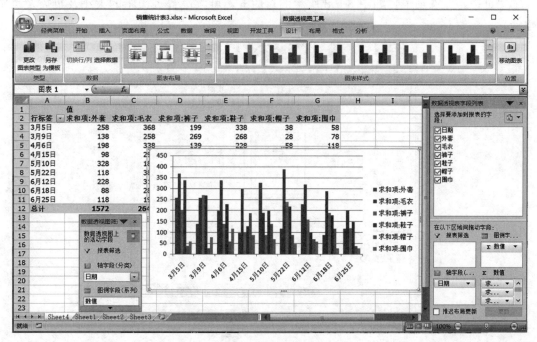

图 3-6-6 数据透视图

### 4. 图表的编辑与修改

图表建立后，可使用图表工具"设计""布局""格式"3个选项卡中的功能按钮，或在图表任意位置右键单击弹出快捷菜单来对图表进行编辑或修改。

### 5. 页面设置与打印

在完成对工作表的数据输入、编辑和格式化工作后，就可以打印工作表了。Excel 2010能够打印出美观的报表，但在打印输出之前需先进行页面设置。

与 Word 中的页面设置类似，Excel 的页面设置同样包括纸张大小、方向、页边距的设定，但与 Word 不同的是，Excel 可以根据需要设定缩放比例、选择打印区域及打印标题等。

（1）页面设置。在进行页面设置时，可以针对一个工作表，也可以选择多个工作表。通常只对当前工作表进行页面设置。如果要对多个工作表进行页面设置的话，按住 Ctrl 键分别单击要设置的工作表，再进行页面设置操作。

选择"页面布局"选项卡下"页面设置"功能组中的"页边距""纸张大小""纸张方向""打印区域""分隔符"等按钮，在弹出的下拉菜单中进行相关的设置，如图 3-6-7 所示。

图 3-6-7 页面设置

①"页边距"选项卡。如图 3-6-8 所示的对话框，可以设置页边距的大小及页眉及页脚的位置。

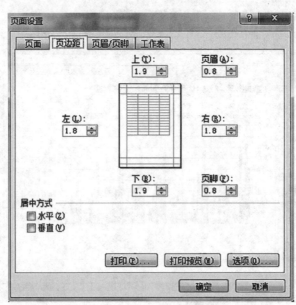

图 3-6-8 "页面设置"对话框"页边距"选项卡

②"工作表"选项卡。用于对工作表的打印选项进行设置。如打印区域和打印标题。

打印区域。可设置要打印的单元格范围,如图3-6-9所示。

打印标题,如图3-6-9所示,在同一格式工作表的页数较多时,设置"顶端标题行"可以避免每页都制作标题行的麻烦。

图3-6-9 "页面设置"对话框"工作表"选项卡

设置完成后,单击"确定"按钮。这时,在工作表中将出现用虚线表示的"分页符",如图3-6-10所示。

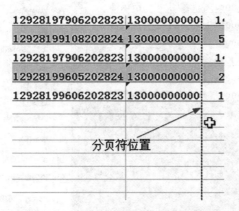

图3-6-10 设置页面后的"分页符"

③"页眉/页脚"选项卡。页眉/页脚分别位于打印页的顶端和底端,用来表明表格的标题、页码、日期、作者名称等信息。系统为用户提供了十几种预设的页眉和页脚。如果没有合适的内部格式,用户可自定义页眉/页脚,如图3-6-11所示。

(2)设置打印区域。在打印工作表时,默认设置是打印整个工作表,但是也可以选择其中的一部分进行打印,这时可以将需要打印的内容设置为打印区域。有以下两种方法:

方法一:直接选择打印区域。选定要打印的区域,单击"页面布局"选项卡下"页面设

图 3-6-11 "页眉/页脚"选项卡

置"功能组中的"打印区域"命令按钮,在弹出的菜单中选择"设置打印区域"命令。

方法二:通过分页预览视图设置。单击"视图"选项卡下"工作簿"视图功能组中的"分页预览"命令按钮,进入到"分页预览"视图,选定要打印的工作表区域,单击右键,在弹出的快捷菜单中选择"设置打印区域"命令,如图 3-6-12 所示。

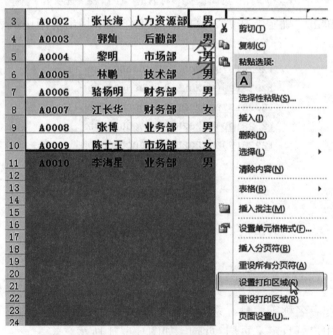

图 3-6-12 "分页预览"视图里设置打印区域

如果要删除打印区域,单击"页面布局"选项卡下"页面设置"功能组中的"打印区域"命令按钮,在弹出的菜单中选择"取消"打印区域命令,就可以删除已经设置的打印区域。

(3) 人工分页。当工作表的数据超过设置页面长度时，会自动插入分页符，工作表中的数据将分页打印。用户也可以根据需要任意插入分页符，将工作表强制分页。

①插入分页符。选定工作表新一页最左上角的单元格，单击"页面布局"选项卡下"页面设置"功能组中的"分隔符"命令按钮，在弹出的菜单中选择"插入分页符"，分页符将会插入到工作表中，插入分页符的地方会显示虚线条，以显示分页。

②用鼠标调整分页符。单击"视图"选项卡下"工作簿视图"功能组中的"分页预览"命令按钮，进入到"分页预览"视图。通过鼠标拖动分页框线，可以调整分页的位置，如图3-6-13所示。

③删除分页符。若要删除水平分页符，则单击水平分页符下方第一行中的任一单元格，然后单击"页面布局"选项卡下"页面设置"功能组中的"分隔符"命令按钮，在弹出的菜单中选择"删除分页符"命令即可。要删除垂直分页符则选择分页符右边第一列中的任意单元格，再删除分页符。

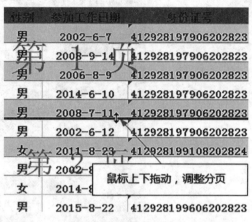

图 3-6-13 通过鼠标拖动来调整分页符的位置

(4) 打印预览。在正式打印工作表之前，一般都要先预览效果。选择"快速访问工具栏"上的"打印及打印预览"按钮，如图3-6-14所示，即可打开"打印预览"窗口。

提示：如果"快速访问工具栏"上没有"打印及打印预览"按钮，可以单击"自定义快速访问工具栏"按钮，在弹出的菜单中选择"其他命令"，打开"Excel选项"对话框，"从下列位置选择命令"下拉列表中选择"所有命令"，在下面的列表框中找到"打印及打印预览"命令，单击"添加"按钮，将此命令添加到快速访问工具栏当中。

图 3-6-14 快速访问工具栏的"打印及打印预览"按钮

(5) 打印。当对工作表的编辑效果满意时，就可以打印该工作表了。选择"快速访问工具栏"的"打印"按钮，系统直接从打印机输出表格；或选择"文件"选项卡的"打印"命令，屏幕出现如图3-6-15所示的"打印"窗格。

在此窗口中，我们可以选择要使用的打印机型号、设置打印的范围、打印的页数、打印的次序、打印的方向、打印的纸张、打印的页边距、打印的缩放比例、打印的份数等。

## 任务实现

(1) 打开已有的销售统计表，单击"插入"→"数据透视表"。

(2) 在"创建数据透视表"对话框中，单击"表/区域"最右边的按钮，选择数据透视表要统计的数字区域，如图3-6-16所示；在"选择放置数据透视表的位置"，选择"新工作表"，单击"确定"按钮，如图3-6-17所示。

图 3-6-15 "文件"选项卡中的打印窗口

图 3-6-16 "创建数据透视表"对话框

| 销售统计表 | | | | | | |
|---|---|---|---|---|---|---|
| 日期 | 外套 | 毛衣 | 裤子 | 鞋子 | 帽子 | 围巾 |
| 3月5日 | 258 | 368 | 199 | 338 | 38 | 58 |
| 3月9日 | 138 | 258 | 269 | 268 | 28 | 78 |
| 4月6日 | 198 | 338 | 139 | 228 | 58 | 118 |
| 4月15日 | 98 | 299 | 99 | 128 | 188 | 88 |
| 5月10日 | 328 | 189 | 89 | 198 | 138 | 68 |
| 5月22日 | 118 | 388 | 239 | 218 | 88 | 48 |
| 6月12日 | 228 | 318 | 159 | 99 | 68 | 58 |
| 6月18日 | 88 | 288 | 189 | 178 | 118 | 28 |
| 6月25日 | 118 | 199 | 119 | 148 | 38 | 28 |

图 3-6-17 选择要统计的区域

(3) 这时在界面的左面就会产生一个空白的数据透视表,在界面的最右面,"数据透视表字段列表"区域,有字段名及复选框,可以对需要分析的字段进行勾选。

(4) 按日期统计,把"日期"直接拖到"行标签"里面,把其他几个字段拖到"数值"里面;Excel 2010 默认第一选择的字段为"行标签",随后勾选的其他字段为"列标签",结果如图 3-6-18 所示。

| 行标签 | 求和项:外套 | 求和项:毛衣 | 求和项:裤子 | 求和项:鞋子 | 求和项:帽子 | 求和项:围巾 |
|---|---|---|---|---|---|---|
| 3月5日 | 258 | 368 | 199 | 338 | 38 | 58 |
| 3月9日 | 138 | 258 | 269 | 268 | 28 | 78 |
| 4月6日 | 198 | 338 | 139 | 228 | 58 | 118 |
| 4月15日 | 98 | 299 | 99 | 128 | 188 | 88 |
| 5月10日 | 328 | 189 | 89 | 198 | 138 | 68 |
| 5月22日 | 118 | 388 | 239 | 218 | 88 | 48 |
| 6月12日 | 228 | 318 | 159 | 99 | 68 | 58 |
| 6月18日 | 88 | 288 | 189 | 178 | 118 | 68 |
| 6月25日 | 118 | 199 | 119 | 148 | 38 | 28 |
| 总计 | 1572 | 2645 | 1501 | 1803 | 762 | 572 |

图 3-6-18 数据透视表

(5) 选中"行标签"里任意一行,单击"数据透视表工具"的"选项"选项卡下的"分组"功能组中的"将字段分组",按月统计,选中"月",单击"确定"按钮,结果如图 3-6-1 所示。

(6) 本例中做的是按月求和,如果需要计数或者求平均值,可以双击对应的列,在打开的"值字段设置"对话框中,选择需要的计算类型,单击"确定"按钮,如图 3-6-19 所示。

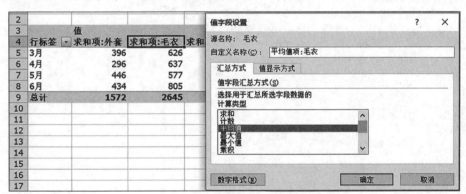

图 3-6-19 "值字段设置"对话框

(7) 设置打印参数,保存做好的数据透视表并打印输出。

## 训练任务

将做好的数据透视表打印输出,左右边距设置如图 3-6-20 所示。

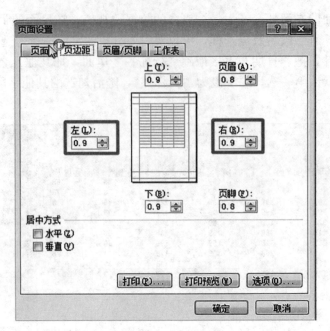

图 3-6-20　页边距设置

## 阅读材料　史蒂夫·乔布斯

史蒂夫·乔布斯（1955—2011），发明家、企业家、美国苹果公司联合创办人、前行政总裁。1976年乔布斯和朋友成立苹果电脑公司，他陪伴了苹果公司数十年，先后领导和推出了麦金塔计算机、iMac、iPod、iPhone等风靡全球亿万人的电子产品，深刻地改变了现代通信、娱乐乃至生活的方式。乔布斯凭敏锐的触觉和过人的智慧，勇于变革，不断创新，把电脑和电子产品变得简约化、平民化，让曾经是昂贵稀罕的电子产品变为现代人生活的一部分。2011年10月5日因胰腺癌去世，享年56岁。

### 早年经历

史蒂夫·乔布斯1955年2月24日出生在美国旧金山，出世就被父母遗弃了。幸运的是，一对好心的夫妻收留了他。

当时，乔布斯生活在著名的"硅谷"附近，邻居都是"硅谷"元老——惠普公司的职员。在这些人的影响下，乔布斯从小就很迷恋电子学。一个惠普的工程师看他如此痴迷，就推荐他参加惠普公司的"发现者俱乐部"。这是个专门为年轻工程师举办的聚会，每星期二晚上在公司的餐厅中举行。就在一次聚会中，乔布斯第一次见到了电脑，他开始对计算机有了一个朦胧的认识。

在上初中时，乔布斯在一次同学聚会上，与斯蒂夫·沃兹尼亚克（Steve Wozniak）见面，两人一见如故。斯蒂夫·沃兹尼亚克是学校电子俱乐部的会长，对电子有很大的兴趣。

19岁那年，乔布斯只念一学期就因为经济因素而休学，成为雅达利电视游戏机公司的一名职员。借住朋友家（沃兹家）的车库，常到社区大学旁听书法课等课程。1974年，他赚钱往印度灵修，吃尽苦头，只好重新返回雅达利公司做了一名工程师。

### 苹果诞生

史蒂夫·乔布斯乔布斯一边上班，一边常常与沃兹尼亚克一道，在自家的小车库里琢磨电脑。他们梦想着能够拥有一台自己的计算机，可是当时市面上卖的都是商用的，且体积庞大，极其昂贵，于是他们准备自己开发。1976年在旧金山威斯康星计算机产品展销会上买到了6 502芯片，带着6 502芯片，两个年轻人在乔布斯家的车库里装好了第一台电脑。

乔布斯为筹集批量生产的资金，他卖掉了自己的大众牌小汽车，同时沃兹也卖掉了他珍爱的惠普65型计算器。就这样，他们有了奠基伟业的1 300美元。

1976年4月1日那天，乔布斯、沃兹及乔布斯的朋友

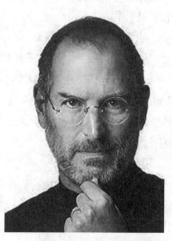

龙·韦恩签署了一份合同,决定成立一家电脑公司。随后,21岁的乔布斯与26岁的斯蒂夫·沃兹尼亚克在自家的车房里成立了苹果公司。公司的名称由偏爱苹果的乔布斯一锤定音,称为"苹果"。而他们的自制电脑则被顺理成章地追认为"苹果I号"电脑了。

**早期发展**

史蒂夫·乔布斯成立初期,"苹果"机的生意很清淡。1976年7月,一个偶然的机遇给"苹果"公司带来了转机。零售商保罗·特雷尔(Paul Jay Terrell)来到了乔布斯的车库,当看完乔布斯演示完电脑后,他认为"苹果"机大有前途,决定订购50台整机,这是做成的第一笔"大生意"。

之后"苹果"公司名声大振。开始了小批量生产。1976年秋季,乔布斯发现市场的增长比他们想象的还快,他们需要更多的钱,但很多商家都没看到"苹果"的潜力。终于在10月,马尔库拉慕名前来拜访沃兹和他们的车库工场。马尔库拉是位训练有素的电气工程师,且十分擅长推销工作,他主动帮助他们制订一份商业计划,给他们贷款69万美元,有了这笔资金,"苹果"公司的发展速度大大加快了。

1977年4月,乔布斯在美国第一次计算机展览会展示了苹果II号样机,苹果II号在展览会上一鸣惊人,订单纷至沓来。

1980年12月12日,苹果公司股票公开上市,在不到一个小时内,460万股全被抢购一空,当日以每股29美元收市。按这个收盘价计算,苹果公司高层产生了4名亿万富翁和40名以上的百万富翁。乔布斯作为公司创办人排名第一。

1983年,Lisa数据库和Apple Iie发布,售价分别为9 998美元和1 395美元。Apple成为历史上发展最快的公司。但是Lisa昂贵的售价是没有多少市场的,而Lisa又侵吞了Apple大量研发经费。可以说苹果兴起之时就是其没落开始之时。

由于乔布斯经营理念与当时大多数管理人员不同,加上IBM公司推出个人电脑,抢占大片市场,总经理和董事们便把这一失败归罪于董事长乔布斯,于1985年4月经由董事会决议撤销了他的经营大权。乔布斯几次想夺回权力均未成功,便在1985年9月17日愤然离开苹果公司。

**独立时期**

从苹果辞职之后,于1986年乔布斯花1 000万美元从乔治·卢卡斯手中收购了Lucasfilm旗下位于加利福尼亚州Emeryville的电脑动画效果工作室,并成立独立公司皮克斯动画工作室。在之后10年,该公司成为了众所周知的3D电脑动画公司,并在1995年推出全球首部全3D立体动画电影《玩具总动员》。此公司已在2006年被迪士尼收购,乔布斯也因此成为最大股东。

**回归苹果**

1996年苹果公司经营陷入困局,其市场份额也由鼎盛的16%跌到4%。与之相对应的是乔布斯公司由于《玩具总动员》而名声大振,个人身价达到10亿美元。但是乔布斯还是于苹果危难之中重新回来,回来后的乔布斯大刀阔斧改革,停止了不合理的研发和生产,结束了微软和苹果多年的专利纷争,并开始研发新产品 iMac 和 OS X 操作系统。

**改革时期**

史蒂夫·乔布斯 1997 年苹果推出 iMac,创新的外壳颜色透明设计使得产品大卖,并让苹果度过财政危机。随后苹果又推出 Mac OS X 操作系统。2000 年科技股泡沫,乔布斯又提出将 PC 设计成"数字中枢"的先进理念,并先后开发出 iTunes 和 iPod,同时也开始在黄金地段开设专卖店并大获成功。随后 Apple TV 和 iTunes Store 等一系列产品受到了市场的好评和认可。2007 年 6 月 29 日,苹果公司又推出自有设计的 iPhone 手机,使用 iOS 系统,随后发布新一代 iPhone 3G 以及 iPhone 3GS,2010 年 6 月 8 日又发布第四代产品 iPhone 4,每次上市都引起世界极大的疯狂和销售热潮。

除了 iPhone 系列之外,发布使用 iOS 系统的 iPad 平板电脑,这一起先不被众人看好的产品,最后获得了巨大的成功。

**宣布辞职**

2011 年 8 月 24 日,史蒂夫·乔布斯向苹果董事会提交辞职申请。他还在辞职信中建议由首席营运长 Tim Cook 接替他的职位。乔布斯在辞职信中表示,自己无法继续担任行政总裁,不过自己愿意担任公司董事长、董事或普通职员。苹果公司股票暂停盘后交易。乔布斯在信中并没有指明辞职原因,但他一直都在与胰腺癌做斗争。2011 年 8 月 25 日,苹果宣布他辞职,并立即生效,职位由蒂姆·库克(Tim Cook)接任。同时苹果宣布任命史蒂夫·乔布斯为公司董事长,蒂姆·库克担任 CEO。

**与世长辞**

北京时间 2011 年 10 月 6 日,苹果董事会宣布前行政总裁乔布斯于当地时间 10 月 5 日逝世,终年 56 岁,葬礼于 10 月 7 日举行。

纽约市市长布隆伯格评价主:"乔布斯的名字与爱迪生和爱因斯坦一同被铭记。他们的理念将继续改变世界,影响数代人。在过去的 40 年中,史蒂夫·乔布斯一次又一次预见了未来,并把它付诸实践。乔布斯的热情、信念和才识重新塑造了文明的形态"。

乔布斯被认为是计算机业界与娱乐业界的标志性人物,同时人们也把他视作麦金塔计算机、iPod、iTunes、iPad、iPhone 等知名数字产品的缔造者,这些风靡全球亿万人的电子产品,深刻地改变了现代通信、娱乐乃至生活的方式。

乔布斯是改变世界的天才,他凭着敏锐的触觉和过人的智慧,勇于变革,不断创新,引领全球资讯科技和电子产品的潮流,把电脑和电子产品不断变得简约化、平民化,让曾经是昂贵稀罕的电子产品变为现代人生活的一部分。

## 综合练习 3

### 一、单项选择题

1. 在新建的 Excel 2010 中，默认的工作表个数是（　　）个。
   A. 1　　　　　B. 2　　　　　C. 3　　　　　D. 4
2. 在 Excel 2010 中，当前单元格输入数值型数据时，默认对齐方式为（　　）。
   A. 居中　　　B. 右对齐　　C. 左对齐　　D. 随机
3. 关于保存工作簿的方法，叙述不正确的是（　　）。
   A. 执行"文件"选项卡下的"保存"命令　　B. 按"Ctrl＋S"组合键
   C. 单击"快速访问工具栏"中的"保存"按钮　　D. 按"Ctrl＋D"组合键
4. 按（　　）组合键，可以快速创建一个空白工作簿。
   A. Ctrl＋G　　B. Ctrl＋F　　C. Ctrl＋C　　D. Ctrl＋N
5. 在 Excel 2010 中执行存盘操作时，作为文件储存的是（　　）。
   A. 工作表　　B. 工作簿　　C. 图表　　　D. 报表
6. 在 Excel 2010 工作表的某个单元格内要输入邮编"010000"，正确的输入方式是（　　）。
   A. 010000　　B. " 010000　　C. ＝010000　　D. " 01000 "
7. 在 Excel 2010 工作表中，单元格区域（C2：F3）所包含的单元格个数是（　　）。
   A. 6　　　　　B. 8　　　　　C. 10　　　　　D. 2
8. 在 Excel 工作表中，不正确的单元格地址是（　　）。
   A. D＄88　　B. D88　　　C. ＄D＄88　　D. D8＄8
9. 在 Excel 2010 中，使用合并计算、分类汇总、筛选等功能可通过（　　）选项卡设置。
   A. 数据　　　B. 开始　　　C. 插入　　　D. 公式
10. 在 Excel 中，若要在当前工作表中应用同一个工作簿其他工作表的某个单元格数据，以下表达式中正确的是（　　）。
    A. ＝Sheet2!　　B. ＄Sheet2》＄D1　　C. ＝Sheet2! D1　　D. ＝D1（Sheet2）
11. 如果将 B3 单元格中的公式"＝C3＋＄D5"复制到同一个工作表的 D7 单元格中，该单元格公式为（　　）。
    A. ＝c3＋＄D5　　B. ＝D7＋＄E9　　C. ＝E7＋＄D9　　D. ＝E7＋＄D5
12. 在使用分类汇总命令前，必须先对分类字段进行（　　）操作。
    A. 筛选　　　B. 排序　　　C. 透视　　　D. 合并计算
13. 若要删除表格中的 B1 单元格，而使原 C1 单元格变为 B1 单元格，应在"删除"对话框中选择（　　）。
    A. 活动单元格右移　　　　　B. 活动单元格下移
    C. 右侧单元格左移　　　　　D. 下方单元格上移
14. 在 Excel 2010 中，如果 A1 单元格内容为"＝A3＊2"，A2 单元格为一个字符串，

A3 单元格为数值 22，A4 单元格为空，则函数 COUNT（A1：A4）的值是（    ）。
    A. 2　　　　　　B. 3　　　　　　C. 4　　　　　　D. 不予计算

15. 在 Excel 2010 工作表中，使用"高级筛选"命令对数据进行筛选时，在条件区域不同行中输入两个条件表示（    ）。
    A. 或的关系　　　B. 与的关系　　　C. 非的关系　　　D. 异或的关系

16. 在 Excel 2010 数据系列表中，每一行数据称为一个（    ）。
    A. 字段　　　　　B. 数据项　　　　C. 记录　　　　　D. 系列

17. 对于 Excel 2010 的工作表中的单元格，下列说法哪种是错误的（    ）。
    A. 不能输入字符串　　　　　　　　　B. 可以输入数值
    C. 可以输入时间　　　　　　　　　　D. 可以输入日期

18. 在 Excel 2010 的工作表中，每个单元格都有其固定的地址，如"A5"表示（    ）。
    A. 代表 A 列，5 代表第 5 行　　　　　B. A 代表 A 行，5 代表第 5 列
    C. A5 代表单元格的数据　　　　　　　D. 以上都不是

19. 新建工作簿文件后，默认的第一张工作簿的名称是（    ）。
    A. Book　　　　　B. 表　　　　　　C. Book1　　　　D. 表1

20. 若在数值单元格中出现一连串的"＃＃＃"符号，希望正常显示则需要（    ）。
    A. 重新输入数据　　　　　　　　　　B. 调整单元格的宽度
    C. 删除这些符号　　　　　　　　　　D. 删除该单元格

21. 当前工作表的第 7 行，第 4 列，其单元格地址为（    ）。
    A. 74　　　　　　B. D7　　　　　　C. E7　　　　　　D. G4

22. 在 Excel 2010 中，下列（    ）是正确的区域表示法。
    A. a1♯d4　　　　B. a1..d5　　　　C. a1：d4　　　　D. a1》d4

23. 若在工作表中选取一组单元格，则其中活动单元格的数目是（    ）。
    A. 1 行单元格　　　　　　　　　　　B. 一个单元格
    C. 一列单元格　　　　　　　　　　　D. 被选中的单元格个数

24. 如果想移动 Excel 中的分页符，需要在（    ）选项卡中操作。
    A. 文件　　　　　B. 视图　　　　　C. 开始　　　　　D. 数据

25. 下列序列中，不能直接利用自动填充快速输入的是（    ）。
    A. 星期一　星期二　星期三……　　　B. 第一类　第二类　第三类……
    C. 甲　乙　丙……　　　　　　　　　D. mon tue wed……

## 二、填空题

1. Excel 工作簿默认的扩展名是_____。

2. 工作表中每一列的列标是由_____表示，每一行行号由_____表示。

3. E6 位于第_____行第_____列，第四行、第五列单元格的地址是_____。

4. 在 Excel 2010 中，用鼠标_____任一工作表标签可将其激活为活动工作表，用鼠标_____任一工作表标签可更改工作表名。

5. 在 Excel 中，除了在当前单元格编辑数据外，还可以在_____中编辑数据。

6. 在 Excel 中，公式运算的时候必须以_____作为开始。

7. 要引用工作表中 B1，B2，…，B10 单元格，其相对引用格式为_____。绝对引用格式为_____。

### 三、简答题

1. 简述工作簿、工作表、单元格的概念，它们三者有什么关系？
2. Excel 2010 对单元格的引用有哪几种方式？请简述它们之间的区别。
3. Excel 2010 中清除单元格和删除单元格有什么区别？

# 项目 4 <<<

# 演示文稿制作软件 PowerPoint 2010

PPT（Microsoft Office PowerPoint），是微软公司推出的演示文稿软件。用户可以在投影仪或者计算机上进行演示，也可以将演示文稿打印出来，制作成胶片，以便应用到更广泛的领域中。利用 Microsoft Office PowerPoint 不仅可以创建演示文稿，还可以在互联网上召开面对面会议、远程会议或在网上给观众展示演示文稿等。

## 任务 1  制作公司简介演示文稿

一个演示文稿通常由若干张幻灯片组成，而每张幻灯片中又包括文字、图片、表格等诸多"元素"，所以学会制作一张幻灯片是制作一个包含多张幻灯片的演示文稿的基础。

### 任务描述

金秋十月，农业丰收，乐丰年农产品公司通过一个演示文稿公司简介进行农产品交流活动。制作效果如图 4-1-1 所示。

图 4-1-1  公司简介演示文稿

## 任务分析

实现本工作任务首先要熟悉 PowerPoint 2010 工作界面,创建新演示文稿,在演示文稿中进行幻灯片操作、文本操作,能够熟悉演示文稿的各种视图模式等内容。

## 必备知识

### 1. 熟悉 PowerPoint 工作区

(1) 打开 PowerPoint 软件。启动 PowerPoint 后,它会在称为"普通"视图的视图中打开,可以在该视图中创建并处理幻灯片,启动工作界面如图 4-1-2 所示。

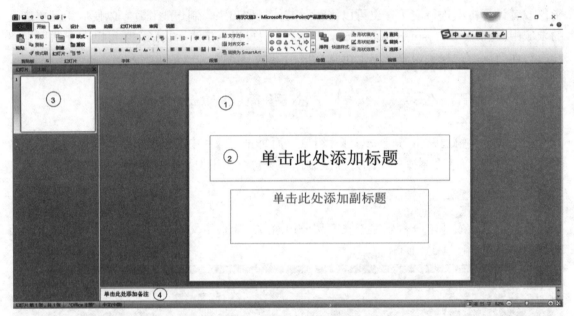

图 4-1-2 PowerPoint 2010 工作界面

PowerPoint界面

①在"幻灯片"工作区中,可以直接添加和编辑各个幻灯片元素,文本、图片、图表和其他。

②虚线边框标识占位符(占位符:一种带有虚线或阴影线边缘的框,绝大部分幻灯片版式中都有这种框,在这些框内可以放置标题及正文)。

③大纲与幻灯片预览窗格:用于显示演示文稿的幻灯片数量及位置,在其中可以更加清晰地查看演示文稿的结构。

④在备注窗格中,可以键入关于当前幻灯片的备注,可以将备注分发给观众,也可以在播放演示文稿时查看"演示者"视图中的备注。

(2) 空白演示文稿。默认情况下,PowerPoint 2010 对新的演示文稿应用空白演示文稿模板,空白演示文稿是 PowerPoint 2010 中最简单且最普通的模板,并且该模板适合在第一次打开软件时使用。

新建基于空白演示文稿模板的演示文稿:单击"文件"选项卡,单击"新建",在"可用的模板和主题"下选择"空白演示文稿",单击"创建"。

(3) 命名并保存演示文稿。与使用任何软件程序一样，创建好演示文稿后，最好立即为其命名并加以保存，并在工作中经常保存所做的更改。

单击"文件"选项卡，单击"另存为"，然后执行下列操作之一：

①对于只能在 PowerPoint 2010 或 PowerPoint 2007 中打开的演示文稿，请在"保存类型"列表中选择"PowerPoint 演示文稿"。

②对于可在 PowerPoint 2010 或早期版本的 PowerPoint 中打开的演示文稿，请选择"PowerPoint 97—2003 演示文稿"。

在"另存为"对话框的左侧窗格中，单击要保存演示文稿的文件夹或其他位置。

在"文件名"框中，键入演示文稿的名称，或者不键入文件名而是接受默认文件名，然后单击"保存"按钮。

可以按"Ctrl+S"或单击屏幕顶部附近的"保存"按钮 随时快速保存演示文稿。

## 2. 幻灯片操作

(1) 添加幻灯片。打开 PowerPoint 时自动出现的单个幻灯片有两个占位符，一个用于标题格式，另一个用于副标题格式。幻灯片上占位符的排列称为幻灯片版式。

向演示文稿中添加幻灯片时，同时执行下列操作可选择新幻灯片的版式：

①在大纲与幻灯片预览窗格下空白处右键单击，在快捷菜单中单击"新建幻灯片"，新建的幻灯片应用"标题和内容"版式。

②在"开始"选项卡下"幻灯片"功能组中，单击"新建幻灯片"旁边的箭头。如果希望新幻灯片具有对应幻灯片以前具有的相同的布局，只需单击"新建幻灯片"即可。

③单击"新建幻灯片"旁边的箭头，将出现一个库，该库显示了各种可用幻灯片版式的缩略图，如图 4-1-3 所示，单击所需版式即可建立相应版式的幻灯片。

(2) 对幻灯片应用新版式。要更改现有幻灯片的布局，执行下列操作：在大纲与幻灯片预览窗格下，单击"幻灯片"选项卡，然后单击要将新版式应用的幻灯片，在"开始"选项卡上的"幻灯片"组中，单击"版式"，然后单击所需的新版式即可。

(3) 复制幻灯片。如果希望创建两个或多个内容和布局都类似的幻灯片，则可以通过创建一个具有两个幻灯片都共享的所有格式和内容的幻灯片，然后复制该幻灯片来保存工作，最后向每个幻灯片单独添加最终的风格。

在大纲与幻灯片预览窗格下，单击"幻灯片"选项卡，右键单击要复制的幻灯片，然后单击"复制"，右键单击要添加幻灯片的新副本的位置，然后单击"粘贴"。

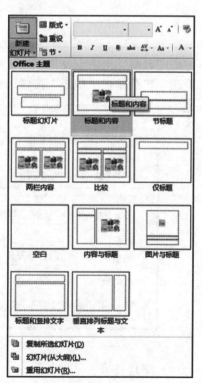

图 4-1-3　幻灯片版式

（4）调整幻灯片顺序。在大纲与幻灯片预览窗格下，单击"幻灯片"选项卡，再单击要移动的幻灯片，然后将其拖动到所需的位置。

（5）删除幻灯片。右键单击要删除的幻灯片，然后单击"删除幻灯片"。

### 3. 文本操作

（1）将文本添加到占位符中。下面的虚线边框表示包含幻灯片标题文本的占位符，如图4-1-4 所示。

在幻灯片上的文本占位符中添加文本，在占位符中单击，然后键入或粘贴文本。

（2）设置段落格式：首先拖动以选择要更改其行间距的一个或多个文本行，然后在"开始"选项卡下"段落"功能组中单击右下角箭头即对话框启动器，如图 4-1-5 所示，即打开"段落"对话框。

图 4-1-4　新建幻灯片

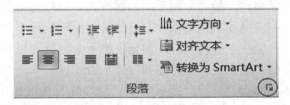

图 4-1-5　对话框启动器

在"段落"对话框中的"缩进和间距"选项卡中，对对齐方式、缩进或间距根据需要进行更改，然后单击"确定"按钮，如图 4-1-6 所示。

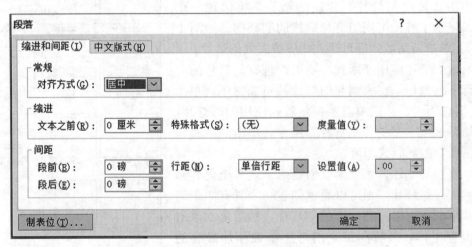

图 4-1-6　"段落"对话框

（3）项目符号。

①添加项目符号：在幻灯片上要添加项目符号或编号的文本占位符或表中，选择文本行，在"开始"选项卡下"段落"功能组中，单击项目符号或编号。

②更改项目符号或编号的外观：若要更改一个项目符号或编号，请将光标放在要更改行

的开始位置。若要更改多个项目符号或编号，请选择要更改的所有项目符号或编号中的文本。在"开始"选项卡下"段落"功能组中，单击项目符号或编号按钮上的箭头，然后单击"项目符号和编号"，打开"项目符号和编号"对话框，选择"项目符号"选项卡或"编号"选项卡中所需的样式，如图 4-1-7 所示。

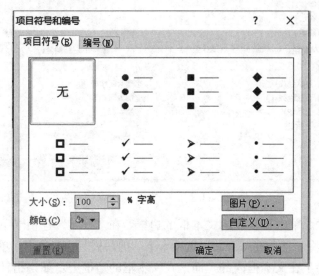

图 4-1-7 "项目符号和编号"对话框

"项目符号和编号"对话框说明：

①要使用图片作为项目符号，请在"项目符号"选项卡上单击"图片"，然后通过滚动找到要使用的图片图标。

②要将符号列表中的字符添加到"项目符号"或"编号"选项卡上，请在"项目符号"选项卡上单击"自定义"按钮，选择一个符号，然后单击"确定"按钮，可以从样式列表中将符号应用到幻灯片。

③要更改项目符号或编号的颜色，请在"项目符号"选项卡或"编号"选项卡上单击"颜色"，然后选择一种颜色。

④要更改项目符号或编号的大小，使其大小为相对于文本的特定大小，请在"项目符号"选项卡或"编号"选项卡中单击"大小"，然后输入一个百分数。

⑤要将现有的项目符号列表或编号列表转换为 SmartArt 图形，请在"开始"选项卡的"段落"功能组中，单击"转换为 SmartArt 命令"。

（4）将文本添加到文本框中。使用文本框可将文本放置在幻灯片上的任何位置，若要添加文本框并向其中添加文本：在"插入"选项卡下"文本"功能组中，单击"文本框"下的箭头，然后单击"横排文本框"或"垂直文本框"对齐方式，单击幻灯片，拖动指针以绘制文本框，最后在该文本框内部单击，键入或粘贴文本。

设置文本框中文本的格式，请选择文本，然后使用"开始"选项卡下"字体"功能组中的格式设置选项或者单击对话框启动器打开"字体"对话框进行设置，如图 4-1-8 所示。

（5）添加作为形状组成部分的文本。正方形、圆形、标注批注框和箭头总汇等形状可以包含文本。在形状中键入文本时，该文本会附加到形状中并随形状一起移动和旋转。

若要添加作为形状组成部分的文本，请选择该形状，然后键入或粘贴文本。

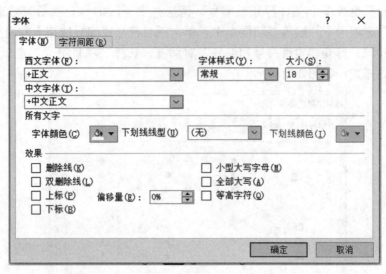

图 4-1-8 "字体"对话框

(6) 复制文本框。单击要复制的文本框的边框,在"开始"选项卡下"剪贴板"功能组中,单击"复制"命令,然后在"开始"选项卡下"剪贴板"功能组中,单击"粘贴"命令。

注:请确保指针不在文本框内部,而是在文本框的边框上。如果指针不在边框上,则按"复制"会复制文本框内的文本,而不会复制文本框。

(7) 删除文本框。单击要复制的文本框的边框,然后按 Delete 键。

### 4. 视图模式

PowerPoint 2010 有"演示文稿视图"组和"母版视图"组两类。在 PowerPoint 窗口底部有一个易用的栏,其中提供了各个主要视图(普通视图、幻灯片浏览视图、阅读视图和幻灯片放映视图),普通视图如图 4-1-9 所示。

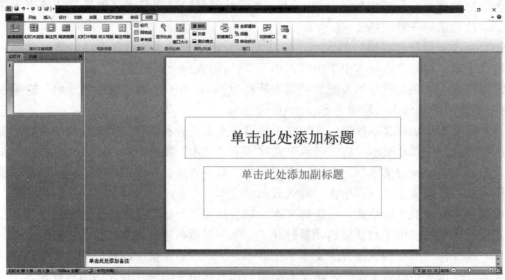

图 4-1-9 幻灯片普通视图模式

（1）普通视图。普通视图是主要的编辑视图，如图 4-1-10 所示，可用于撰写和设计演示文稿。普通视图有 4 个工作区域：

图 4-1-10　幻灯片普通视图模式结构

①幻灯片选项卡：在编辑时以缩略图大小的图像在演示文稿中观看幻灯片。使用缩略图能方便地遍历演示文稿，并观看任何设计更改的效果。在这里还可以轻松地重新排列、添加或删除幻灯片。

②大纲选项卡：此区域可以输入和编辑文本，并能移动幻灯片和文本。"大纲"选项卡以大纲形式显示幻灯片文本。

③幻灯片工作区：在 PowerPoint 窗口的右上方，"幻灯片"工作区显示当前幻灯片的大视图，在此视图中显示当前幻灯片时，可以添加文本，插入图片、表格、SmartArt 图形、图表、图形对象、文本框、电影、声音、超链接和动画等。

④备注区域：在"幻灯片"工作区下面的"备注"区域中，可以键入要应用于当前幻灯片的备注。以后，可以将备注打印出来并在放映演示文稿时进行参考，还可以将打印好的备注分发给受众，或者将备注包再发送给受众或发布在网页上的演示文稿中。

（2）幻灯片浏览视图。幻灯片浏览视图可查看缩略图形式的幻灯片。通过此视图，在创建演示文稿以及准备打印演示文稿时，可以轻松地对演示文稿的顺序进行排列和组织。

（3）备注页视图。可以键入要应用于当前幻灯片的备注。

（4）母版视图。母版视图包括幻灯片母版视图、讲义母版视图和备注母版视图。它们是存储有关演示文稿的信息的主要幻灯片，其中包括背景、颜色、字体、效果、占位符大小和位置。使用母版视图的一个主要优点在于，在幻灯片母版、备注母版或讲义母版上，可以对与演示文稿关联的每个幻灯片、备注页或讲义的样式进行全局更改。

（5）幻灯片放映视图。幻灯片放映视图可用于向受众放映演示文稿。幻灯片放映视图会占据整个计算机屏幕，这与观众观看演示文稿时在大屏幕上显示的演示文稿完全一样。可以看到图形、计时、电影、动画效果和切换效果在实际演示中的具体效果，若要退出幻灯片放映视图，请按 Esc 键。

（6）阅读视图。阅读视图用于使用计算机查看自己的演示文稿的人员而非受众（例如，通过大屏幕）放映演示文稿。如果希望在一个设有简单控件方便审阅的窗口中查看演示文稿，而不想使用全屏的幻灯片放映视图，也可以在自己的计算机上使用阅读视图。如果要更改演示文稿，可随时从阅读视图切换至某个其他视图。

### 任务实现

（1）单击"开始"→"所有程序"→"Microsoft Office"→"Microsoft Powerpoint 2010"，即可启动 PowerPoint 2010。

（2）单击"文件"→"新建"→"空白演示文稿"，创建一个新的演示文稿。

（3）选择"设计"选项卡，单击"主题"功能组中的"跋涉"按钮，效果如图 4-1-11 所示。

图 4-1-11 应用主题的标题幻灯片

（4）选择"开始"选项卡，单击"幻灯片"功能组中的"版式"下拉按钮，在下拉列表中选择"标题幻灯片"版式。

（5）单击标题占位符，输入"乐丰年农产品有限公司"，并设置字号为"66"磅，字体为"华文行楷"。

（6）单击副标题占位符，输入文字"公司简介"，设置字号为"44"号，字体为"华文行楷"，对齐方式为"居中对齐"。

（7）单击"插入"选项卡下"文本"功能组中"艺术字"命令，选择一种艺术字，输入文本："谢谢！"。

（8）单击"插入"选项卡下"文本"功能组中"文本框"命令，选择"横排文本框"，在幻灯片下方画矩形区域，输入文本："2016-10-1"如图 4-1-12 所示。

（9）在计算机中选择幻灯片的存储位置，在"文件名"下拉列表框输入文件名"公司简介"，在"保存类型"下拉列表框中选择"PowerPoint 演示文稿"单击"保存"按钮即可。

项目 4　演示文稿制作软件 PowerPoint 2010

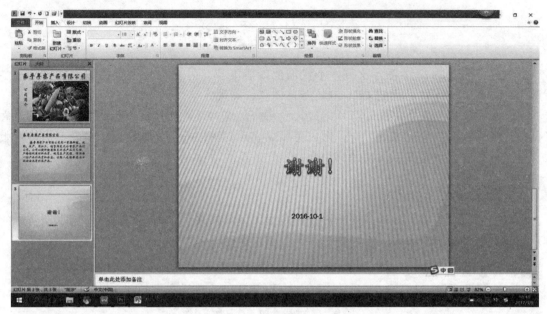

图 4-1-12　幻灯片效果

（10）按 F5 键，放映演示文稿，观看效果。

### 训练任务

根据提供的素材，按以下要求完成演示文稿的制作。
(1) 新建演示文稿的操作。
(2) 新建幻灯片的操作。
(3) 幻灯片的板式设置。
(4) 插入图片、艺术字和文本框。

## 任务2  制作节日贺卡

要制作一份好的PPT演示文稿,不仅需要内容充实,外表也是很重要的一部分,一个看起来舒适的背景图片,能把PPT包装得有创意、美观。

一个演示文稿通常由多张幻灯片组成,而每张幻灯片又可能具有不同的内容和主题。为了使幻灯片中各种内容有序的配合,形成美丽的演示,可以通过样本模板、主题、幻灯片版式、背景样式等来增强演示文稿的感染力。

### 任务描述

节日的到来,是我们表达最深情祝福的时候。元旦快来了,同学们可以应用本期所学的演示文稿知识制作节日贺卡、互相祝福。元旦贺卡如图4-2-1所示。

图4-2-1  节日贺卡样图

### 任务分析

能够根据幻灯片的内容选择合适的版式,掌握应用主题颜色的设计方法,应用母版统一幻灯片设计风格的方法,应用设计模板和背景样式改变幻灯片风格的方法。

### 必备知识

**1. 幻灯片的组织和格式设置**

(1)将幻灯片组织成节。在Microsoft PowerPoint 2010中,可以使用新增的节功能组织幻灯片,就像使用文件夹组织文件一样,可以使用命名节跟踪幻灯片组。

新增节的方法和节的操作:

①在"普通"视图或"幻灯片浏览"视图中,在要新增节的两个幻灯片之间右键单击,在弹出的菜单中选择"新增节"。

②要为节重新指定一个更有意义的名称,请右键单击"无标题节"标记,在弹出的菜单中单击"重命名节"。

③输入该节的有意义的名称,然后单击"重命名"按钮。

④在幻灯片中上移或下移节:右键单击要移动的节,在弹出的菜单中单击"向上移动节"或"向下移动节"。

⑤删除节:右键单击要删除的节,在弹出的菜单中单击"删除节"。

(2)在幻灯片中添加编号、日期和时间。

①选中演示文稿中的第一个幻灯片缩略图。

②在"插入"选项卡的"文本"功能组中,单击"幻灯片编号",打开"页眉和页脚"对话框。

③在"页眉和页脚"对话框中设置编号、日期和时间等,如图4-2-2所示。

(3)对幻灯片应用背景图片、颜色。单击要为其添加背景图片的幻灯片(要选择多个幻灯片,请单击某个幻灯片,然后按住Ctrl并单击其他幻灯片),在"设计"选项卡下"背景"功能组中,单击"背景样式",在下拉菜单中选择"设置背景格式",弹出"设置背景格式"对话框,如图4-2-3所示。然后单击"填充",然后选中"图片或纹理填充"或者选中"纯色填充"。

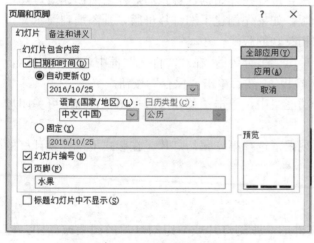

图4-2-2 "页眉和页脚"对话框　　　　　　图4-2-3 设置背景

## 2. 主题

(1)PowerPoint提供了多种设计主题,包含协调配色方案、背景、字体样式和占位符位置。使用预先设计的主题,可以轻松快捷地更改演示文稿的整体外观。

(2)应用主题:在"设计"选项卡下"主题"功能组中,单击要应用的文档主题,若要预览应用了特定主题的当前幻灯片的外观,将指针停留在该主题的缩略图上;若要查看更多主题,请在"设计"选项卡下"主题"功能组中,单击"更多"。

### 3. 母版

（1）幻灯片母版是幻灯片层次结构中的顶层幻灯片，用于存储有关演示文稿的主题和幻灯片版式，包括背景、颜色、字体、效果、占位符大小和位置。

每个演示文稿至少包含一个幻灯片母版。修改和使用幻灯片母版的主要优点是可以对演示文稿中的每张幻灯片（包括以后添加到演示文稿中的幻灯片）进行统一的样式更改。使用幻灯片母版时，由于无须在多张幻灯片上键入相同的信息，因此节省了时间。如果演示文稿非常长，其中包含大量幻灯片，则使用幻灯片母版非常方便。

（2）由于幻灯片母版影响整个演示文稿的外观，因此在创建和编辑幻灯片母版或相应版式时，将在"幻灯片母版"视图下操作。

①创建幻灯片母版。打开一个空演示文稿，然后在"视图"选项卡下"母版视图"功能组中，单击"幻灯片母版"，会显示一个具有默认相关版式的空幻灯片母版。在幻灯片缩略图窗格中，幻灯片母版是那张较大的幻灯片图像，并且相关版式位于幻灯片母版下方。

图 4-2-1 显示一个应用了"波形"主题的幻灯片母版，以及四个支持版式。请注意所示各个支持版式展现不同版本"波形"主题的方式——使用相同的配色方案，但版式排列方式有所不同。此外，每个版式在幻灯片上的不同位置提供文本框和页脚，并在不同文本框中使用不同的字号。

注：创建和使用幻灯片母版的最佳做法，最好在开始构建各张幻灯片之前创建幻灯片母版，而不要在构建了幻灯片之后再创建母版。如果先创建了幻灯片母版，则添加到演示文稿中的所有幻灯片都会基于该幻灯片母版和相关联的版式。

②保存母版。在"文件"选项卡上，单击"另存为"，在"文件名"框中，键入文件名，在"保存类型"列表中单击"PowerPoint 模板"，然后单击"保存"按钮。

在"幻灯片母版"选项卡下"关闭"功能组中，单击"关闭母版视图"按钮即可关闭母版视图。

③应用母版。关闭母版视图，在普通视图下选择第一张幻灯片，在版式下选择设计好的母版版式即可。

### 4. 模板

（1）PowerPoint 模板是另存为模板文件的一张幻灯片或一组幻灯片的图案或蓝图。模板可以包含版式、主题颜色、主题字体、主题效果和背景样式，甚至还可以包含内容。

可以创建自己的自定义模板，然后存储、重用以及与他人共享它们。此外，也可以获取多种不同类型的 PowerPoint 内置免费模板，也可以在 Office.com 和其他合作伙伴网站上获取可以应用于演示文稿的数百种免费模板。

（2）应用模板。

①在"文件"选项卡，单击"新建"，在"可用的模板和主题"组中，单击"样本模板"或者单击"我的模板"，选择一种所需要的模板，然后单击"创建"按钮，如图 4-2-4 所示。

②在"Office.com 模板"下单击模板类别，选择一个模板，然后单击"下载"将该模板从 Office.com 下载到本地驱动器。

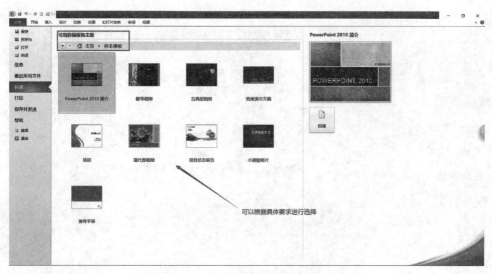

图 4-2-4　新建演示文稿

### 任务实现

（1）单击"开始"→"所有程序"→"Microsoft Office"→"Microsoft PowerPoint 2010"，即可启动 PowerPoint 2010。

（2）单击"文件"→"新建"，在"可用的模板和主题"组中，单击"样本模板"，双击"现代型相册"，自动生成 6 张幻灯片，如图 4-2-5 所示。

图 4-2-5　应用主题的幻灯片

（3）选择第一张幻灯片，单击"开始"选项卡，在"幻灯片"功能组中，单击"版式"，选择横栏（带标题），修改图片和文字内容；单击"设计"选项卡，在"主题"组中选择"奥斯汀"主题，为新建演示文稿应用主题，单击"背景"功能组中"背景样式"命令，在下拉菜单中选择"设置背景格式"；在弹出的菜单中勾选"隐藏背景图形"，进行更换，效果如图 4-2-6 所示。

图 4-2-6　应用版式的幻灯片

（4）选择第二张幻灯片，同样单击"开始"选项卡，在"幻灯片"功能组中，单击"版式"，选择"内容与标题"，插入图片，对"元旦"一词在文本框中用文字做说明。在"设计"选项卡下"背景"功能组中"背景样式"选"样式 3"。对日历图片去除白色背景，选中图片在"图片工具"选项卡下"格式"中选"删除背景"，如图 4-2-7 所示。

图 4-2-7　删除背景

效果如图 4-2-8 所示。

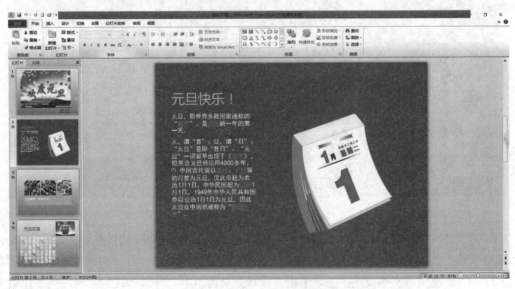

图 4-2-8　内容与标题幻灯片

(5) 选择第三张幻灯片,在"设计"选项卡下"背景"功能组中勾选"隐藏背景图形",删除原图片,单击图标插入新图片,更换文本框的文字,如图 4-2-9 所示。

图 4-2-9　更改内容与标题幻灯片

(6) 修改第 4 张幻灯片,修改幻灯片中的文字和内容,如图 4-2-10 所示。

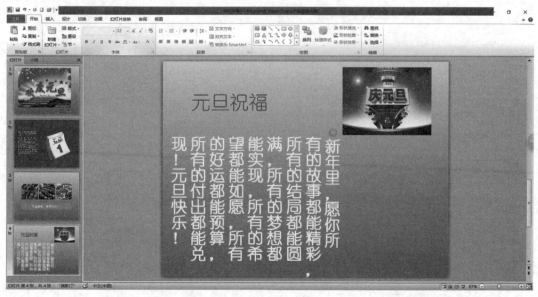

图 4-2-10　更改内容与标题幻灯片

(7) 按 F5 键播放制作完成的演示文稿。

(8) 单击快速工具栏中的"保存"按钮,在计算机中选择幻灯片的存储位置,在"文件名"下拉列表框输入文件名"节日贺卡",在"保存类型"下拉列表框中选择"PowerPoint 2010 演示文稿"。

## 训练任务

根据提供的素材,按以下要求完成演示文稿的制作。
(1) 设置幻灯片主题操作。
(2) 能够应用模板新建演示文稿。
(3) 设置幻灯片版式操作。
(4) 设置幻灯片背景样式操作。

# 项目 4  演示文稿制作软件 PowerPoint 2010

## 任务3  制作产品介绍演示文稿

为了使制作的演示文稿看起来赏心悦目、图文具备、声色并茂，就需要对制作的幻灯片添加更加丰富多彩的内容，既可以添加图片、表格、文本，也可以插入声音、视频和 flash 等多媒体对象。

### 任务描述

制作乳业产品介绍演示文稿，首先要有产品图片、文字介绍，要介绍产品生产流程，关键是要对幻灯片进行统一的风格设计。幻灯片浏览如图 4-3-1 所示。

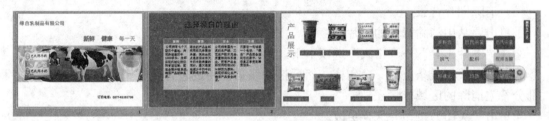

图 4-3-1  产品介绍演示文稿

### 任务分析

实现本任务，首先要插入图片、文本、表格，并对其进行布局，设置大小、颜色，做得整体和谐美观。

### 必备知识

**1. 表格**

（1）创建表格及输入文字。

①选择要向其添加表格的幻灯片。

②在"插入"选项卡下"表格"功能组中，单击"表格"，可执行以下操作：按住鼠标左键并移动指针以选择所需的行数和列数，然后释放鼠标按钮；或者单击"插入表格"，然后在"列数"和"行数"列表中输入数字。

③要向表格单元格添加文字，请单击某个单元格，然后输入文字，输入文字后，单击该表格外的任意位置。

（2）设置表格格式。

①添加行：单击新行出现的位置上方或下方的行中的一个表格单元格，在"表格工具"→"布局"选项卡中"行和列"功能组中选择，若要在所选单元格的上方添加一行，请单击"在上方插入"；若要在所选单元格的下方添加一行，请单击"在下方插入"。

②添加列：单击新列出现位置左侧或右侧的列中的一个表格单元格，在"表格工具"→"布局"选项卡中"行和列"功能组中选择，若要在所选单元格的左侧添加一列，请单击"在左侧插入"；要在所选单元格的右侧添加一列，请单击"在右侧插入"。

③删除行或列：单击要删除的列或行中的一个表格单元格，在"表格工具"→"布局"选项卡下的"行和列"功能组中，单击"删除"命令。

**2. 图片。**

（1）添加图片。

①选择要向其添加表格的幻灯片。

②在"插入"选项卡下"图像"功能组中，单击"图片"命令，打开"插入图片"对话框，选择图片即可。

（2）调整图片。可调整图片的颜色浓度（饱和度）和色调（色温）、对图片重新着色或者更改图片中某个颜色的透明度，可以将多个颜色效果应用于图片。

（3）消除图片背景。

①单击要从中消除背景的图片。

②在"图片工具"→"格式"选项卡下，单击"删除背景"命令。

③单击点线框线条上的一个句柄，然后拖动线条，使之包含希望保留的图片部分，并将大部分希望消除的区域排除在外。

④单击"关闭"按钮并保存更改。

（4）将艺术效果应用于图片。

①单击要对其应用艺术效果的图片。

②在"图片工具"→"格式"选项卡下"调整"功能组中，单击"艺术效果"命令。

③单击所需的艺术效果，若要微调艺术效果，请单击"艺术效果选项"。

（5）添加或更改图片效果。

①单击要添加效果的图片。

②在"图片工具"→"格式"选项卡下"图片样式"功能组中，单击"图片效果"命令即可。

（6）裁剪图片。

①选择要裁剪的图片。

②在"图片工具"→"格式"选项卡下"大小"功能组中，单击"裁剪"命令。

③完成后请按 Esc 键完成裁剪。

按照此方法也可以裁剪为特定形状、裁剪为通用纵横比，也可以通过裁剪来填充和调整形状。

（7）压缩图片与重设图片。

压缩图片：

①单击要更改其分辨率的一张或多张图片。

②在"图片工具"→"格式"选项卡下，单击"调整"功能组中的"压缩图片"命令，弹出"压缩图片"对话框，如图4-3-2所示。

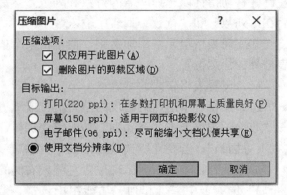

图 4-3-2　压缩图片

③在"目标输出"选项组中勾选所需的分辨率。

注：可以降低或更改分辨率。降低或更改分辨率对于要缩小显示的图片很有效，因为在这种情况下，这些图片的每英寸的点数实际上会增加，更改分辨率会影响图像质量。

重设图片：如果已经裁剪图片或对图片进行了其他更改，则会在文件中存储有关还原这些更改的信息。方法是选中图片，单击重设图片即可。

（8）插入屏幕截图。单击"插入"选项卡下"图像"功能组中"屏幕截图"按钮时，可以插入整个程序窗口，也可以使用"屏幕剪辑"工具选择窗口的一部分，但只能捕获没有最小化到任务栏的窗口。

### 3. 艺术字

艺术字是一个文字样式库，可以将艺术字添加到幻灯片中以制作出装饰性效果，在 PowerPoint 中，还可以将现有文字转换为艺术字。

（1）添加艺术字。在"插入"选项卡下"文本"功能组中，单击"艺术字"，然后单击所需艺术字样式，然后输入文字。

（2）将现有文字转换为艺术字。

①选定要转换为艺术字的文字。

②选取"绘图工具"→"格式"选项卡下"艺术字样式"功能组中的艺术字即可。

（3）删除艺术字样式。

①选定要删除其艺术字样式的艺术字。

②在"绘图工具"→"格式"选项卡下"艺术字样式"功能组中，单击下方的"其他"按钮，然后单击"清除艺术字"。

### 4. SmartArt 图形

SmartArt 图形是信息的可视表示形式，可以从多种不同布局中进行选择，从而快速轻松地创建所需形式，以便有效地传达信息或观点。

（1）创建 SmartArt 图形并向其中添加文字。

①在"插入"选项卡的"插图"功能组中，单击"SmartArt"按钮。

②在"选择 SmartArt 图形"对话框中，单击所需的类型和布局，如图 4-3-3 所示。

③单击 SmartArt 图形中的一个框，然后键入文本。为了获得最佳结果，请在添加需要的所有框之后再添加文字。

（2）在 SmartArt 图形中添加或删除形状。

①单击要向其中添加另一个形状的 SmartArt 图形。

②单击最接近新形状的添加位置的现有形状。

③在"SmartArt 工具"→"设计"选项卡下，在"创建图形"功能组中单击"添加形状"下的小三角：若要在所选形状之后插入一个形状，请单击"在后面添加形状"；若要在所选形状之前插入一个形状，请单击"在前面添加形状"。

④若要从 SmartArt 图形中删除形状，请单击要删除的形状，然后按 Delete 键。若要删除整个 SmartArt 图形，请单击 SmartArt 图形的边框，然后按 Delete 键。

（3）更改整个 SmartArt 图形的颜色。

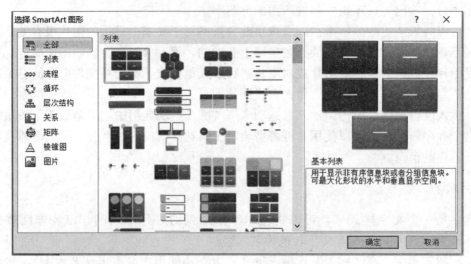

图 4-3-3 "选择 SmartArt 图形"对话框

①单击 SmartArt 图形。

②在"SmartArt 工具"→"设计"选项卡下,单击"SmartArt 样式"功能组中的"更改颜色"。

③如果看不到"SmartArt 工具"或"设计"选项卡,请确保已选择一个 SmartArt 图形。必须双击 SmartArt 图形才能打开"设计"选项卡。

④单击所需的颜色变体。

### 5. 形状

可以在幻灯片中添加一个形状,或者合并多个形状以生成一个绘图或一个更为复杂的形状。可用的形状包括:线条、基本几何形状、箭头、公式形状、流程图形状、星、旗帜和标注。添加一个或多个形状后,可以在其中添加文字、项目符号、编号和快速样式。

(1) 添加形状。

①在"插入"选项卡下"插图"功能组中,单击"形状"按钮。

②在下拉列表中单击所需形状,接着单击幻灯片上的任意位置,然后拖动以放置形状。

③若要创建规范的正方形或圆形(或限制其他形状的尺寸),请在拖动的同时按住 Shift 键。

(2) 编辑形状。更改形状边框的样式、颜色、粗细和填充。

### 6. 图表

可以插入多种数据图表和图形,如柱形图、折线图、饼图、条形图、面积图、散点图、股价图、曲面图、圆环图、气泡图和雷达图等。

添加图表。

①在"插入"选项卡下"插图"功能组中,单击"图表"按钮。

②在"插入图表"对话框中,单击箭头滚动图表类型。选择所需图表的类型,然后单击"确定"按钮,如图 4-3-4 所示。

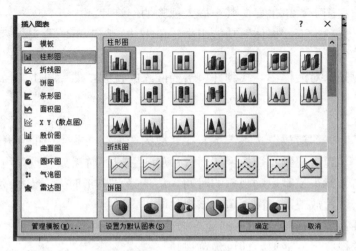

图 4-3-4　插入图表

#### 7. 添加声音

为了突出重点,可以在演示文稿中添加音频,如音乐、旁白、原声摘要等。在幻灯片上插入音频剪辑时,将显示一个表示音频文件的图标。在进行演讲时,可以将音频剪辑设置为在显示幻灯片时自动开始播放、在单击鼠标时开始播放或播放演示文稿中的所有幻灯片,甚至可以循环连续播放媒体直至停止播放。

(1) 添加音频剪辑。

①单击要添加音频剪辑的幻灯片。

②在"插入"选项卡下"媒体"功能组中,单击"音频"按钮。

③在下拉菜单中单击"文件中的音频",找到包含所需文件的文件夹,然后双击要添加的文件;或者单击"剪贴画音频",在"剪贴画"任务窗格中找到所需的音频剪辑,然后单击该剪辑以将其添加到幻灯片中。

④在幻灯片中预览音频剪辑。

(2) 设置音频剪辑的播放选项。

①在幻灯片上,选择音频剪辑图标◀。

②在"音频工具"→"播放"选项卡下"音频选项"功能组中,执行下列操作之一:

若要在放映该幻灯片时自动开始播放音频剪辑,请在"开始"列表中选择"自动";

若要通过在幻灯片上单击音频剪辑来手动播放,请在"开始"列表中选择"单击时";

若要在演示文稿中单击切换到下一张幻灯片时播放音频剪辑,请在"开始"列表中选择"跨幻灯片播放"。

要连续播放音频剪辑直至停止播放,请选中"循环播放,直到停止"复选框。

注释:循环播放时,声音将连续播放,直到转到下一张幻灯片为止,勾选"放映时隐藏"将隐藏音频剪辑图标。

#### 8. 添加视频

(1) 插入视频。

①在"普通"视图下,单击要向其中嵌入视频的幻灯片。

②在"插入"选项卡下"媒体"功能组中,单击"视频"下的箭头,然后单击"文件中的视频"。

③在"插入视频"对话框中,找到并单击要嵌入的视频,然后单击"插入"按钮。

(2) 编辑视频。

①播放视频。

在"视频工具"→"播放"选项卡下,在"视频选项"功能组中的"开始"列表中:

若要在幻灯片(包含视频)切换至"幻灯片放映"视图时播放视频,请选择"自动";

若要通过单击鼠标来控制启动视频的时间,请选择"单击时";随后,当准备好播放视频时,只需在"幻灯片放映"视图下单击该视频即可。

②勾选"全屏播放",即可在放映时全屏播放视频。

③单击选中的视频下的播放,即可预览视频。

④可设置视频音量。

⑤如果想设置未播放时隐藏,在此选项前勾选即可。

⑥设置想设置循环播放视频,在此选项前勾选即可。

⑦设置是否播完返回开头。

## 任务实现

(1) 启动 PowerPoint 2010,系统默认建立一个以"演示文稿 1"为名的文档。单击"文件"按钮,在弹出的下拉菜单中选择"保存"命令,打开"另存为"对话框。选择"保存位置",在"文件名"文本框中输入文档名称"产品介绍",最后单击"保存"按钮。

(2) 在第一张幻灯片中,添加标题:"绿白乳制品有限公司",副标题"新鲜健康每一天",插入图片并对图片进行编辑,如图 4-3-5 所示。

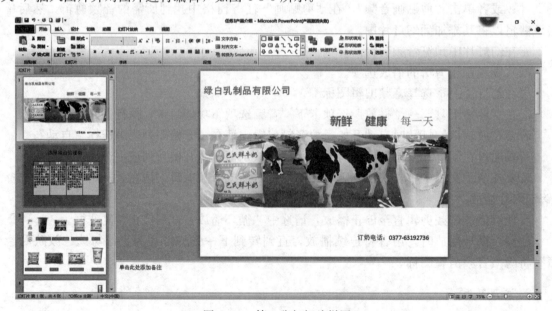

图 4-3-5　第一张幻灯片样图

(3) 在第二张幻灯片中,添加标题:"选择绿白的理由",插入两行四列的表格。表格样式:中度样式2-强调3,设置表格边框线颜色、粗细等,如图4-3-6所示。

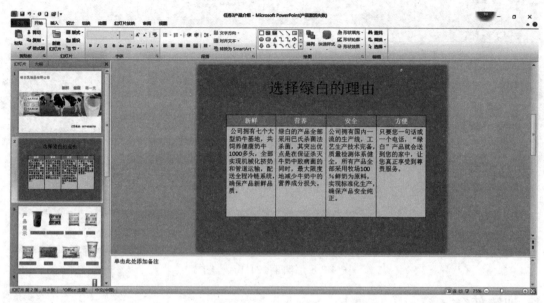

图4-3-6 第二张幻灯片样图

(4) 在第三张幻灯片中,添加标题:"产品展示"插入图片和说明文字,并对齐图片和文字,如图4-3-7所示。

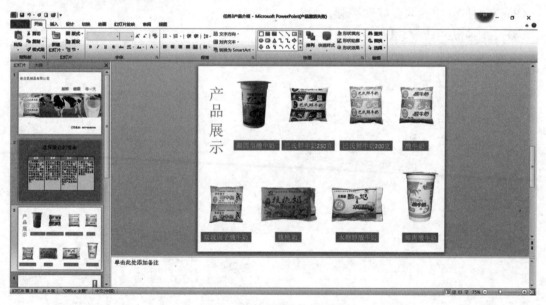

图4-3-7 第三张幻灯片样图

(5) 在第四张幻灯片中,添加标题:"酸奶生产工艺",插入Smart Art图形,并进行文字更改,如图4-3-8所示。

(6) 保存文档,单击快速工具栏中的"保存"按钮,将文档及时保存。

(7) 按F5键预览幻灯片播放效果。

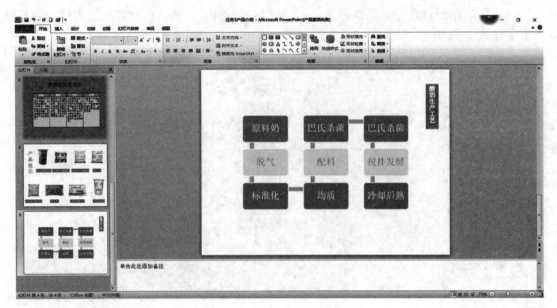

图 4-3-8　第四张幻灯片样图

### 训练任务

根据提供的素材，按以下要求完成演示文稿的制作。

（1）在幻灯片中添加图像、表格、文本、符号、插图。

（2）在幻灯片中插入音频和视频。

（3）在幻灯片中插入超链接和动作。

## 任务 4　制作求职简历演示文稿

创建演示文稿的目的是将其展示在观众面前，放映幻灯片是将精心创建的演示文稿展示给观众的过程，设计完美的切换和过渡，能使观众产生愉悦的感受，同时，PowerPoint 2010 演示文稿可保存为视频文件。

### 任务描述

求职简历要包含自己的经历、经验、技能、成果等内容，这样招聘者才能在阅读求职者求职申请后对其产生兴趣进而进一步决定是否给予面试机会，所以，求职简历是极重要的依据性材料，如图 4-4-1 所示。

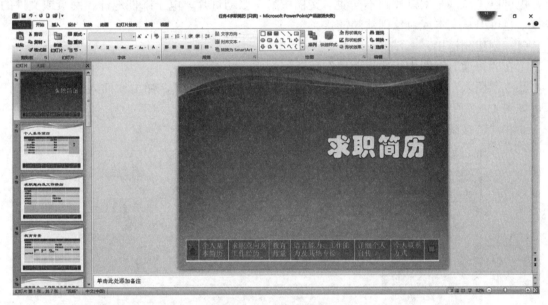

图 4-4-1　求职简历

### 任务分析

为了让制作的求职简历充满活力，要使用幻灯片的动画效果，包括幻灯片在切换过程中的动画效果和在幻灯片各元素上设置的动画效果。在制作演示文稿时，若设置幻灯片的进入、退出等动画，必将提升放映的视觉效果。

### 必备知识

#### 1. 幻灯片切换

幻灯片切换效果是在演示期间从一张幻灯片移到下一张幻灯片时在"幻灯片放映"视图中出现的动画效果。可以控制切换效果的速度，添加声音，甚至还可以对切换效果的属性进行自定义。

（1）向幻灯片添加切换效果。

①在左侧包含"大纲"和"幻灯片"选项卡的窗格中，单击"幻灯片"选项卡。

②选择要向其应用切换效果的幻灯片缩略图。

③在"切换"选项卡下"切换到此幻灯片"功能组中，单击要应用于该幻灯片的幻灯片切换效果。

（2）设置切换效果的计时、声音。若要设置上一张幻灯片与当前幻灯片之间的切换效果的持续时间，在"切换"选项卡下"计时"功能组中的"持续时间"框中，键入或选择所需的时间。

## 2. 超链接

在 PowerPoint 中，超链接可以是从一张幻灯片到同一演示文稿中另一张幻灯片的连接，也可以是从一张幻灯片到不同演示文稿中另一张幻灯片、电子邮件地址、网页或文件的连接，也可以从文本或对象创建超链接。

（1）创建超链接。

①在"普通"视图中，选择要用作超链接的文本或对象。

②在"插入"选项卡下"链接"功能组中，单击"超链接"，弹出"插入超链接"对话框，如图 4-4-2 所示。

③在"链接到"下，单击"本文档中的位置"。

图 4-4-2　"插入超链接"对话框

（2）删除超链接。

①选择要删除其超链接的文本或对象。

②右击在弹出的快捷菜单中单击"取消超链接"。

## 3. 添加动作按钮

动作按钮是预先设置好的一组带有特定动作的图形按钮，这些按钮被预先设置为批量向上一张、下一张、第一张、最后一张幻灯片、播放声音及播放电影等链接，用户可以方便地应用这些预置好的按钮，实现在放映幻灯片时跳转的目的。

动作与超链接有很多相似之处，动作几乎包括了超链接可以指向的所有位置，但动作除了可以设置超链接指向外，还可以设置其他属性。

（1）在"插入"选项卡上的"插图"功能组中，单击"形状"下的箭头，在下拉列表中选择"动作按钮"中的"开始"符号。

（2）用鼠标在幻灯片右下角拖曳出一个动作按钮，在"插入"选项卡下"动作设置"对话框中，制作超链接即可，如图 4-4-3 所示。

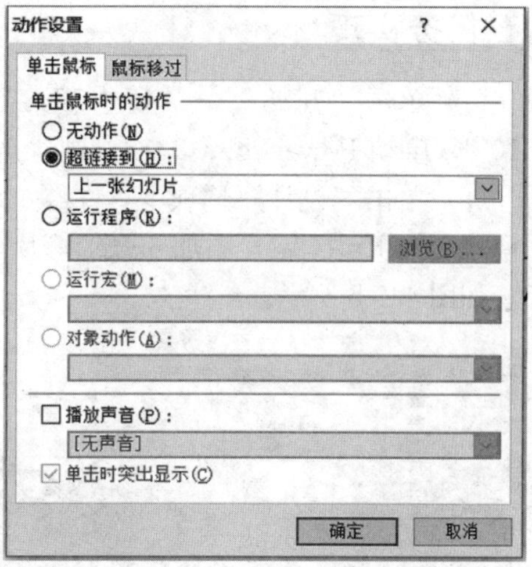

### 4. 放映演示文稿

PowerPoint 2010 提供了多种放映和控制幻灯片的方法：

（1）演示文稿排练计时。当完成演示文稿内容之后，可以使用"排练计时"功能来排练整个演示文稿放映的时间。

①在"幻灯片放映"选项卡下"设置"功能组中，单击"排练计时"按钮。

②排练开始后，在屏幕上出现"录制"工具栏，显示放映时间。当排练全部结束时，出现提示是否保留新的幻灯片排练时间。

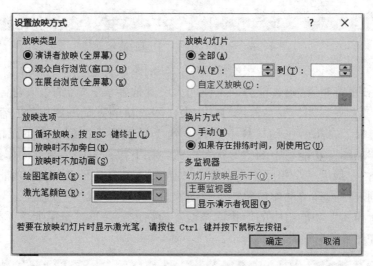

图 4-4-3　动作设置

（2）设置幻灯片的放映方式。PowerPoint 2010 提供了多种演示文稿的放映方式，最常用的是幻灯片页面的演示控制，主要有幻灯片的定时放映、连续放映、循环放映及自定义放映。

①在"幻灯片放映"选项卡下"设置"功能组中，单击"设置幻灯片放映"。

②弹出"设置放映方式"对话框，如图 4-4-4 所示。

图 4-4-4　"设置放映方式"对话框

③放映类型。

演讲者放映：采用全屏方式，演讲者现场控制演示节奏，具有放映的完全控制权。

观众自行浏览：放映时窗口具有菜单栏、Web 工具栏，类似于浏览网页，便于观众自行浏览。

在展台浏览：此种方式不需要专人控制就可以自动运行。

### 任务实现

（1）单击"开始"→"所有程序"→"Microsoft Office"→"Microsoft PowerPoint 2010"，启动 PowerPoint 2010，创建空白演示文稿。

（2）单击"设计"选项卡，在"主题"功能组下选择"流畅"主题，在工作区左侧幻灯片模式下按 Enter 键，添加 6 张幻灯片，添加标题"求职简历"，字体"华文琥珀"，字号：66，如图 4-4-5 所示。

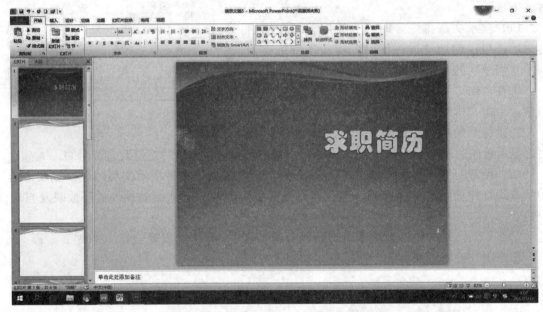

图 4-4-5 应用"流畅"主题的演示文稿

（3）在第二、三、四、五、六张幻灯片中，分别添加标题"个人基本简历""求职意向及工作经历""教育背景""语言能力、工作能力及其他专长""详细个人自传""个人联系方式"。分别在第二、三、四、五、六张幻灯片中，用表格的方式添加相关内容。

（4）添加导航。在第一张幻灯片中插入 8 列 1 行表格，在第一个单元格内，单击"插入"选项卡下"插图"功能组中的"形状"按钮，在下拉列表中选择"动作按钮"下"动作按钮：第一张"；在最后一个单元格内，单击"插入"选项卡下"插图"功能组中的"形状"按钮，在下拉列表中选择"动作按钮"下"动作按钮：自定义"，并在"绘图工具"下格式"选项卡""形状模式"功能组中的形状填充设置为红色。在第二至第七单元格内分别输入以下文字内容，如图 4-4-6 所示。

图 4-4-6 求职简历导航

（5）制作超链接。选中"个人基本简历"文字，单击"插入"选项卡下"链接"功能组中的"超链接"按钮，弹出"插入超链接"对话框，如图 4-4-7 所示，在"链接到"选项组中选中"本文档中的位置"，在"请选择文档中的位置"下选中"个人基本简历"幻灯片，单击"确定"按钮。其余链接按照此步骤制作。

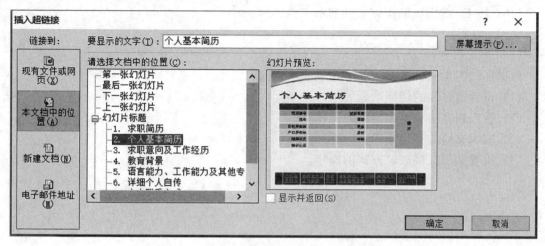

图 4-4-7 "插入超链接"对话框

（6）复制导航条。将第一张幻灯片中导航条全部选择，并复制，然后依次粘贴至第二、三、四、五、六张幻灯片下方。

（7）设置幻灯片切换方式。选择第一张幻灯片，单击"切换"选项卡，在"切换到此幻灯片"功能组中选择一种切换方式"推进"，设置声音：风铃，设置换片方式：单击鼠标时，如图 4-4-8 所示。按照此步骤依次设置第二、三、四、五、六张幻灯片的切换方式。

图 4-4-8 设置幻灯片切换方式

（8）放映演示文稿。单击"幻灯片放映"选项卡下"设置"功能组中"设置幻灯片放映"，弹出"设置放映方式"对话框，设置"放映类型"为"演讲者放映"，"放映幻灯片"中选择"全部"，"换片方式"选择"手动"，如图 4-4-9 所示。

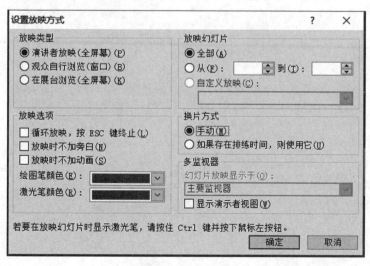

图 4-4-9 设置放映方式

(9) 全部修改完成后,以"任务 4 求职简历"为文件名保存。
(10) 按 F5 键播放制作完成的演示文稿。

### 训练任务

根据提供的素材,按以下要求完成演示文稿的制作。
(1) 设置幻灯片的切换动画效果。
(2) 插入超链接和动作按钮的操作。
(3) 演示文稿的打包操作。
(4) 设置演示文稿放映方式的操作。

# 阅读材料　图形图像处理软件

## 一、Photoshop

Adobe Photoshop，简称"PS"，是由 Adobe Systems 开发和发行的图像处理软件。

Photoshop 主要处理由像素所构成的数字图像。使用其众多的编修与绘图工具，可以有效地进行图片编辑工作。PS 有很多功能，在图像、图形、文字、视频、出版等各方面都有涉及。

2003 年，Adobe Photoshop 8 被更名为 Adobe Photoshop CS。2013 年 7 月，Adobe 公司推出了新版本的 Photoshop CC，自此，Photoshop CS6 作为 Adobe CS 系列的最后一个版本被新的 CC 系列取代。

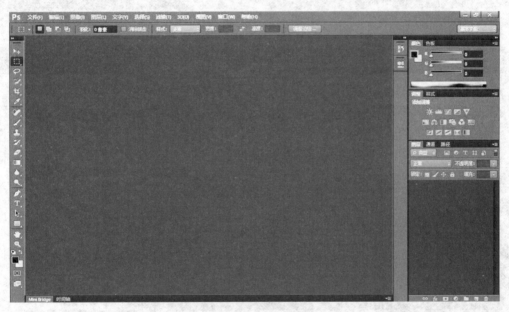

Photoshop 界面

1987 年，Photoshop 的主要设计师托马斯·诺尔买了一台苹果计算机（MacPlus）用来帮助他完成博士论文。与此同时，Thomas 发现当时的苹果计算机无法显示带灰度的黑白图像，因此，他自己写了一个程序 Display；而他兄弟约翰·诺尔这时在导演乔治·卢卡斯的电影特殊效果制作公司 Industry Light Magic 工作，对 Thomas 的程序很感兴趣。两兄弟在此后的一年多时间把 Display 不断修改为功能更为强大的图像编辑程序，经过多次改名后，在一个展会上接受了一个参展观众的建议，把程序改名为 Photoshop。此时的 Display/Photoshop 已经有 Level、色彩平衡、饱和度等调整。此外，John 写了一些程序，后来成为插件（Plug-in）的基础。

他们第一个的商业成功是把 Photoshop 交给一个扫描仪公司搭配卖，名字叫做 Barneyscan XP，版本是 0.87。与此同时 John 继续找其他买家，包括 Super Mac 和 Aldus 都没有成功。最终他们找到了 Adobe 的艺术总监 Russell Brown。Russell Brown 此时已经在研究是否考虑另外一家公司 Letraset 的 ColorStudio 图像编辑程序。看过 Photoshop 以后他认为 Knoll 兄弟的程序更有前途。在 1988 年 7 月他们口头决定合作，而真正的法律合同到次年 4 月才完成。

## 二、ACDSee

ACDSee 9.0 中文版免费下载版是一款简单易用的产品，它集合了各种省时省力的工具，用 ACDSee 来玩转您规模日益增长的相片集。

这款软件与其他相片软件不同的是 ACDSee 9.0 绿色版采用的不是拘泥不变的单一体系，用最适合您的方式来管理相片，确保对全局的掌控。ACDSee 官方免费版绝对能成为您日益庞大的相集的一站式管理中心。用最适合您的方式来管理相片，即使计算机中存储了上千张相片，也不会再出现找不到相片的情况。

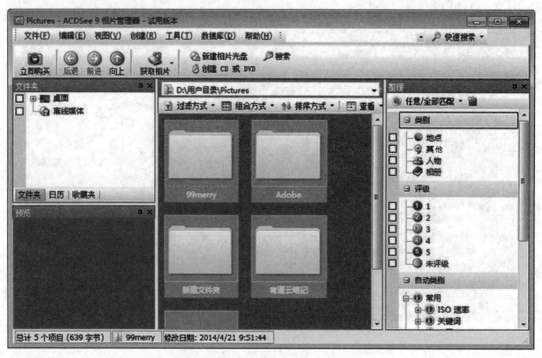

ACDSee 界面

软件特色：

（1）照片快速修复。一键消除红眼等。只要单击一次物体红眼部分的邻近区域，ACDSee 就可以自动修正它，真的快极了！

（2）阴影、加亮工具。让旧照片恢复青春。太暗或者过曝的问题，用 ACDSee 都能轻松解决，而不会影响到无须调整的图像区域，非常方便。

（3）个人文件夹。保护个人隐私照片，如果你有不想被别人看到的照片，只能将照片放到"隐私文件夹"，设置一个只有自己知道的密码，就再也不怕隐私泄露啦。

（4）日历浏览模式。按时间管理照片。日历事件视图根据拍摄日期自动整理相片，也可以对每个事件进行描述、添加缩略图，以方便查看过去照片。"事件视图"作为新的显示选项出现在"日历窗格"中。

(5) 自动分类。方便组织照片，从相机或存储设备"获取相片"时，ACDSee 相片管理器会根据 EXIF 相机信息、IPTC 数据、ACD 数据库信息以及文件属性自动将相片放入方便使用的类别，再也不用用户逐一去重命名。

(6) 陈列室。在桌面上浏览照片，ACDSee 陈列室可以将相片留念呈现在桌面上。"陈列室"让用户可以在清理桌面时，随时展示并欣赏相片集。

(7) 打印设计。轻松打印照片，在家打印照片更方便。

(8) 照片分类管理。可按关键字、大小、拍摄时间等对照片分门别类。

(9) 照片分类过滤。可以只限制特定类别或等级的照片，使用更为便捷。

(10) 浏览模式。可以快速分类搜索、选择、浏览照片。

## 综合练习 4

**一、选择题**

1. PowerPoint 演示文档的扩展名是（　　）。
   A. .ppt　　　　　B. .pwt　　　　　C. .xsl　　　　　D. .doc
2. 在 PowerPoint 的（　　）下，可以用拖动方法改变幻灯片的顺序。
   A. 幻灯片视图　　　　　　　　B. 备注页视图
   C. 幻灯片浏览视图　　　　　　D. 幻灯片放映
3. 在 PowerPoint 中，对于已创建的多媒体演示文档可以用（　　）命令转移到其他未安装 PowerPoint 的机器上放映。
   A. 文件/打包　　　　　　　　B. 文件/发送
   C. 复制　　　　　　　　　　D. 幻灯片放映/设置幻灯片放映
4. 在 PowerPoint 中，"格式"下拉菜单中的（　　）命令可以用来改变某一幻灯片的布局。
   A. 背景　　　　　　　　　　B. 幻灯片版面设置
   C. 幻灯片配色方案　　　　　D. 字体
5. PowerPoint 的演示文稿具有幻灯片、幻灯片浏览、备注、幻灯片放映和（　　）等 5 种视图。
   A. 普通　　　　B. 大纲　　　　C. 页面　　　　D. 联机版式
6. 在 PowerPoint 的幻灯片浏览视图下，不能完成的操作是（　　）。
   A. 调整个别幻灯片位置　　　　B. 删除个别幻灯片
   C. 编辑个别幻灯片内容　　　　D. 复制个别幻灯片
7. 在 PowerPoint 中，设置幻灯片放映时的换页效果为"垂直百叶窗"，应使用"幻灯片放映"菜单下的选项是（　　）。
   A. 动作按钮　　B. 幻灯片切换　　C. 预设动画　　D. 自定义动画
8. 在 PowerPoint 中，不能对个别幻灯片内容进行编辑修改的视图方式是（　　）。
   A. 大纲视图　　　　　　　　B. 幻灯片浏览视图
   C. 幻灯片视图　　　　　　　D. 以上三项均不能
9. 在 PowerPoint 中，进行幻灯片各种视图快速切换的方法是（　　）。
   A. 选择"视图"菜单对应的视图
   B. 使用快捷键
   C. 单击水平滚动条左边的"视图控制"按钮
   D. 选择"文件"菜单
10. 在 PowerPoint 中，在当前演示文稿中要新增一张幻灯片，采用（　　）方式。
    A. 选择"文件"→"新建"命令
    B. 选择"编辑"→"复制"和"编辑"→"粘贴"命令
    C. 选择"插入"→"新幻灯片"命令

D. 选择"插入"→"幻灯片（从文件）"命令

## 二、判断题

1. PowerPoint 2000 中的空演示文稿模板是不允许用户修改的。（    ）
2. 利用 PowerPoint 可以制作出交互式幻灯片。（    ）
3. 幻灯机放映视图中，可以看到对幻灯机演示设置的各种放映效果。（    ）
4. 在 PowerPoint 2000 中，不能插入 Word 表格。（    ）
5. 设置幻灯片的"水平百叶窗""盒状展开"等切换效果时，不能设置切换的速度。（    ）
6. 在 PowerPoint 2000 中，占位符和文本框一样，也是一种可插入的对象。（    ）
7. 在 PowerPoint 2000 中，不能插入 Word 表格。（    ）
8. 对演示文稿应用设计模板后，原有的幻灯片母板、标题母板、配色方案不会因此而发生改变。（    ）
9. 在 PowerPoint 2000 中，系统提供的幻灯片自动版式共 12 种。（    ）
10. 设置幻灯片的"水平百叶窗""盒状展开"等切换效果时，不能设置切换的速度。（    ）

## 三、填空题

1. 演示文稿幻灯片有_____、_____、_____、_____等视图。
2. 幻灯片的放映有_____种方法。
3. 将演示文稿打包的目的是_____。
4. 艺术字是一种_____对象，它具有_____属性，不具备文本的属性。
5. 在幻灯片的视图中，向幻灯片插入图片，选择_____菜单的图片命令，然后选择相应的命令。
6. 在放映时，若要中途退出播放状态，应按_____功能键。
7. 在 Power Point 中，为每张幻灯片设置切换声音效果的方法是使用"幻灯片放映"菜单下的_____。
8. 按行列显示并可以直接在幻灯片上修改其格式和内容的对象是_____。
9. 在 PowerPoint 中，能够观看演示文稿的整体实际播放效果的视图模式是_____。
10. 退出 PowerPoint 的快捷键是_____。
11. 用 PowerPoint 应用程序所创建的用于演示的文件称为_____，其扩展名为_____。
12. PowerPoint 可利用模板来创建_____，它提供了两类模板，_____和_____，模板的扩展名为_____。
13. 在 PowerPoint 中，可以为幻灯片中的文字、形状和图形等对象设置_____。设计基本动画的方法是先在_____视图中选择好对象，然后选用幻灯片放映菜单中的_____。
14. 在"设置放映方式"对话框中，有 3 种放映类型，分别为_____、_____、_____。

15. 普通视图包含3种窗口：_____、_____和_____。
16. 状态栏位于窗口的底部，它显示当前演示文档的部分_____或_____。
17. 创建文稿的方式有_____、_____、_____。
18. 使用PowerPoint演播演示文稿要通过_____或_____屏幕展现出来。
19. 创建动画效果要使用的命令是_____。
20. _____就是将幻灯片上的某些对象，设置为特定的索引和标记。

## 四、简答题

1. Power Point三种基本视图是什么？各有什么特点？
2. 在制作演示文稿时，应用模板与应用版式有什么不同？
3. 如何插入或删除幻灯片？
4. 如何在放映幻灯片时使用指针做标记？
5. 要想在一个没有安装Power Point的计算机上放映幻灯片，应如何保存幻灯片？
6. 如何设置自动放映幻灯片？
7. 如何插入录制声音文件？
8. 如何简单放映幻灯片？
9. 如何设置切换或动画效果？
10. 设置放映方式为自动放映和自定义放映？
11. 如何打印演示文稿？
12. 演示文稿打包后如何运行？
13. 如何建立幻灯片上对象的超级链接？
14. 如何插入影像和声音文件？

# 项目 5　计算机网络与安全

## 任务 1　接入 Internet

随着科学技术的发展，计算机网络应用已经深入各个领域，上至军事、医疗，下至购物、交通，网络已经成为生活中不可缺少的重要组成部分，从某种意义上讲，网络发展的水平，直接影响着人们的生活质量，同时也是衡量科技是否发达的重要标志之一。

### 任务描述

了解计算机网络的定义、分类及组成，掌握网络协议的基本概念和网络体系结构的基本知识，掌握局域网的特点、组成和拓扑结构。

### 任务分析

通过学习，掌握计算机网络的基础知识，从而学会搭建基础的计算机网络，学会使用计算机网络。

### 必备知识

#### 一、计算机网络知识

**1. 计算机网络的定义**

计算机网络，指的是将不同地理位置具有独立功能的多台计算机及其他设备，通过通信设备和线路进行连接，并在网络操作系统、管理软件及网络通信协议的支持下实现数据通信和资源共享的计算机集合，它是计算机技术与通信技术相结合的产物。

**2. 计算机网络的分类**

计算机网络通常按照以下几类进行划分：
（1）按地理范围或联网规模分类。

①局域网（Local Area Network，LAN），它是连接近距离计算机的网络，覆盖范围从几米到数千米。例如办公室或实验室的网、同一建筑物内的网及校园网等。

②城域网（Metropolitan Area Network，MAN），它是介于广域网和局域网之间的一种高速网络，覆盖范围为几十千米，大约是一个城市的规模。

③广域网（Wide Area Network WAN），其覆盖的地理范围从几十千米到几千千米，覆盖一个国家、地区或横跨几个洲，形成国际性的远程网络，一般指覆盖面积辽阔的网。

（2）按拓扑结构分类。按照拓扑学的观点，将主机、交换机等网络设备单元抽象为点，网络中的传输介质抽象为线，那么计算机网络系统就变成了由点和线组成的几何图形，它表示通信介质与各结点的物理连接结构，这种结构称为计算机网络拓扑结构。按照网络中各结点位置和布局的不同，计算机网络可分为总线型、星型、环型、树型和网状拓扑等网络结构类型。在现今网络中，Internet 和广域网都采用网状拓扑结构，而大多数局域网都采用总线型和树型拓扑结构，也就是多个层次的星型网络纵向连接而成。

（3）按传输介质分类。传输介质就是指用于网络连接的通信线路。按传输介质，计算机网络分为两类：有线网络和无线网络。其中有线网络目前常用的传输介质有双绞线、同轴电缆、光纤；无线网络主要采用 3 种技术，即微波通信、红外线通信和激光通信。相应地可将网络分为双绞线网、同轴电缆网、光纤网、卫星网和无线网。

（4）按信息交换方式分类。计算机网络按信息交换方式分类，可分为线路交换网、存储转发网和混合交换网。

### 3. 计算机网络组成

计算机网络通常由通信子网和资源子网两部分组成。通信子网一般由路由器、交换机和通信线路组成；资源子网则由计算机、外部设备、网络操作系统和信息资源等组成，主要负责数据的处理。

### 4. 计算机网络的功能及作用

计算机网络的功能很多，主要包括资源共享、数据通信、集中管理、分布式处理、可靠性高和负载均衡等方面。其中最主要的功能就是资源共享的实现。

资源共享主要包括以下几点：
（1）软件资源共享。通过网络共享各种程序及数据。
（2）硬件资源共享。通过网络共享计算机的各种硬件设备。
（3）数据与信息资源共享。通过网络对数据及信息进行收集、分发等。

计算机网络主要用于办公自动化系统（OA）、管理信息系统（MIS）、电子数据交换（EDI）、电子商务（EC）和分布式控制系统（DCS）等重要方面。

## 二、局域网及无线局域网

### 1. 局域网

局域网顾名思义就是局部区域内的小范围网络，可以理解为一组物理位置上距离不远的计算机或者相关设备的互联集合，允许它们之间实现通信和资源共享。

（1）局域网的特点。
①数据传输速率高，一般速率有 100MB/s、1GB/s 和 10GB/s 几种。
②具有较低的误码率，并且延时低。
③支持多种传输介质，如同轴电缆、双绞线、光纤和无线等。

④覆盖范围一般为 10m～10km。

（2）局域网的组成。一般网络系统组成可分为两部分，即硬件系统和软件系统。

硬件系统是计算机网络的基础，一般由计算机、通信设备、连接设备及其他辅助设备组成，常见的硬件有：

①服务器（Server）：也称伺服器，是提供计算服务的设备。由于服务器需要响应服务请求，并进行处理，因此一般来说服务器应具备承担服务并且保障服务的能力。常见的有文件服务器、数据库服务器、邮件服务器和 Web 服务器等。

②客户机（Client）：客户机在网络中是一个相对的概念，在网络中享受其他计算机提供服务器的设备都可以成为客户机。

③网卡。又称为网络适配器，用于将计算机连接至通信设备，负责传送或接收数据，通常分为有线与无线两种，接口有内置 PCI 接口与外置 USB 接口。

④调制解调器（Modem）。它是一个信号转换设备，将计算机传输的数字信号转换成通信线路中传输的信号，或将通信线路中的信号转换成数字信号，通常也称为"猫"。

⑤交换机（Switch）。交换机作为传统设备集线器的升级产品，它是局域网的主要连接设备，优点是每个端口独占带宽。

⑥路由器（Router）。它是连接因特网中各局域网、广域网的设备，它会根据信道的情况自动选择和设定路由，以最佳路径，按前后顺序发送信号。

软件系统通常由网络操作系统和网络协议等部分组成。常用的网络系统有：

● Microsoft 网络操作系统（Windows NT）：由微软公司发行的操作系统，面向工作站、网络服务器和大型计算机的网络操作系统。

● UNIX 网络操作系统：安全性高的主流网络操作系统。

● Novell 网络操作系统：由 Novell 公司发行的操作系统，主要用于建立中小型局域网。

### 2. 无线局域网

无线局域网络（Wireless Local Area Networks，WLAN）。它是相当便利的数据传输系统，它利用射频（Radio Frequency，RF）技术，使用电磁波，取代旧式碍手碍脚的双绞铜线（Coaxial）所构成的局域网络。在无线局域网 WLAN 被发明之前，传统模式要想通过网络进行联络和通信，必须先用物理线缆组建一个电子运行的通路，为了提高效率和速度，后来又发明了光纤。当网络发展到一定规模后，发现这种有线网络无论组建、拆装还是在原有基础上进行重新布局和改建，都非常困难，且成本和代价也非常高，于是 WLAN 的组网方式应运而生。

（1）无线局域网的优点。

①灵活性和移动性。在有线网络中，网络设备的安放位置受网络位置的限制，而无线局域网在无线信号覆盖区域内的任何一个位置都可以接入网络。

②安装便捷。无线局域网可以免去或最大限度地减少网络布线的工作量，一般只要安装一个或多个接入点设备，就可建立覆盖整个区域的局域网络。

③易于进行网络规划和调整。对于有线网络来说，办公地点或网络拓扑的改变通常意味着重新建网。重新布线是一个费时、费力和费用较大的过程，无线局域网可以避免或减少以上情况的发生。

④故障定位容易。有线网络一旦出现物理故障,尤其是由于线路连接不良而造成的网络中断,往往很难查明,而且检修线路需要付出很大的代价。无线网络则很容易定位故障,只需更换故障设备即可恢复网络连接。

⑤易于扩展。无线局域网有多种配置方式,可以很快从只有几个用户的小型局域网扩展到上千用户的大型网络。

(2)无线局域网的缺点。无线局域网虽然解决了有线局域网无法克服的困难,拥有很多优势,但与有线局域网相比,仍然有不足之处。无线局域网速率较慢,一般容易受到干扰,功率受限。现在用户最高只能以11Mbps的速度发送和接受信息,移动能力较强的完全分布型无线局域网更是结构复杂、成本高并存在多路径干扰。而且,由于无线网络的传输介质脆弱和WEP存在不足,导致它除了具有有线网络的不安全因素外,还容易遭受窃听和干扰、冒充、欺骗等形式的攻击,安全性问题一直是无线局域网迫切需要解决的问题。

目前,无线网络还不能完全脱离有线网络,无线网络与有线网络只是互补的关系。尽管如此,我们也应该看到,无线局域网发展十分迅速,已经能够通过与广域网相结合的形式提供移动互联网的多媒体业务,在医院、商店、工厂和学校等场合都得到广泛应用。相信在未来,无线局域网将以方便传输、灵活使用等优点取代有线局域网,成为网络技术中的"新领主"。

### 三、网络拓扑结构

网络拓扑结构由点和线组成,"点"一般表示设备终端,"线"则表示网络通信介质,通过结构图,可以看出网络上各个互联设备的物理布局。常见的拓扑结构有总线、星形、环形、网状和树状结构。

(1)总线结构。这种结构具有费用低、数据端用户入网灵活、站点或某个端用户失效不影响其他站点或端用户通信的优点。缺点是一次仅能一个端用户发送数据,其他端用户必须等待到获得发送权;媒体访问获取机制较复杂;维护难,分支结点故障查找难。尽管有上述一些缺点,但由于布线要求简单,扩充容易,端用户失效、增删不影响全网工作,所以是LAN技术中使用最普遍的一种,如图5-1-1所示。

(2)星形结构。星形拓扑结构便于集中控制,端用户之间的通信必须经过中心站。由于这一特点,也使它具有易于维护和安全等优点。端用户设备因为故障而停机时也不会影响其他端用户间的通信。同时星形拓扑结构的网络延迟时间较小,系统的可靠性较高。在星形拓扑结构中,网络中的各节点通过点到点的方式连接到一个中央节点上,由该中央节点向目的节点传送信息。中央节点执行集中式通信控制策略,因此中央节点相当复杂,负担比各节点重得多。在星形网中任何两个节点要进行通信都必须经过中央节点控制。但这种结构非常不利的是,中心系统必须具有极高的可靠性,因为中心系统一旦损坏,整个系统便趋于瘫痪。对此中心系统通常采用双机热备份,以提高系统的可靠性,如图5-1-2所示。

(3)环形结构。这种结构使每个端用户都与两个相邻的端用户相连,因而存在着点到点链路,但总是以单向方式操作,于是便有上游端用户和下游端用户之称;信息流在网中是沿着固定方向流动的,两个节点仅有一条道路,故简化了路径选择的控制;环路上各节点都是

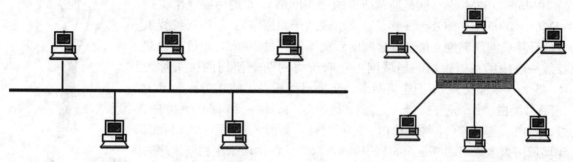

图 5-1-1　总线拓扑结构　　　　　　　图 5-1-2　星形拓扑结构

自举控制，故控制软件简单；由于信息源在环路中是串行地穿过各个节点，当环中节点过多时，势必影响信息传输速率，使网络的响应时间延长；环路是封闭的，不便于扩充；可靠性低，一个节点故障，将会造成全网瘫痪；维护难，对分支节点故障定位较难，如图 5-1-3 所示。

（4）网状结构。网状拓扑结构主要指各节点通过传输线互相连接起来，并且每一个节点至少与其他两个节点相连。网状拓扑结构具有较高的可靠性，但其结构复杂，实现起来费用较高，不易管理和维护，不常用于局域网，如图 5-1-4 所示。

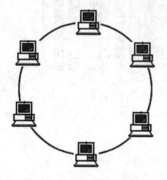
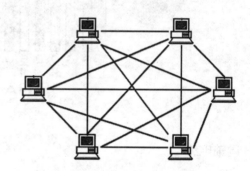

图 5-1-3　环形拓扑结构　　　　　　　图 5-1-4　网状拓扑结构

### 四、有线网络传输介质

有线传输介质是指在两个通信设备之间实现连接的物理部分，它将信号从一方传输到另一方，有线传输介质主要有双绞线、同轴电缆和光纤。双绞线和同轴电缆传输的是电信号，光纤传输的是光信号。选择数据传输介质时必须要考虑几种特性：数据吞吐量、带宽、成本、尺寸和可扩展性、连接器以及抗噪性。

#### 1. 双绞线

双绞线简称 TP，将一对以上的双绞线封装在一个绝缘外套中，为了降低信号的干扰程度，电缆中的每一对双绞线一般是由两根绝缘铜导线相互扭绕而成，因此也把它称为双绞线。双绞线分为非屏蔽双绞线（UTP）和屏蔽双绞线（STP）。非屏蔽双绞线价格便宜，传输速度偏低，抗干扰能力较差，屏蔽双绞线抗干扰能力较好，具有更高的传输速度，但价格相对较贵，如图 5-1-5 所示。当前使用双绞线进行组网一般有 5 类和 6 类，5 类传输速率支持 10Mbps/100Mbps（就是通常所说的百兆网络），6 类传输速率支持 10Mbps/100Mbps/1Gbps（就是通常所说的千兆网络）。使用双绞线组成的计算机网络理论上信息点之间的距离不能超过 100m，也就是说双绞线一般使用在短距离的局域网上。双绞线的两端使用的接头称为 RJ-45 头（水晶头），用于连接网卡、交换机等设备。线序的排列分为 568A（绿白、绿、橙白、蓝、蓝白、橙、棕白、棕）和 568B（橙白、橙、绿白、蓝、蓝白、绿、棕白、棕）两种，如图 5-1-6 所示，现在组建局域网大多采用的都是 568B 的排列，双绞线的两段采用相同线序的方式称为平行线，用于终端和设备之间的连接；双绞线的一端采用 568A，另一端采用 568B，这种称为交叉线，一般用于两台计算机的直联，中间不需要添加集线器或交换机等设备。

图 5-1-5　双绞线

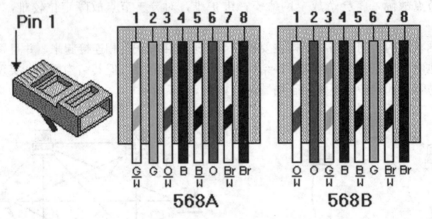

图 5-1-6　568A 和 568B

### 2. 同轴电缆

由一根空心的外圆柱导体和一根位于中心轴线的内导线组成，内导线和圆柱导体及外界之间用绝缘材料隔开。它具有抗干扰能力强、连接简单等特点，信息传输速率可达每秒几百兆位，是中、高档局域网的首选传输介质。按直径不同，可分为粗缆和细缆两种。粗缆：传输距离长、性能好，但成本高、网络安装及维护困难，一般用于大型局域网的干线，连接时两端需终接器；细缆：与 BNC 网卡相连，两端装 50Ω 的终端电阻。用 T 型头，T 型头之间最小距离为 0.5m。细缆网络每段干线长度最大为 185m，每段干线最多接入 30 个用户。如采用 4 个中继器连接 5 个网段，网络最大距离可达 925m，如图 5-1-7 所示。

图 5-1-7　同轴电缆

### 3. 光纤

光纤又称为光缆或光导纤维，由光导纤维纤芯、玻璃网层和能吸收光线的外壳组成，是由一组光导纤维组成的用来传播光束的、细小而柔韧的传输介质。应用光学原理，由光发送机产生光束，将电信号变为光信号，再把光信号导入光纤，在另一端由光接收机接收光纤上传来的光信号，并把它变为电信号，经解码后再处理。与其他传输介质相比，光纤的电磁绝缘性能好、信号衰小、频带宽、传输速度快、传输距离大。主要用于要求传输距离较长、布线条件特殊的主干网连接。具有不受外界电磁场影响、无限制的带宽等特点，可以实现每秒万兆位的数据传送，尺寸小、重量轻，数据可传送几百千米。光纤分为单模光纤和多模光纤。单模光纤：由激光做光源，仅有一条光通路，传输距离长，20～120km；多模光纤：由二极管发光，低速短距离，2km 以内，如图 5-1-8 所示。

图 5-1-8　光纤

### 五、网络通信协议

网络通信协议就是互联通信所建立的规则、标准或操作约定。

#### 1. 网络协议的定义

网络协议指的是通信双方所约定的必须遵循的规则的集合，是一套语法和语义的规则。它规定了在通信过程中的操作，定义数据收发过程中必需的经过，规定了网络中使用的格式、定时方式、顺序和错误检查。

#### 2. 网络协议的组成

网络协议主要由语义、语法和时序组成。语义是解释控制信息每个部分的意义，它规定了需要发出什么控制信息，以及完成的动作和做出什么响应；语法是用户数据与控制信息的结构和格式；时序是对时间发生顺序的详细解释。通俗来讲，语义表示做什么，语法表示怎么做，时序则表示做的顺序。

#### 3. TCP/IP

传输控制协议/因特网互联协议（Transmission Control Protocol/Internet Protocol，TCP/IP），又名网络通信协议，是 Internet 最基本的协议、Internet 国际互联网络的基础，由网络层的 IP 和传输层的 TCP 组成。TCP/IP 定义了电子设备如何连入因特网，以及数据如何在它们之间传输的标准。协议采用了 4 层的层级结构，每一层都呼叫它的下一层所提供的协议来完成自己的需求。通俗而言，TCP 负责发现传输的问题，一有问题就发出信号，要求重新传输，直到所有数据安全正确地传输到目的地。

#### 4. UDP

用户数据报协议（User Datagram Protocol，UDP），它不属于连接型协议，因而具有资源消耗小、处理速度快的优点，所以通常音频、视频和普通数据在传送时使用 UDP 较多，因为它们即使偶尔丢失一两个数据包，也不会对接收结果产生太大影响。

### 六、网络 OSI 七层模型

OSI 七层模型即开放系统互联参考模型（Open System Interconnect，OSI）是国际标准化组织（ISO）和国际电报电话咨询委员会（CCITT）联合制定的开放系统互联参考模型，为开放式互联信息系统提供了一种功能结构的框架。它从低到高分别是：物理层、数据链路层、网络层、传输层、会话层、表示层和应用层，如图 5-1-9 所示。

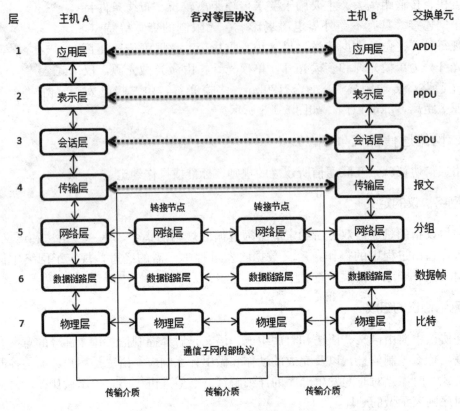

图 5-1-9　OSI 七层模型

（1）物理层。提供为建立、维护和拆除物理链路所需要的机械的、电气的、功能的和规程的特性；有关的物理链路上传输非结构的位流以及故障检测指示。

（2）数据链路层。在网络层实体间提供数据发送和接收的功能和过程；提供数据链路的流控。

（3）网络层。控制分组传送系统的操作、路由选择、拥护控制、网络互联等功能，它的作用是将具体的物理传送对高层透明。

（4）传输层。提供建立、维护和拆除传送连接的功能；选择网络层提供最合适的服务；在系统之间提供可靠的透明的数据传送，提供端到端的错误恢复和流量控制。

（5）会话层。提供两进程之间建立、维护和结束会话连接的功能；提供交互会话的管理功能，如三种数据流方向的控制，即一路交互、两路交替和两路同时会话模式。

（6）表示层。代表应用进程协商数据表示；完成数据转换、格式化和文本压缩。

（7）应用层。提供 OSI 用户服务，例如事务处理程序、文件传送协议和网络管理等。

## 七、IP 地址

IP 意思是"网络之间互联的协议"，也就是为计算机网络相互连接进行通信而设计的协议。在因特网中，它是能使连接到网上的所有计算机网络实现相互通信的一套规则，规定了计算机在因特网上进行通信时应当遵守的规则。任何厂家生产的计算机系统，只有遵守 IP 协议才可以与因特网互联互通。

IP 地址是一个 32 位的二进制数，通常被分割为 4 个"8 位二进制数"（也就是 4 个字节）。IP 地址通常用"点分十进制"表示成（a.b.c.d）的形式，其中，a、b、c、d 都是 0~255 之间的十进制整数。

最初设计互联网络时，为了便于寻址以及层次化构造网络，每个 IP 地址包括两个标识码（ID），即网络 ID 和主机 ID。同一个物理网络上的所有主机都使用同一个网络 ID，网络上的一个主机（包括网络上工作站、服务器和路由器等）有一个主机 ID 与其对应。Internet 委员会定义了 5 种 IP 地址类型以适合不同容量的网络，即 A~E 类，其中最常见的是 A~C 类，表 5-1-1 汇总了 A、B、C 三类地址的类、范围和格式。

表 5-1-1　A、B、C 三类地址的类、范围和格式

| 类别 | 最大网络数 | IP 地址范围 | 最大主机数 | 私有 IP 地址范围 |
| --- | --- | --- | --- | --- |
| A | 126（$2^7-2$） | 0.0.0.0—127.255.255.255 | 16777214 | 10.0.0.0—10.255.255.255 |
| B | 16384（$2^{14}$） | 128.0.0.0—191.255.255.255 | 65534 | 172.16.0.0—172.31.255.255 |
| C | 2097152（$2^{21}$） | 192.0.0.0—223.255.255.255 | 254 | 192.168.0.0—192.168.255.255 |

### 1. A 类 IP 地址

一个 A 类 IP 地址是指，在 IP 地址的四段号码中，第一段号码为网络号码，剩下的 3 段号码为本地计算机的号码。如果用二进制表示 IP 地址的话，A 类 IP 地址就由 1 字节的网络地址和 3 字节主机地址组成，网络地址的最高位必须是"0"。A 类 IP 地址中网络的标识长度为 8 位，主机标识长度为 24 位，A 类网络地址数量较少，有 126 个网络，每个网络可以容纳主机数达 1 600 多万台。

### 2. B 类 IP 地址

一个 B 类 IP 地址是指，在 IP 地址的四段号码中，前两段号码为网络号码。如果用二进制表示 IP 地址的话，B 类 IP 地址就由 2 字节的网络地址和 2 字节主机地址组成，网络地址的最高位必须是"10"。B 类 IP 地址中网络的标识长度为 16 位，主机标识的长度为 16 位，B 类网络地址适用于中等规模的网络，有 16 384 个网络，每个网络所能容纳的计算机数为 6 万多台。

### 3. C 类 IP 地址

一个 C 类 IP 地址是指，在 IP 地址的四段号码中，前三段号码为网络号码，剩下的一段号码为本地计算机的号码。如果用二进制表示 IP 地址的话，C 类 IP 地址就由 3 字节的网络地址和 1 字节主机地址组成，网络地址的最高位必须是"110"。C 类 IP 地址中网络的标识长度为 24 位，主机标识的长度为 8 位，C 类网络地址数量较多，有 209 余万个网络。适用于小规模的局域网络，每个网络最多只能包含 254 台计算机。

### 4. D类 IP 地址

D类 IP 地址在历史上被称为多播地址（Multicast Address），即组播地址。在以太网中，多播地址命名了一组应该在这个网络中应用接收到一个分组的站点。多播地址的最高位必须是"1110"，范围从 224.0.0.0 到 239.255.255.255。

## 八、域名系统

域名系统（Domain Name System，DNS）是 Internet 上解决网上机器命名的一种系统。就像拜访朋友要先知道别人家怎么走一样，Internet 上当一台主机要访问另一台主机时，必须首先获知其地址，TCP/IP 中的 IP 地址是由四段以"."分开的数字组成，记起来总是不如名字那么方便，所以，就采用了域名系统来管理名字和 IP 的对应关系。

虽然因特网上的节点都可以用 IP 地址唯一标识，并且可以通过 IP 地址被访问，但即使是将 32 位的二进制 IP 地址写成 4 个 0~255 的十位数形式，也依然太长、太难记。因此，人们发明了域名系统 DNS（Domian Name System），域名可将一个 IP 地址关联到一组有意义的字符上去。用户访问一个网站的时候，既可以输入该网站的 IP 地址，也可以输入其域名，对访问而言，两者是等价的。如经常访问的百度（www.baidu.com），经由 DNS 解析后得到的 IP 地址为：61.135.169.125，通过这个 IP 地址也可以直接访问到百度。

### 1. 名字空间的层次结构

名字空间是指定义了所有可能的名字的集合。域名系统的名字空间是层次结构的，类似 Windows 的文件名。它可看作是一个树状结构，域名系统不区分树内节点和叶子节点，而统称为节点，不同节点可以使用相同的标记。所有节点的标记只能由 3 类字符组成：26 个英文字母（a~z）、10 个阿拉伯数字（0~9）和英文连词号（—），并且标记的长度不得超过 22 个字符。一个节点的域名是由从该节点到根的所有节点的标记连接组成的，中间以点分隔。最上层节点的域名称为顶级域名（TLD，Top-Level Domain），第二层节点的域名称为二级域名，依次类推。

### 2. 域名的分配和管理

域名由因特网域名与地址管理机构（ICANN，Internet Corporation for Assigned Names and Numbers）管理，这是为承担域名系统管理、IP 地址分配、协议参数配置以及主服务器系统管理等职能而设立的非营利机构。ICANN 为不同的国家或地区设置了相应的顶级域名，这些域名通常都由两个英文字母组成。例如：.uk 代表英国、.fr 代表法国、.jp 代表日本。中国的顶级域名是 .cn，.cn 下的域名由 CNNIC 进行管理。

### 3. 顶级类别域名

除了代表各个国家顶级域名之外，ICANN 最初还定义了 6 个顶级类别域名，它们分别是 .com、.edu、.gov、.mil、.net、.org。.com 用于企业、.edu 用于教育机构，.gov 用于政府机构，.mil 用于军事部门，.net 用于互联网络及信息中心等，.org 用于非营利性组织。

## 九、Internet 简介及接入方式

Internet，中文正式译名为因特网，又称为国际互联网。它是由那些使用公用语言互相通信的计算机连接而成的全球网络。一旦连接到它的任何一个节点上，就意味着您的计算机已经连入 Internet 网了。Internet 目前的用户已经遍及全球，有超过几亿人在使用 Internet，并且它的用户数还在以等比级数上升。

### 1. Internet 的雏形阶段

1969 年，美国国防部高级研究计划局（Advance Research Projects Agency，ARPA）开始建立一个命名为 ARPANET 的网络。当时建立这个网络的目的是出于军事需要，计划建立一个计算机网络，当网络中的一部分被破坏时，其余网络部分会很快建立起新的联系。人们普遍认为这就是 Internet 的雏形。

### 2. Internet 的发展阶段

美国国家科学基金会（National Science Foundation，NSF）在 1985 开始建立计算机网络 NSFNET。NSF 规划建立了 15 个超级计算机中心及国家教育科研网，用于支持科研和教育的全国性规模的 NSFNET，并以此作为基础，实现同其他网络的连接。NSFNET 成为 Internet 上主要用于科研和教育的主干部分，代替了 ARPANET 的骨干地位。1989 年 MILNET（由 ARPANET 分离出来）实现和 NSFNET 连接后，就开始采用 Internet 这个名称。自此以后，其他部门的计算机网络相继并入 Internet，ARPANET 就宣告解散了。

### 3. Internet 的商业化阶段

20 世纪 90 年代初，商业机构开始进入 Internet，使 Internet 开始了商业化的新进程，成为 Internet 大发展的强大推动力。1995 年，NSFNET 停止运作，Internet 已彻底商业化了。

### 4. Internet 的发展

今天的 Internet 已不再是计算机人员和军事部门进行科研的领域，而是变成了一个开发和使用信息资源的覆盖全球的信息海洋。在 Internet 上，按从事的业务分类包括广告公司，航空公司、农业生产公司、艺术、导航设备、书店、化工、通信、计算机、咨询、娱乐、财贸、各类商店、旅馆等 100 多类，覆盖了社会生活的方方面面，构成了一个信息社会的缩影。1995 年，Internet 开始大规模应用在商业领域。当年，美国 Internet 业务的总营业收入额为 10 亿美元，1996 年达到约 18 亿美元。提供联机服务的供应商也从原来像 America Online 和 Prodigy Service 这样的计算机公司发展到像 AT&T、MCI、Pacific Bell 等通信运营公司。

由于商业应用产生的巨大需求，从调制解调器到诸如 Web 服务器和浏览器的 Internet 应用市场都分外红火。在 Internet 蓬勃发展的同时，其本身随着用户需求的转移也发生着产品结构上的变化。1994 年，所有的 Internet 软件几乎全是 TCP/IP，那时人们需要的是能兼容 TCP/IP 的网络体系结构；如今 Internet 重心已转向具体的应用，像利用 WWW 来做广

告或进行联机贸易。Web 是 Internet 上增长最快的应用,其用户已从 1994 年的不到 400 万激增至 1995 年的 1 000 万。Web 站的数目 1995 年达到 3 万个。Internet 已成为目前规模最大的国际性计算机网络。

现在,Internet 已连接 60 000 多个网络,正式连接 86 个国家,电子信箱能通达 150 多个国家,有 480 多万台主机通过它连接在一起,用户有 2 500 多万,每天的信息流量达到万亿比特(terrabyte)以上,每月的电子信件突破 10 亿封。同时,Internet 的应用已渗透到了各个领域,从学术研究到股票交易、从学校教育到娱乐游戏、从联机信息检索到在线居家购物等,都有长足的进步。

### 5. Internet 接入方式

(1) 电话线拨号接入(PSTN)。家庭用户接入互联网普遍用的是窄带接入方式。即通过电话线,利用当地运营商提供的接入号码,拨号接入互联网,传输速率不超过 56Kbps。特点是使用方便,只需有效的电话线及自带调制解调器(MODEM)的 PC 就可完成接入。运用在一些低速率的网络应用(如网页浏览查询、聊天、EMAIL 等),主要适合于临时性接入或无其他宽带接入场所的使用。缺点是速率低,无法实现一些高速率要求的网络服务,其次是费用较高。

(2) ISDN 接入。俗称"一线通"。它采用数字传输和数字交换技术,将电话、传真、数据、图像等多种业务综合在一个统一的数字网络中进行传输和处理。用户利用一条 ISDN 用户线路,可以在上网的同时拨打电话、收发传真,就像两条电话线一样。ISDN 基本速率接口有两条 64kbps 的信息通路和一条 16kbps 的信息通路,简称 2B+D,当有电话拨入时,它会自动释放一个 B 信道来进行电话接听。主要适合于普通家庭用户使用。缺点是传输速率仍然较低,无法实现一些高速率要求的网络服务;其次是费用同样较高。

(3) ADSL 接入。在通过本地环路提供数字服务的技术中,最有效的类型之一是数字用户线(Digital Subscriber Line,DSL)技术,是目前运用最广泛的铜线接入方式。ADSL 可直接利用现有的电话线路,通过 ADSLMODEM 后进行数字信息传输。理论速率可达到 8Mbps 的下行和 1Mbps 的上行,传输距离可达 4~5km。ADSL2+速率可达 24Mbps 下行和 1Mbps 上行。另外,最新的 VDSL2 技术可以达到上下行各 100Mbps 的速率。特点是速率稳定、带宽独享、语音数据不干扰等。适用于家庭、个人等用户的大多数网络应用需求,满足一些宽带业务包括 IPTV、视频点播(VOD)、远程教学、可视电话、多媒体检索、LAN 互联、Internet 接入等。ADSL 技术具有以下一些主要特点:可以充分利用现有的电话线网络,通过在线路两端加装 ADSL 设备便可为用户提供宽带服务;它可以与普通电话线共存于一条电话线上,接听、拨打电话的同时能进行 ADSL 传输,而又互不影响;进行数据传输时不通过电话交换机,这样上网时就不需要缴付额外的电话费,可节省费用。

(4) HFC 接入。HFC 接入是一种基于有线电视网络铜线资源的接入方式。具有专线上网的连接特点,允许用户通过有线电视网实现高速接入互联网。适用于拥有有线电视网的家庭、个人或中小团体。特点是速率较高,接入方式方便(通过有线电缆传输数据,不需要布线),可实现各类视频服务、高速下载等。缺点在于基于有线电视网络的架构是属于网络资源分享型的,当用户激增时,速率就会下降且不稳定,扩展性不够。

(5) 光纤接入。通过光纤接入到小区节点或楼道,再由网线连接到各个共享点上(一般不超过100m），提供一定区域的高速互联接入。特点是速率高，抗干扰能力强，适用于家庭、个人或各类企事业团体，可以实现各类高速率的互联网应用（视频服务、高速数据传输、远程交互等），缺点是一次性布线成本较高。该接入方式是目前国内比较流行的一种接入方式。

（6）无源光网络（PON）。PON（无源光网络）技术是一种点对多点的光纤传输和接入技术，局域网端到用户端最大距离为20km，接入系统总的传输容量为上行和下行各155Mbps/622M/1Gbps，由各用户共享，每个用户使用的带宽可以以64kbps步长划分。特点是接入速率高，可以实现各类高速率的互联网应用（视频服务、高速数据传输、远程交互等），缺点是一次性投入较大。

（7）无线网络。一种有线接入的延伸技术，使用无线射频（RF）技术越空收发数据，减少使用电线连接，因此无线网络系统既可达到建设计算机网络系统的目的，又可让设备自由安排和搬动。在公共开放的场所或者企业内部，无线网络一般会作为已存在有线网络的一个补充方式，装有无线网卡的计算机通过无线手段方便接入互联网。

（8）电力网络接入（PLC）。电力线通信（Power Line Communication）技术，是指利用电力线传输数据和媒体信号的一种通信方式，也称电力线载波（Power Line Carrier）。把载有信息的高频加载于电流，然后用电线传输到接受信息的适配器，再把高频从电流中分离出来并传送到计算机或电话。PLC属于电力通信网，包括PLC和利用电缆管道和电杆铺设的光纤通信网等。电力通信网的内部应用，包括电网监控与调度、远程抄表等。面向家庭上网的PLC，俗称电力宽带，属于低压配电网通信。

## 十、ADSL 技术及调制解调器

### 1. ADSL 技术

ADSL（Asymmetric Digital Subscriber Line，非对称数字用户线）技术是一种不对称数字用户线接入宽带互联网的技术，所谓的非对称即下行与上行速率不相等。ADSL作为一种传输层的技术，充分利用现有的物理铜线资源，在一对双绞线上提供最大上行640kbps下行8Mbps的带宽，实现了真正意义上的宽带接入。

ADSL技术的主要特点是可以充分利用现有的铜缆网络（电话线网络），在线路两端加装ADSL设备即可为用户提供高宽带服务。ADSL的另外一个优点在于它可以与普通电话共存于一条电话线上，在一条普通电话线上接听、拨打电话的同时进行ADSL传输而又互不影响。用户通过ADSL接入宽带多媒体信息网与WWW，同时可以收看影视节目，举行一个视频会议，还可以以很高的速率下载数据文件，可以在同一条电话线上使用电话而又不影响其他活动。安装ADSL也极其方便快捷，在现有的电话线上安装ADSL，除了在用户端安装ADSL通信终端外，不用对现有线路做任何改动。

### 2. 调制解调器

调制解调器（Modem，Modulator 与 Demodulator 的简称），通常也将它称为"猫"。它是在发送端通过调制将数字信号转换为模拟信号，而在接收端通过解调再将模拟信号转换为数字信号的一种装置。

计算机内的信息是由"0"和"1"组成的数字信号,而在电话线上传递的却只能是模拟电信号。于是,当两台计算机要通过电话线进行数据传输时,就需要一个设备负责数模的转换。这个数模转换器就是 Modem。计算机在发送数据时,先由 Modem 把数字信号转换为相应的模拟信号,这个过程称为"调制"。经过调制的信号通过电话载波传送到另一台计算机之前,也要经由接收方的 Modem 负责把模拟信号还原为计算机能识别的数字信号,这个过程称为"解调",通过这样一个"调制"与"解调"的数模转换过程,从而实现了两台计算机之间的远程通信。

## 任务 2　在 Internet 上搜索产品信息

在学习、工作和生活中，我们时常需要获得一些信息。以往的经验是通过阅读图书获得，受地域限制，时间、精力也耗费巨大。如今，由于互联网的发展，人们可以足不出户，通过一台连接 Internet 网的电脑就可以完成信息的收集、筛选等，学习效率或工作效率都得以很大程度的提高，也节省了人力投入。

### 任务描述

××饲料有限公司现需要搜集目前国内主流饲养仔猪的饲料名称、所属公司、价格范围、饲料配料等信息。常用搜索引擎网址有百度、谷歌、搜狗等。本文使用百度完成任务。

### 任务分析

实现此任务前要对"搜索"所使用的工具即"搜索引擎"进行一定的了解。首先我们要知道何为"搜索引擎"？其次要了解"搜索引擎"以下几个方面的内容：搜索引擎的组成、搜索引擎的分类、搜索引擎的工作原理。对搜索引擎这样一个事物有了初步了解后，根据任务的要求，使用搜索引擎（百度为例）完成对产品信息的搜集。

### 必备知识

#### 1. 搜索引擎的定义

搜索引擎（Search Engine）是指根据一定的策略，运用特定的计算机程序从互联网上搜集信息，在对信息进行组织和处理后，为用户提供检索服务，将用户检索相关的信息展示给用户的系统。从用户角度上说就是可以通过搜索引擎获得自己需要的信息。

#### 2. 搜索引擎的组成

一个搜索引擎由搜索器、索引器、检索器和用户接口 4 个部分组成。

搜索器的功能是在互联网中漫游，发现和搜集信息。

索引器的功能是理解搜索器所搜索的信息，从中抽取出索引项，用于表示文档以及生成文档库的索引表。

检索器的功能是根据用户的查询在索引库中快速检出文档，进行文档与查询的相关度评价，对将要输出的结果进行排序，并实现某种用户相关性反馈机制。

用户接口的作用是输入用户查询、显示查询结果、提供用户相关性反馈机制。

#### 3. 搜索引擎的分类

（1）全文索引。搜索引擎分类部分提到过全文搜索引擎从网站提取信息建立网页数据库的概念。搜索引擎的自动信息搜集功能分两种：一种是定期搜索，即每隔一段时间进行搜索（比如 Google 一般是 28d）。

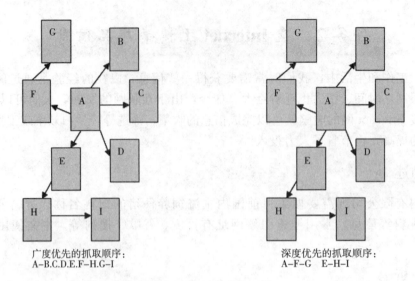

广度优先的抓取顺序：
A-B.C.D.E.F-H.G-I

深度优先的抓取顺序：
A-F-G  E-H-I

图 5-2-1　蜘蛛搜索引擎

搜索引擎主动派出"蜘蛛"程序，如图 5-2-1 所示，对一定 IP 地址范围内的互联网网站进行检索，一旦发现新的网站，它会自动提取网站的信息和网址加入自己的数据库。另一种是提交网站搜索，即网站拥有者主动向搜索引擎提交网址，它在一定时间内（2 天到数月不等）定向向网站派出"蜘蛛"程序，扫描网站并将有关信息存入数据库，以备用户查询。搜索引擎索引规则发生很大变化后，主动提交网址也不能保证你的网站能进入搜索引擎数据库，最好的办法是多获得一些外部链接，让搜索引擎有更多机会找到你并自动将你的网站收录。

当用户以关键词查找信息时，搜索引擎会在数据库中进行搜寻，如果找到与用户要求内容相符的网站，便采用特殊的算法——通常根据网页中关键词的匹配程度、出现的位置、频次、链接质量——计算出各网页的相关度及排名等级，然后根据关联度高低，按顺序将这些网页链接返回给用户。这种引擎的特点是搜全率比较高。

全文搜索引擎是名副其实的搜索引擎，国外具代表性的有 Google、Fast/AllTheWeb、AltaVista、Inktomi、Teoma、WiseNut 等，国内著名的有百度（Baidu）。

（2）目录索引。目录索引虽然有搜索功能，但在严格意义上算不上是真正的搜索引擎，仅仅是按目录分类的网站链接列表而已。用户完全可以不用进行关键词（Keywords）查询，仅靠分类目录也可找到需要的信息。目录索引中最具代表性的莫过于大名鼎鼎的雅虎（Yahoo）。其他著名的目录搜索引擎还有 Open Directory Project（DMOZ）、LookSmart、About 等。国内的搜狐、新浪、网易搜索也都属于这一类。

目录索引也称为分类检索，是因特网上最早提供 WWW 资源查询的服务，主要通过搜集和整理因特网的资源，根据搜索到网页的内容，将其网址分配到相关分类主题目录的不同层次的类目之下，形成像图书馆目录一样的分类树形结构索引。目录索引无须输入任何文字，只要根据网站提供的主题分类目录，层层点击进入，便可查到所需的网络信息资源。

目录搜索引擎虽然有搜索功能，但严格意义上不能称为真正的搜索引擎，只是按目录分类的网站链接列表而已。用户完全可以按照分类目录找到所需要的信息，不依靠关键词（Keywords）进行查询。

与全文搜索引擎相比，目录搜索引擎有许多不同之处：

首先，全文搜索引擎属于自动网站检索，而目录索引则完全依赖手工操作。用户提交网站后，目录编辑人员会亲自浏览用户的网站，然后根据一套自定的评判标准甚至编辑人员的主观印象，决定是否接纳用户的网站。其次，搜索引擎收录网站时，只要网站本身没有违反有关的规则，一般都能登录成功；而目录索引对网站的要求则高得多，有时即使登录多次也不一定成功。尤其像 Yahoo 这样的超级索引，登录更是困难。

此外，在登录搜索引擎时，一般不用考虑网站的分类问题，而登录目录索引时则必须将网站放在一个最合适的目录中。

最后，搜索引擎中各网站的有关信息都是从用户网页中自动提取的，所以从用户的角度看，我们拥有更多的自主权；而目录索引则要求必须手工另外填写网站信息，而且还有各种各样的限制。更有甚者，如果工作人员认为你提交网站的目录、网站信息不合适，他可以随时对其进行调整，当然事先是不会和你商量的。

搜索引擎与目录索引有相互融合渗透的趋势。一些纯粹的全文搜索引擎也提供目录搜索，如 Google 就借用 Open Directory 目录提供分类查询。而像 Yahoo 这些老牌目录索引则通过与 Google 等搜索引擎合作扩大搜索范围。在默认搜索模式下，一些目录类搜索引擎首先返回的是自己目录中匹配的网站，如中国的搜狐、新浪、网易等；而另外一些搜索引擎则默认的是网页搜索，如 Yahoo，这种引擎的特点是查找的准确率比较高。

（3）元搜索。元搜索引擎（META Search Engine）接受用户查询请求后，同时在多个搜索引擎上搜索，并将结果返回给用户。著名的元搜索引擎有 InfoSpace、Dogpile、Vivisimo 等，中文元搜索引擎中具代表性的是搜星搜索引擎。在搜索结果排列方面，有的直接按来源排列搜索结果，如 Dogpile；有的则按自定义的规则将结果重新排列组合，如 Vivisimo。

### 4. 搜索引擎的工作原理

第一步：爬行

搜索引擎是通过一种特定规律的软件跟踪网页的链接，从一个链接爬到另外一个链接，像蜘蛛在蜘蛛网上爬行一样，所以被称为"蜘蛛"也被称为"机器人"。搜索引擎蜘蛛的爬行是被输入了一定的规则的，它需要遵从一些命令或文件的内容。

第二步：抓取存储

搜索引擎是通过蜘蛛跟踪链接爬行到网页，并将爬行的数据存入原始页面数据库。其中的页面数据与用户浏览器得到的 HTML 是完全一样的。搜索引擎蜘蛛在抓取页面时，也做一定的重复内容检测，一旦遇到权重很低的网站上有大量抄袭、采集或者复制的内容，很可能就不再爬行。

第三步：预处理

搜索引擎将蜘蛛抓取回来的页面，进行各种步骤的预处理。

提取文字→中文分词→去停止词→消除噪声（搜索引擎需要识别并消除这些噪声，比如版权声明文字、导航条、广告等）→正向索引→倒排索引→链接关系计算→特殊文件处理。

除了 HTML 文件外，搜索引擎通常还能抓取和索引以文字为基础的多种文件类型，如 PDF、Word、WPS、XLS、PPT、TXT 文件等。我们在搜索结果中也经常会看到这些文件类型。但搜索引擎还不能处理图片、视频、Flash 这类非文字内容，也不能执行脚本和程序。

第四步：排名

用户在搜索框输入关键词后，排名程序调用索引库数据，计算排名显示给用户，排名过程中与用户是直接互动的。但是，由于搜索引擎的数据量庞大，虽然能达到每日都有小的更新，但是一般情况下搜索引擎的排名规则都是根据日、周、月进行阶段性不同幅度的更新。

排名规则关键词为：选择与网站内容相关、搜索次数多、竞争小、主关键词，不可太宽泛、主关键词，不太特殊、商业价值、提取文字、中文分词、去停止词、消除噪声、去重、正向索引、倒排索引、链接关系计算、特殊文件处理。

### 任务实现

百度搜索引擎是很强大的，互联网上非常多的网站、网址，只要被百度收录，使用百度搜索都可以搜索到。下面就介绍一下，如何有效地应用百度搜索引擎搜索国内主流饲养仔猪的饲料信息。

#### 1. 打开百度搜索引擎并输入

单击任意的浏览器，如 IE 浏览器、360 浏览器等。在地址栏输入网址：www.baidu.com。输入"仔猪饲料"，单击"百度一下"，如图 5-2-2 所示。

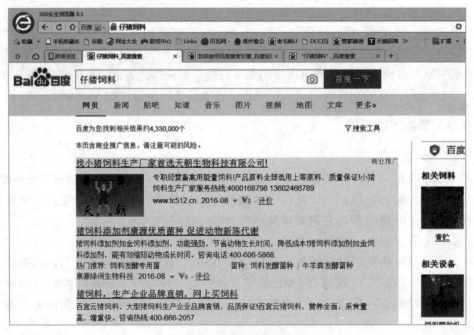

图 5-2-2　搜索"仔猪饲料"

#### 2. 精确搜索

第一步骤搜索到的网站，不仅仅是"仔猪饲料"这一个网站，相关的网站都搜索到了。如果仅仅想搜索到包含这一个字符的网站怎么办呢？只需要在这个词组上加上引号重新搜索即可。这一次搜索到的网站全部是仔猪饲料相关的网站，与上一个相比就过滤掉了其他不是特别相关的网站，如图 5-2-3 所示。

项目 5　计算机网络与安全

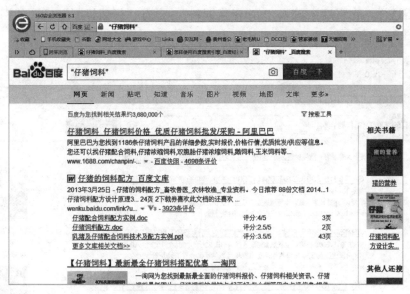

图 5-2-3　精确搜索"仔猪饲料"

### 3. ＋搜索

如果想准确搜索相关的内容怎么办呢？比如，我们想搜索：新希望公司的仔猪饲料，而不想搜索到其他公司的仔猪饲料。只需这样输入：新希望＋仔猪饲料，在中间加一个"＋"号即可，如图 5-2-4 所示。

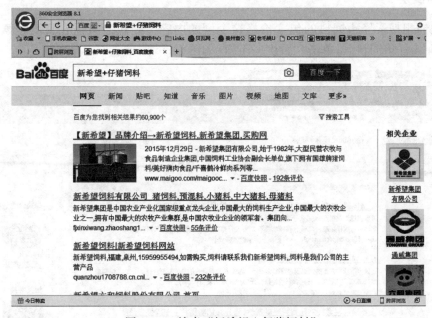

图 5-2-4　搜索"新希望＋仔猪饲料"

### 4. 搜索网站标题

如果只想搜索网站的标题，例如：仔猪饲料。

我们只需这样，在百度中输入"t：仔猪饲料"。含有"仔猪饲料"标题的网站全部搜索出来了，如图 5-2-5 所示。

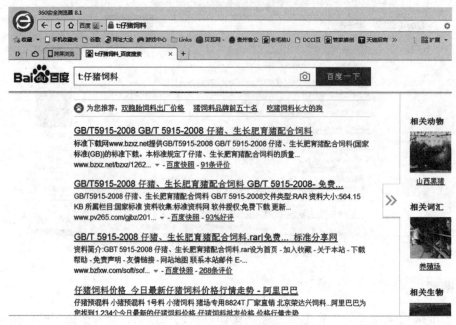

图 5-2-5　搜索"t：仔猪饲料"

### 5. 包含搜索

如果我们想搜索仔猪饲料的包含价格这个词的内容，则我们只需在百度搜索框内输入"价格 intitle：仔猪饲料"，单击"百度一下"，如图 5-2-6 所示。

图 5-2-6　输入"价格 intitle：仔猪饲料"

## 6. 按类别进行搜索

百度搜索引擎可以细分为网页、新闻、贴吧、知道、音乐、图片、视频、地图、文库等。

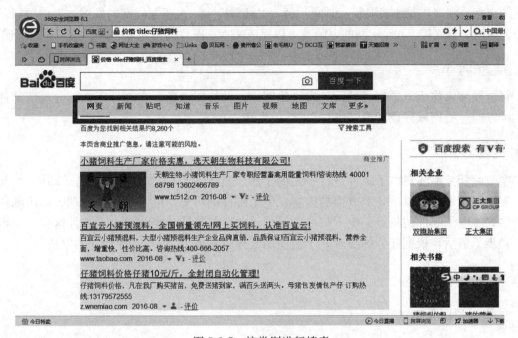

图 5-2-7　按类别进行搜索

## 任务3 给客户发送合同文本

在学习、工作和生活中，时常需要将一些文件、资料、文本传递给对方。以往的经验是通过现场交互、邮寄，受地域限制，时间、精力也耗费巨大。由于互联网的发展，人们可以足不出户，通过一台连接 Internet 网的电脑就可以完成文本、图片甚至还有音频、视频等的传递。

### 任务描述

将合同文本作为电子邮件的附件发送给客户，并标明主题，在邮件正文部分写清邮件概况。可以通过处理软件或者 Web 进行邮件的发送。

### 任务分析

实现此任务前要对电子邮件进行一定的了解。首先我们要知道何为"电子邮件"？其次要了解"电子邮件"以下几个方面的内容：电子邮件的历史、电子邮件的原理、电子邮件的地址格式、电子邮件的特点、电子邮件的系统、电子邮箱的分类。对电子邮件这样一个事物有了初步了解后，根据任务的要求，学会使用处理软件或者 Web 进行邮件的发送。

### 必备知识

**1. 电子邮件的定义**

电子邮件是一种用电子手段提供信息交换的通信方式，是互联网应用最广泛的服务。通过网络的电子邮件系统，用户可以以非常低廉的价格（不管发送到哪里，都只需负担网费）、非常快速的方式（几秒钟之内可以发送到世界上任何指定的目的地），与世界上任何一个角落的网络用户联系。

电子邮件可以是文字、图像、声音等多种形式。同时，用户可以得到大量免费的新闻、专题邮件，并实现轻松的信息搜索。电子邮件的存在极大地方便了人与人之间的沟通与交流，促进了社会的发展。

**2. 电子邮件的历史**

（1）起源。对于世界上第一封电子邮件（E-mail），根据资料，有两种说法：

第一种说法：

1969 年 10 月世界上的第一封电子邮件是由计算机科学家 Leonard K. 教授发给他的同事的一条简短消息。

据《互联网周刊》报道，世界上的第一封电子邮件是由计算机科学家 Leonard K. 教授发给他的同事的一条简短消息（时间应该是 1969 年 10 月），这条消息只有两个字母："LO"。Leonard K. 教授因此被称为电子邮件之父。

Leonard K. 教授解释，"当年我试图通过一台位于加利福尼亚大学的计算机和另一台位于旧金山附近斯坦福研究中心的计算机联系。我们所做的事情就是从一台计算机登录到另一台计算机。当时登录的办法就是键入 L-O-G。于是我方键入 L，然后问对方：'收到 L 了吗?'对方回答:'收到了。',然后依次键入 O 和 G。还未收到对方收到 G 的确认回答,系统就瘫痪了。所以第一条网上信息就是'LO',意思是'你好!'"。

第二种说法:

1971 年,美国国防部资助的阿帕网正在如火如荼的进行当中,一个非常尖锐的问题出现了:参加此项目的科学家们在不同的地方做着不同的工作,但是却不能很好地分享各自的研究成果。原因很简单,因为大家使用的是不同的计算机,每个人的工作对别人来说都是没有用的。他们迫切需要一种能够借助于网络在不同的计算机之间传送数据的方法。为阿帕网工作的麻省理工学院博士 Ray Tomlinson 把一个可以在不同的电脑网络之间进行拷贝的软件和一个仅用于单机的通信软件进行了功能合并,命名为 SNDMSG(即 Send Message)。为了测试,他使用这个软件在阿帕网上发送了第一封电子邮件,收件人是另外一台电脑上的自己。尽管这封邮件的内容连 Tomlinson 本人也记不起来了,但那一刻仍然具备了十足的历史意义:电子邮件诞生了。Tomlinson 选择"@"符号作为用户名与地址的间隔,因为这个符号比较生僻,不会出现在任何一个人的名字当中,而且这个符号的读音也有"在"的含义。阿帕网的科学家们以极大的热情欢迎了这个石破天惊般的创新。他们天才的想法及研究成果,现在可以用最快的,快得难以觉察的速度来与同事共享了。许多人回想起来,都觉得阿帕网所获得的巨大成功当中,电子邮件功不可没(这个说法也是较为广传的)。

(2)发展历程。虽然电子邮件是在 20 世纪 70 年代发明的,它却是在 80 年代才得以兴起。70 年代的沉寂主要是由于当时使用 Arpanet 网络的人太少,网络的速度也仅为 56Kbps 标准速度的 1/20。受网络速度的限制,那时的用户只能发送些简短的信息,根本无法想象那样发送大量照片;到 20 世纪 80 年代中期,个人电脑兴起,电子邮件开始在电脑迷以及大学生中广泛传播开来;到 90 年代中期,互联网浏览器诞生,全球网民人数激增,电子邮件被广为使用。

(3)Eudora 简史。使电子邮件成为主流的第一个程序是 Eudora,它是由史蒂夫·道纳尔在 1988 年编写的。由于 Euroda 是第一个有图形界面的电子邮件管理程序,它很快就成为各公司和大学校园内主要使用的电子邮件程序。

然而,Eudora 的地位并没维持太长时间。随着互联网的兴起,Netscape 和微软相继推出了它们的浏览器和相关程序。微软和它开发的 Outlook 使 Eudora 逐渐走向衰落。

在过去 5 年中,关于电子邮件发生的最大变化是基于互联网的电子邮件的兴起。人们可以通过任何联网的计算机在邮件网站上维护他们的邮件账号,而不是只能在他们家中或公司的联网电脑上使用邮件,这种邮件是由 Hotmail 推广的。如今 Hotmail 已经成为一大热门网站。但微软在 1998 年收购此网站的时候却仅用了 4 亿美元,这个价格后来令 Hotmail 的创建者沙比尔·布哈蒂尔后悔不迭。

Hotmail 的成功使一大批竞争者得到了启发,很快电子邮件成为门户网站的必有服务,如雅虎、Netscape、Excite 和 Lycos 等,都有自己的电子邮件服务。

### 3. 电子邮件的原理

电子邮件在 Internet 上发送和接收的原理可以很形象地用我们日常生活中邮寄包裹来形容:当我们要寄一个包裹时,我们首先要找到任何一个有这项业务的邮局,在填写完收件人姓名、地址等之后包裹就寄出而到了收件人所在地的邮局,那么对方取包裹的时候就必须去这个邮局才能取出。同样的,当我们发送电子邮件时,这封邮件是由邮件发送服务器(任何一个都可以)发出,并根据收信人的地址判断对方的邮件接收服务器而将这封信发送到该服务器上,收信人要收取邮件也只能访问这个服务器才能完成。

(1) 电子邮件的发送。SMTP 是维护传输秩序、规定邮件服务器之间进行哪些工作的协议,它的目标是可靠、高效地传送电子邮件。SMTP 独立于传送子系统,并且能够接力传送邮件。

SMTP 基于以下的通信模型:根据用户的邮件请求,发送方 SMTP 建立与接收方 SMTP 之间的双向通道。接收方 SMTP 可以是最终接收者,也可以是中间传送者。发送方 SMTP 产生并发送 SMTP 命令,接收方 SMTP 向发送方 SMTP 返回响应信息,如图 5-3-1 所示。

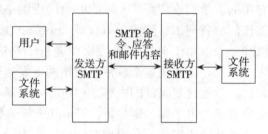

图 5-3-1  SMTP 通信模型

连接建立后,发送方 SMTP 发送 MAIL 命令指明发信人,如果接收方 SMTP 认可,则返回 OK 应答。发送方 SMTP 再发送 RCPT 命令指明收信人,如果接收方 SMTP 也认可,则再次返回 OK 应答;否则将给予拒绝应答(但不终止整个邮件的发送操作)。当有多个收信人时,双方将如此重复多次。这一过程结束后,发送方 SMTP 开始发送邮件内容,并以一个特别序列作为终止。如果接收方 SMTP 成功处理了邮件,则返回 OK 应答。

对于需要接力转发的情况,如果一个 SMTP 服务器接受了转发任务,但后来却发现由于转发路径不正确或者其他原因无法发送该邮件,那么它必须发送一个"邮件无法递送"的消息给最初发送该邮件的 SMTP 服务器。为防止因该消息可能发送失败而导致报错消息在两台 SMTP 服务器之间循环发送的情况,可以将该消息的回退路径置空。

(2) 电子邮件的接收。

①电子邮件协议第 3 版本(POP3)。要在因特网的一个比较小的节点上维护一个消息传输系统(MTS,Message Transport System)是不现实的。例如,一台工作站可能没有足够的资源允许 SMTP 服务器及相关的本地邮件传送系统驻留且持续运行。同样的,要求一台个人计算机长时间连接在 IP 网络上的开销也是巨大的,有时甚至是做不到的。尽管如此,允许在这样小的节点上管理邮件常常是很有用的,并且它们通常能够支持一个可以用来管理邮件的用户代理。为满足这一需要,可以让那些能够支持 MTS 的节点为这些小节点提供邮件存储功能。POP3 就是用于提供这样一种实用的方式来动态访问存储在邮件服务器上的电子邮件的。一般来说,就是指允许用户主机连接到服务器上,以取回那些服务器为它暂存的邮件。POP3 不提供对邮件更强大的管理功能,通常在邮件被下载后就被删除。更多的管理功能则由 IMAP4 来实现。

邮件服务器通过侦听 TCP 的 110 端口开始 POP3 服务。当用户主机需要使用 POP3 服务时,就与服务器主机建立 TCP 连接。当连接建立后,服务器发送一个表示已准备好的确认消息,然后双方交替发送命令和响应,以取得邮件,这一过程一直持续到连接终止。一条 POP3 指令由一个与大小写无关的命令和一些参数组成。命令和参数都使用可打印的 ASCII 字符,中间用空格隔开。命令一般为 3~4 个字母,而参数却可以长达 40 个字符。

②因特网报文访问协议第 4 版本(IMAP4)。IMAP4 提供了在远程邮件服务器上管理邮件

的手段,它能为用户有选择地提供从邮件服务器接收邮件、基于服务器的信息处理和共享信箱等功能。IMAP4 使用户可以在邮件服务器上建立任意层次结构的保存邮件的文件夹,并且可以灵活地在文件夹之间移动邮件,随心所欲地组织自己的信箱,而 POP3 只能在本地依靠用户代理的支持来实现这些功能。如果用户代理支持,那么 IMAP4 甚至还可以实现选择性下载附件的功能,假设一封电子邮件中含有 5 个附件,用户可以选择下载其中的 2 个,而不是所有。

与 POP3 类似,IMAP4 仅提供面向用户的邮件收发服务。邮件在因特网上的收发还是依靠 SMTP 服务器来完成。

#### 4. 电子邮件的地址格式

电子邮件地址的格式由 3 部分组成。第一部分 "USER" 代表用户信箱的账号,对于同一个邮件接收服务器来说,这个账号必须是唯一的;第二部分 "@" 是分隔符;第三部分是用户信箱的邮件接收服务器域名,用以标志其所在的位置。

#### 5. 电子邮件的特点

电子邮件是整个网络间以及所有其他网络系统中直接面向人与人之间信息交流的系统,它的数据发送方和接收方都是人,所以极大地满足了大量存在的人与人之间的通信需求。

电子邮件指用电子手段传送信件、单据、资料等信息的通信方法。电子邮件综合了电话通信和邮政信件的特点,它传送信息的速度和电话一样快,又能像信件一样使收信者在接收端收到文字记录。电子邮件系统又称基于计算机的邮件报文系统。它参与了从邮件进入系统到邮件到达目的地为止的全部处理过程。电子邮件不仅可利用电话网络,而且可利用其他任何通信网传送。在利用电话网络时,还可在其非高峰期间传送信息,这对于商业邮件具有特殊的价值。由中央计算机和小型计算机控制的面向有限用户的电子系统可以看作一种计算机会议系统。电子邮件采用储存-转发方式在网络上逐步传递信息,不像电话那样直接、及时,但费用低廉。简单来说,即传播速度快、非常便捷、成本低廉、具有广泛的交流对象、信息多样化、比较安全。

#### 6. 电子邮件的系统

电子邮件服务由专门的服务器提供,Gmail、Hotmail、网易邮箱、新浪邮箱等邮箱服务也是建立在电子邮件服务器基础上的,但是大型邮件服务商的系统一般是自主开发或是利用其他技术二次开发实现的。主要的电子邮件服务器主要有以下两大系统:

(1) 基于 Unix/Linux 平台的邮件系统。

①Sendmail 邮件系统(支持 SMTP)和 Dovecot 邮件系统(支持 POP3)。Sendmail 可以说是邮件的鼻祖,迄今为止有 50 多年的历史。本当邮件是其中的一个典型代表。

②基于 Postfix/Qmail 的邮件系统。Postfix/Qmail 技术是在 Sendmail 技术上发展起来的,迄今为止历史不超过 10 年。如网易邮箱的 MTA 是基于 Postfix、Yahoo 的邮箱是基于 Qmail 系统发展起来的。

(2) 基于 Windows 平台的邮件系统。

①微软的 Exchange 邮件系统。

②IBM Lotus Domino 邮件系统。

③Scalix 邮件系统。

④Zimbra 邮件系统。

⑤MDeamon 邮件系统。

其中，Exchange 邮件系统由于和 Windows 整合，所以便于管理，它是在企业中使用数量最多的邮件系统。IBM Lotus Domino 则综合功能较强，大型企业使用较多，基于 Postfix 的邮件系统则需要有较强的技术力量才能实现，但是性能可以达到非常高，而且安全性很好，同时软件是开源免费的。

### 7. 电子邮箱的分类

（1）常见的电子邮箱。主要有微软睿邮（微软）、Exchange 邮箱（阳光互联）、Outlook mail（微软）、MSN mail（微软）、Gmail（谷歌）、35mail（35 互联）、Yahoo mail（雅虎）、QQ mail（腾讯）、FOXMAIL（腾讯）、163 邮箱（网易）、126 邮箱（网易）、188 邮箱（网易）、21CN 邮箱（世纪龙）、139 邮箱（移动）、189 邮箱（电信）、梦网随心邮、新华邮箱、人民邮箱、中国网邮箱、新浪邮箱等。

（2）常见的处理软件。主要有 The Bat!、Windows Live Mail Desktop、KooMail、梦幻快车 DreamMail、Becky!、Foxmail、微邮、IncrediMail、Mozilla Thunderbird、Outlook Express、MailWasher、电子邮件聚合器。选择电子邮件一般从信息安全、反垃圾邮件、防杀病毒、邮箱容量、稳定性、收发速度、能否长期使用等方面考虑；邮箱的功能主要从进行搜索和排序是否方便和精细，邮件内容是否可以方便管理，使用是否方便，是否具有多种收发方式等方面综合考虑。每个人可以根据自己的需求，选择最适合自己的邮箱。

## 任务实现

### 1. 使用 QQ 邮箱发送邮件

直接百度 QQ 邮箱，然后直接登录 QQ 邮箱或者登录 QQ，如图 5-3-2、图 5-3-3 所示。

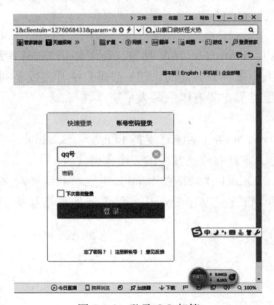

图 5-3-2　登录 QQ 邮箱

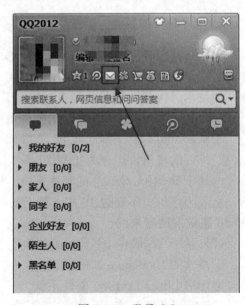

图 5-3-3　登录 QQ

进入 QQ 邮箱的首页，单击左上角的"写信"，如图 5-3-4 所示。

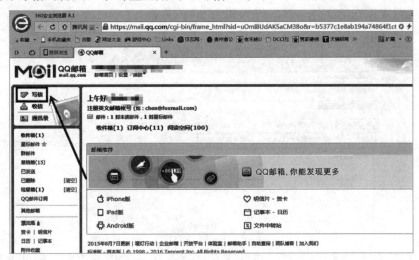

图 5-3-4  点击"写信"

在"收件人"文本框中键入要发送给该人的邮箱地址，例：hello@qq.com，接着再输入主题及正文内容，如图 5-3-5 所示。

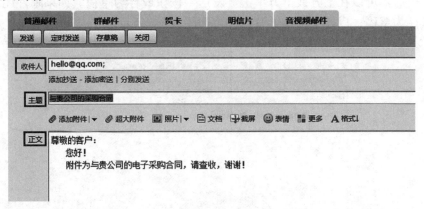

图 5-3-5  填写收件人、主题、正文

在正文的上方还可添加附件、照片、截屏等，如图 5-3-6 所示。

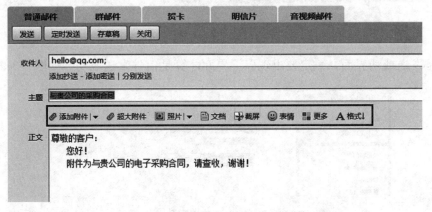

图 5-3-6  添加附件、照片、截屏等

下面讲解如何添加附件，如"与××公司的采购合同"。点击"添加附件"，在弹出的对话框中选中所需要发送的文件，然后进入图 5-3-7 的界面。

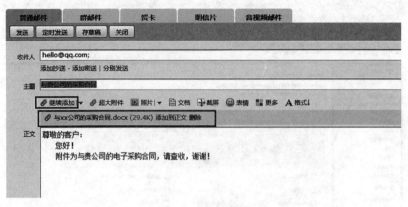

图 5-3-7　添加附件

"添加附件"变为"继续添加"。已经上传成功的附件有以下内容：附件名称、附件大小、添加到正文、删除。如果没有出现以上 4 个内容的附件视为未上传成功。

单击"添加到正文"可以把附件的内容增加到正文部分。

准备完毕后，可以在上方或下方单击"发送"按钮或存为草稿。如果邮件还需要再进行修改，可以存为草稿，以便于下次继续操作，如图 5-3-8 所示。

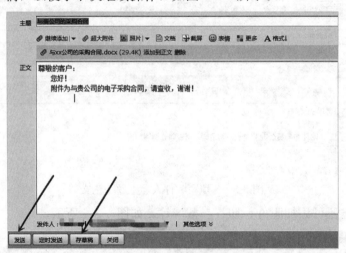

图 5-3-8　发送邮件或存为草稿

最后是发送成功界面，一定要出现以下界面才算是信件发送成功，如图 5-3-9 所示。

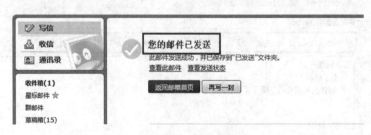

图 5-3-9　发送成功

## 2. 使用 Outlook 发邮件

Outlook 是微软公司出品的一款电子邮件客户端,也是一个基于 NNTP 协议的 Usenet 客户端,可用于多个邮箱的收发邮件和整理。

(1) 设置 Outlook。单击"开始"→"程序"→"Microsoft Outlook 2010",并打开它,如图 5-3-10、图 5-3-11 所示。

图 5-3-10　打开 Outlook

图 5-3-11　Outlook 启动

第一次启动 Outlook 的时候会弹出一个设置向导,可以使用该向导来设置 Outlook。单击"下一步"按钮,如图 5-3-12 所示。

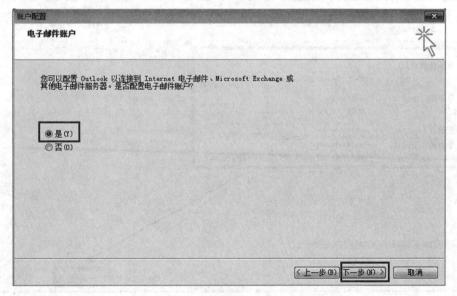

图 5-3-12　是否配置电子邮件账户

选择电子邮件服务,一般选择第一个选项,因为主流的邮箱都是这个模式。选择第一个模式,单击"下一步"按钮,如图 5-3-13 所示。

输入您的名字、邮箱地址、邮箱的密码,重复输入密码。这个邮箱可以是 126、163、

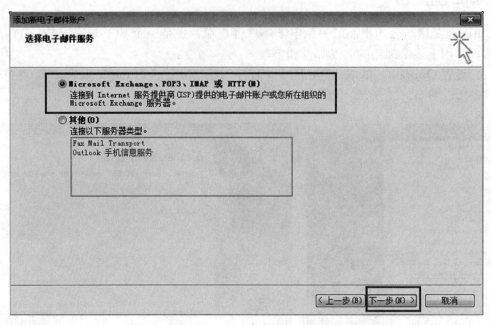

图 5-3-13　选择电子邮件服务

QQ 等各种主流邮箱。在这里，以 QQ 邮箱为例，输入结束后单击"下一步"按钮，如图 5-3-14 所示。

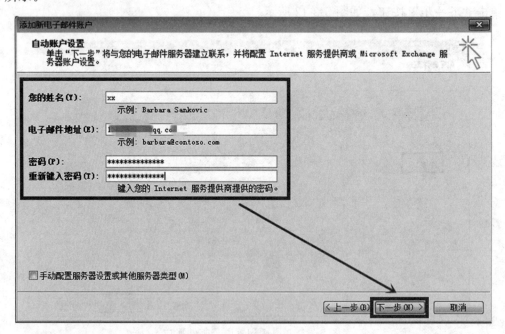

图 5-3-14　自动账户设置

然后，进入添加新电子邮件账户界面，如图 5-3-15 所示。

搜索完成后，单击"下一步"按钮成即可完成设置。

如果没有连接到服务器，可以手动进行配置，如图 5-3-16 所示。

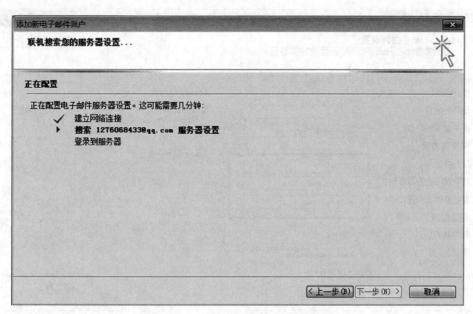

图 5-3-15　联机搜索您的服务器设置

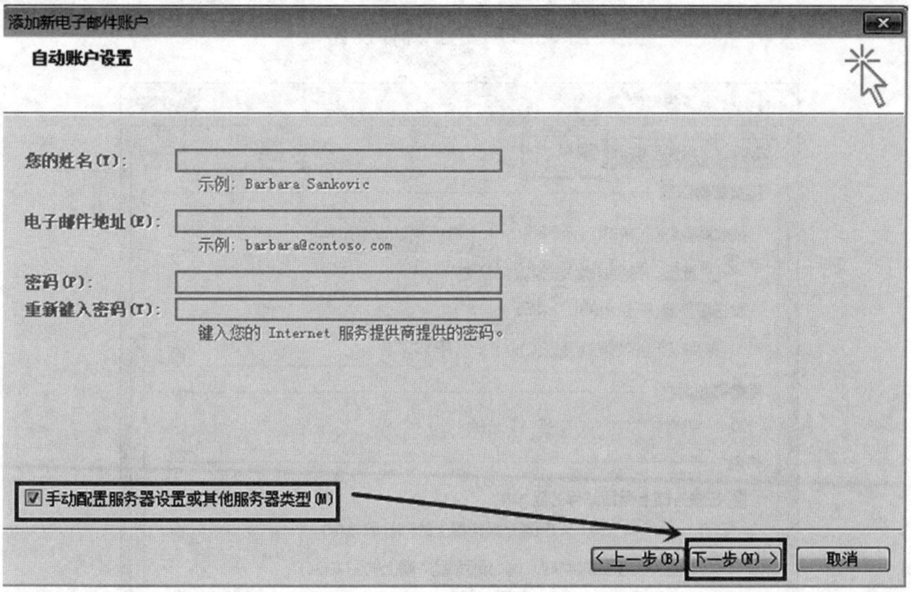

图 5-3-16　手动配置服务器设置或其他服务器类型

进入电子邮件设置界面,如图将信息填入框内,然后单击"其他设置"按钮,进入电子邮件设置界面,设置结束后单击"确定"按钮,如图 5-3-17、图 5-3-18 所示。

①将接收服务器端口号设置为 995。

②勾选此服务器需要加密连接。

③将发送服务器端口号设置为 465 或 587。

④选择加密连接类型为 SSL。

⑤将下方的"××天后删除服务器上的邮件副本"取消勾选(非常重要!否则 Outlook

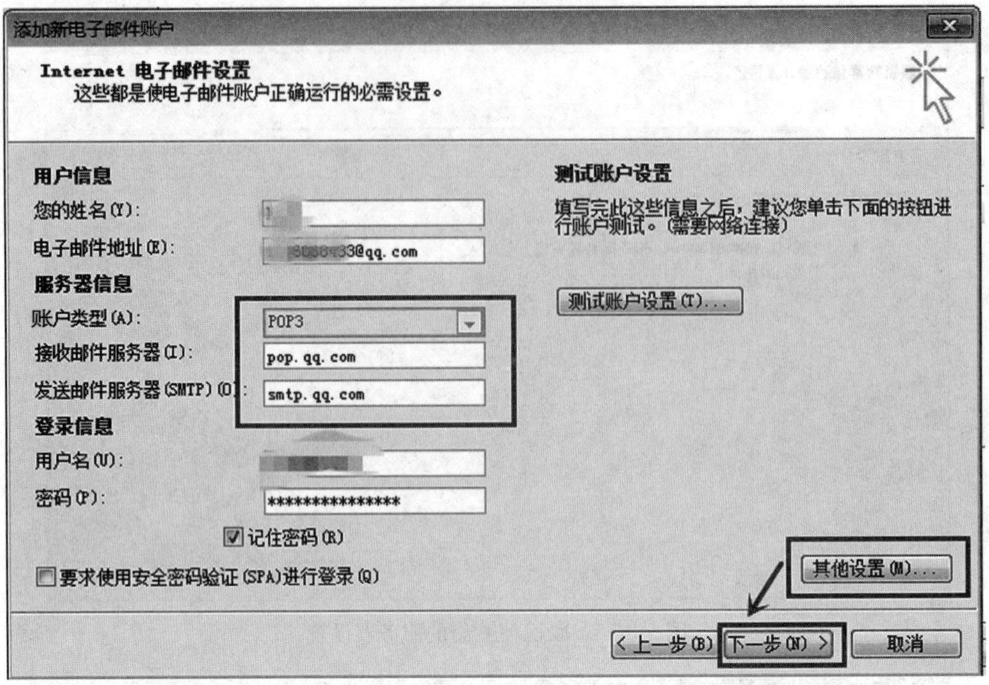

图 5-3-17 电子邮件设置

图 5-3-18 电子邮件设置—其他设置—高级

会自动删除服务器上的邮件)。

当然除了在 Outlook 软件中进行设置外,QQ 邮箱网页端同样要进行设置,否则会提示接收/发送失败!

（2）QQ邮箱网页端设置。首先进入QQ邮箱网页端首页，单击"设置"，如图5-3-19所示。

图 5-3-19　QQ邮箱网页端首页设置

单击"账户"选项，如图5-3-20所示。

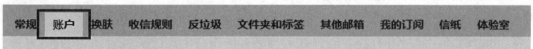

图 5-3-20　QQ邮箱网页端设置—账户

将以下几种设置进行开启，如图5-3-21所示。

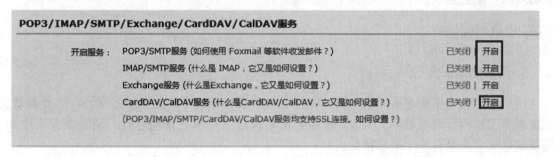

图 5-3-21　QQ邮箱开启服务

接下来就可以用Outlook进行邮件处理了。处理软件对邮件的发送部分和Web形式类似。

## 任务4　保护公司及个人的网银资料

随着互联网及电子商务的迅猛发展，网上银行以其方便快捷、跨时空、低成本、全能化经营等特点，深受客户的欢迎。方便与安全在某种程度上是成反比的关系。人们在享受网上银行便利的同时，使用期间也会受到来自各方面的威胁，甚至破坏。本文主要介绍网络安全、网上银行风险及实际操作中的注意事项。

### 任务描述

本任务分个人网银及企业网银的使用。个人网银及企业网银都以建设银行网银使用为例，学会安全使用网银，设置网银使用环境。

### 任务分析

实现此任务前要对网银风险进行一定的了解。首先我们要知道何为"网络信息安全"？其次要了解木马、防火墙技术及计算机病毒。对网上银行基本架构有了初步了解后，根据任务的要求，学会企业及个人的网银安全使用。

### 必备知识

#### 1. 网络信息安全

网络信息安全主要是指网络系统的硬件、软件及其系统中的数据受到保护，不受偶然的或者恶意的原因而遭到破坏、更改、泄露，使系统连续可靠正常地运行，网络服务不中断。网络信息安全主要有5个基本特征：

（1）完整性。它指信息在传输、交换、存储和处理过程中保持非修改、非破坏和非丢失的特性，即保持信息原样性，使信息能正确生成、存储、传输，这是最基本的安全特征。

（2）保密性。它指信息按给定要求不泄露给非授权的个人、实体或过程，或提供其利用的特性，即杜绝有用信息泄露给非授权个人或实体，强调有用信息只被授权对象使用的特征。

（3）可用性。它指网络信息可被授权实体正确访问，并按要求能正常使用或在非正常情况下能恢复使用的特征，即在系统运行时能正确存取所需信息，当系统遭受攻击或破坏时，能迅速恢复并能投入使用。可用性是衡量网络信息系统面向用户的一种安全性能。

（4）不可否认性。它指通信双方在信息交互过程中，确信参与者本身及参与者所提供的信息的真实同一性，即所有参与者都不可能否认或抵赖本人的真实身份，以及提供信息的原样性和完成的操作与承诺。

（5）可控性。它指对流通在网络系统中的信息传播及具体内容能够实现有效控制的特性，即网络系统中的任何信息要在一定传输范围和存放空间内可控。除了采用常规的传播站点和传播内容监控这种形式外，最典型的如密码的托管政策，当加密算法交由第三方管理时，必须严格按规定可控执行。

## 2. 防火墙技术

防火墙指的是一个由软件和硬件设备组合而成，在内部网和外部网之间、专用网与公共网之间的界面上构造的保护屏障。防火墙是一种保护计算机网络安全的技术性措施，它通过在网络边界上建立相应的网络通信监控系统来隔离内部和外部网络，以阻挡来自外部的网络入侵。

防火墙主要有以下几方面功能：

（1）防火墙是网络安全的屏障：一个防火墙（作为阻塞点、控制点）能极大地提高一个内部网络的安全性，并通过过滤不安全的服务而降低风险。由于只有经过精心选择的应用协议才能通过防火墙，所以网络环境变得更安全。

（2）防火墙可以强化网络安全策略：通过以防火墙为中心的安全方案配置，能将所有安全软件（如口令、加密、身份认证、审计等）配置在防火墙上。与将网络安全问题分散到各个主机上相比，防火墙的集中安全管理更经济。

（3）对网络存取和访问进行监控审计：如果所有的访问都经过防火墙，那么，防火墙就能记录下这些访问并做出日志记录，同时也能提供网络使用情况的统计数据。当发生可疑动作时，防火墙能进行适当的报警，并提供网络是否受到监测和攻击的详细信息。

（4）防止内部信息的外泄：通过利用防火墙对内部网络的划分，可实现内部网重点网段的隔离，从而限制了局部重点或敏感网络安全问题对全局网络造成的影响。

## 3. 木马

木马这个名字来源于古希腊传说荷马史诗中木马计的故事。

木马（Trojan），也称木马病毒，是指通过木马程序来控制另一台计算机。木马通常有两个可执行程序：一个是控制端，另一个是被控制端。植入被种者电脑的是"服务器"部分，而所谓的"黑客"正是利用"控制器"进入运行了"服务器"的电脑。运行木马程序的"服务器"以后，被种者的电脑就会有一个或几个端口被打开，使黑客可以利用这些打开的端口进入电脑系统，安全和个人隐私也就全无保障了！木马的设计者为了防止木马被发现，而采用多种手段隐藏木马。木马的服务一旦运行并被控制端连接，其控制端将享有服务端的大部分操作权限，例如给计算机增加口令，浏览、移动、复制、删除文件，修改注册表，更改计算机配置等。

特洛伊木马程序不能自动操作，一个特洛伊木马程序是包含或者安装一个存心不良的程序的，它可能看起来是有用或者有趣的计划（或者至少无害）对一点不怀疑的用户来说，但实际上当它被运行时是有害的。特洛伊木马不会自动运行，它是暗含在某些用户感兴趣的文档中，用户下载时附带的。当用户运行文档程序时，特洛伊木马才会运行，信息或文档才会被破坏或者遗失。特洛伊木马和后门不一样，后门指隐藏在程序中的秘密功能，通常是程序设计者为了能在日后随意进入系统而设置的。

特洛伊木马有两种：universal 和 transitive，universal 是可以控制的，而 transitive 是不能控制、刻死的操作。

木马对计算机具有很大的危害，具体有：

- 发送 QQ、MSN 尾巴，骗取更多人访问恶意网站，下载木马。

- 盗取用户账号，通过盗取的账号和密码达到非法获取虚拟财产和转移网上资金的目的。
- 监控用户行为，获取用户重要资料。

如何预防木马呢？
- 养成良好的上网习惯，不访问不良网站。
- 下载软件尽量到大的下载站点或者软件官方网站下载。
- 安装杀毒软件、防火墙，定期进行病毒和木马扫描。

**4. 计算机病毒**

计算机病毒（Computer Virus）是编制者在计算机程序中插入的破坏计算机功能或者数据的代码，能影响计算机使用，并能自我复制的一组计算机指令或者程序代码。简单地说，计算机病毒是一种特殊的危害计算机的程序，它能在计算机系统中驻留、繁殖及传播。

（1）计算机病毒的特征。

破坏性：计算机中毒后，表现为破坏文件或数据；抢占系统或网络资源；破坏操作系统等软件或硬件。

繁殖性：计算机病毒可以像生物病毒一样进行繁殖，当正常程序运行时，它也进行运行自身复制，是否具有繁殖、感染的特征是判断某段程序是否为计算机病毒的首要条件。

传染性：传染性是指计算机病毒通过修改别的程序将自身的复制品或其变体传染到其他无毒的对象上，这些对象可以是一个程序也可以是系统中的某一个部件。

潜伏性：计算机病毒潜伏性是指计算机病毒可以依附于其他媒体寄生的能力，侵入后的病毒潜伏到条件成熟才发作，会逐渐使电脑运行速度变慢。

隐蔽性：计算机病毒具有很强的隐蔽性，通过病毒软件可以检查出来少部分，隐蔽性表现为计算机病毒时隐时现、变化无常，这类病毒处理起来非常困难。

可触发性：编制计算机病毒的人，一般都为病毒程序设定了一些触发条件，例如，系统时钟的某个时间或日期、系统运行了某些程序等。一旦条件满足，计算机病毒就会"发作"，使系统遭到破坏。

（2）常见的电脑病毒预防措施。

①不使用盗版或来历不明的软件，特别不能使用盗版的杀毒软件。

②写保护所有系统软盘。

③安装杀毒软件，并经常进行升级。打开杀毒软件的防火墙实时防护并定时杀毒。

④新购买的电脑在使用之前首先要进行病毒检查，以免机器带毒。

⑤准备一张干净的系统引导盘，并将常用的工具软件拷贝到该盘上。一旦系统受到病毒侵犯，可以使用该盘引导系统，进行检查、杀毒等操作。

⑥对外来程序要使用查毒软件进行检查，未经检查的可执行文件不能拷入硬盘，不能使用。

⑦将硬盘引导区和主引导扇区备份下来，并经常对重要数据进行备份。

⑧不使用来历不明的文件和软件，尤其是可执行文件。来历不明的电子邮件应立即删除。拒绝登录不良网站。

(3) 发现计算机病毒后的解决方法。

①在清除病毒之前，要先备份重要的数据文件。

②启动最新的杀毒软件，对整个计算机系统进行病毒扫描和清除，使系统或文件恢复正常。

③发现病毒后，应利用杀毒软件清除文件中的病毒。如果可执行文件中的病毒不能被清除，应将其删除，重新下载安装。

### 5. 网上银行的基本系统架构

网上银行和传统银行一样是一个银行业务渠道系统，其基本架构可分为3部分：客户端、后台处理系统和CA认证中心，并通过银行自身的金融业务网接入其核心账务处理系统，如图5-4-1所示。

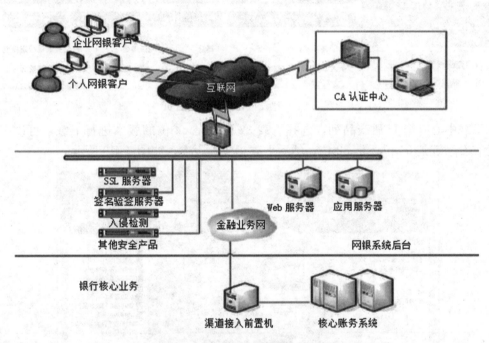

图 5-4-1　网上银行的基本系统架构

客户端主要供个人和企业客户使用，一般采用浏览器方式。CA认证中心是一个第三方认证机构，其主要功能是向客户端和网上银行后台颁发数字证书和管理证书，提供身份认证和数据签名服务，具有权威性、可信赖性及公正性。多数商业银行目前仍采用自建的CA认证中心，而不是第三方机构。网银后台主要处理系统存储客户提交的信息。

### 任务实现

我国商业银行种类比较多，各家银行网上银行使用操作都大同小异。本文以中国建设银行为例向大家介绍，如何安全使用个人网上银行及企业网上银行。

#### 1. 个人网上银行的安全使用

进入中国建设银行官网，选择主页的"下载中心"进入，如图5-4-2所示。

图 5-4-2　建设银行网上银行首页

在下载中心有个 U 盾产品列，选择下载 32 位还是 64 位的版本进行下载，可以在电脑的属性查看系统是 64 位还是 32 位，然后下载相应的版本，如图 5-4-3 所示。

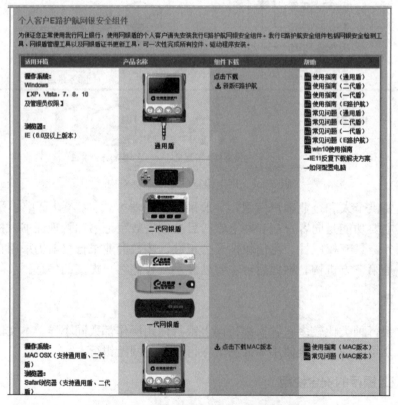

图 5-4-3　建设银行网上银行 U 盾组件下载

将下载的程序保存在桌面，然后进行安装，如图 5-4-4、图 5-4-5 所示。

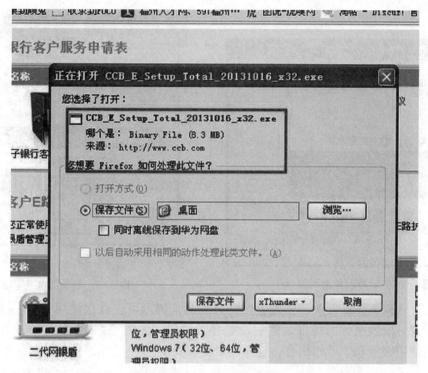

图 5-4-4　建设银行网上银行 U 盾组件下载到桌面

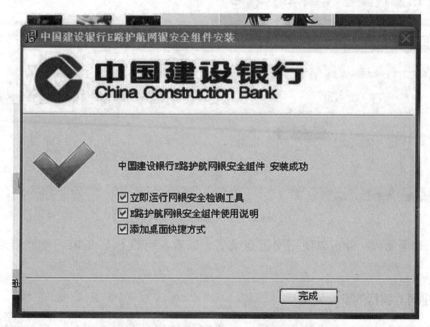

图 5-4-5　建设银行网上银行 U 盾组件安装成功

插入 U 盾，系统安装好之后检测到 U 盾。首次检测到 U 盾会要求输入一个 U 盾密码，如图 5-4-6 所示，输入后按下 U 盾的确认键就可以了。

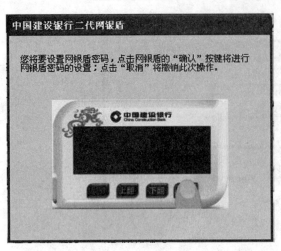
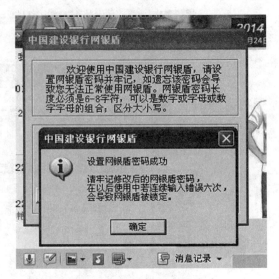

图 5-4-6　U 盾设置密码提示　　　　　　　图 5-4-7　U 盾设置密码成功

然后会进入网银登录界面，输入登录密码和验证码即可。首次使用 U 盾登录要进行登录密码的设置，取款密码的验证，然后设置登录密码，如图 5-4-7～图 5-4-10 所示。注意：登录密码要使用数字和字母相结合，这样相对比较安全。

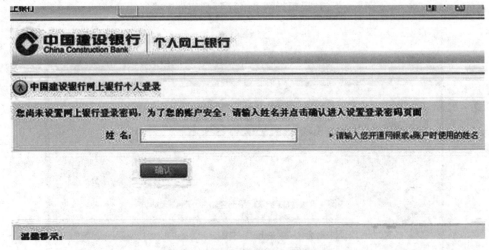

图 5-4-8　首次登录输入姓名

设置完登录密码，就可以使用网银登录了。以后，当插上 U 盾时，就能自动识别到银行卡账号。

2. 企业网上银行的安全使用

企业网银和个人网银首次使用都要先下载安装 E 路护航安全组件，只是在网页上入口不同，如图 5-4-11、图 5-4-12 所示。

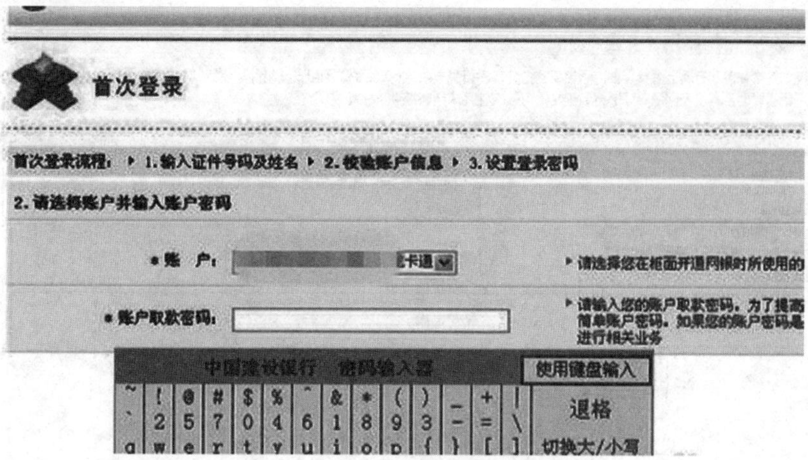

图 5-4-9　首次登录输入取款密码

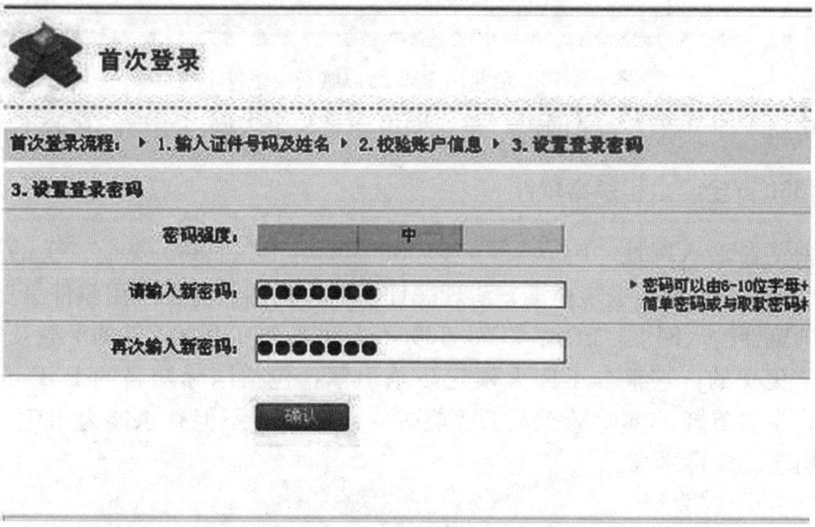

图 5-4-10　首次登录设置登录密码

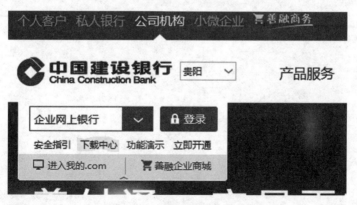

图 5-4-11　企业网银下载中心

单击下载最新版本,下载后进行安装。

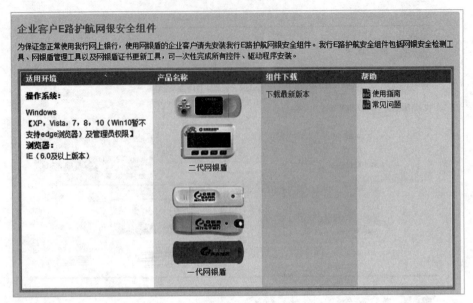

图 5-4-12　企业网银 E 路护航安全组件下载

安装成功后，即可首次登录网银。企业网银登录与个人网银相似，在此不再赘述。

### 3. 安装 360 安全卫士和杀毒软件

在任意浏览器输入网址，http：//www.360.com，进行 360 安全卫士的下载及安装。360 安全卫士拥有查杀流行木马病毒、清理恶评及系统插件、管理应用软件等功能。

在任意浏览器输入网址，http：//sd.360.cn，进行 360 杀毒软件的下载及安装。360 杀毒软件是完全免费的，它整合了四大领先防杀引擎，包括国际知名的 BitDefender 病毒查杀、云查杀、主动防御、360QVM 人工智能等 4 个引擎，不但查杀能力出色，而且能第一时间防御新出现的病毒木马。

## 任务5　电子商务及物联网

电子商务在20世纪末以其独特的视角，在中国以阿里的诞生为标志，无论是在电子商务基础技术、电子商务安全技术、电子商务支付技术等技术层面，还是在经营管理、生产、物流、市场营销方面都产生了深远的影响。物联网简单来说就是物与物通过互联网连接起来，物物相连。它的基础仍然是互联网，是"信息化"时代的重要发展阶段。

### 任务描述

本任务为在淘宝网上进行C2C网上电子交易体验。首先登录该网站：http://www.taobao.com，以会员身份进入网站，然后进行各项相关的体验操作，感受和体验C2C电子商务的基本交易流程。

本任务以电子商务为重心，物联网作为知识了解部分。

### 任务分析

实现此任务前要对电子商务相关知识进行一定的了解。首先我们要知道何为"电子商务"？其次要了解电子商务相关知识，如，对"电子商务"这样一个事物有了初步了解后，根据任务的要求，学会以买家身份体验C2C电子商务的基本交易流程。

### 必备知识

#### 1. 电子商务的定义

到目前为止电子商务还没有一个统一的定义，为了更全面地概括电子商务，可以从广义和狭义两个方面对电子商务进行定义的描述。

广义上讲，电子商务（Electronic Business，EB），就是通过电子手段进行的商业事务活动。电子商务是利用计算机技术、网络技术和远程通信技术，实现电子化、数字化、网络化和商务化的整个商务过程。通过使用互联网等电子工具，使公司内部、供应商、客户和合作伙伴之间，利用电子业务共享信息，实现企业间业务流程的电子化，配合企业内部的电子化生产管理系统，提高企业的生产、库存、流通和资金等各个环节的效率。具体地讲，就是利用IT技术使整个商务活动实现电子化，如商品销售过程中的电子交易、网络营销、客户管理、物资调配、企业内部管理、企业间的合作与协调等。

狭义上讲，电子商务（Electronic Commerce，EC），是指通过使用互联网等电子工具（这些工具包括电报、电话、广播、电视、传真、计算机、计算机网络、移动通信等）在全球范围内进行的商务贸易活动，包括网上交易、物流管理、支付管理、客服系统等。它是以计算机网络为基础所进行的各种商务活动，包括商品和服务的提供者、广告商、消费者、中介商等有关各方行为的总和。人们一般理解的电子商务是指狭义上的电子商务。

#### 2. 电子商务的构成要素

电子商务的构成有四大要素：商城、消费者、产品、物流。

商城：体现为各大网络平台及移动终端交易平台。如淘宝、京东、有赞等。这些商城为消费者提供物美价廉的商品，吸引消费者购买的同时促使更多商家的入驻。为卖家和买家搭建了桥梁，使得网上交易有了场所支持。

消费者：没有消费者，没有购买方，任何商业活动都没有办法开展。所以消费者即买家必然就是电子商务的构成要素之一。

产品：商城卖家提供的商品或者服务等以产品的形式展现给消费者。产品从某种意义上就是卖家的代表。

物流：商城、卖家与物流公司建立合作关系，为消费者的购买行为提供最终保障，这是电商运营的硬性条件之一。电商四大要素之一的物流主要是为消费者提供购买服务，从而实现再一次的交易。

### 3. 电子商务的发展阶段

第一阶段：电子邮件阶段。这个阶段可以认为是从20世纪70年代开始，平均的通信量以每年几倍的速度增长。

第二阶段：信息发布阶段。从1995年起，以Web技术为代表的信息发布系统爆炸式地成长起来，成为Internet的主要应用。中小企业如何把握好从"粗放型"到"精准型"营销时代的电子商务。

第三阶段：电子商务阶段。之所以把EC列为一个划时代的东西，是因为Internet的最终主要商业用途，就是电子商务。同时反过来也可以说，若干年后的商业信息，主要是通过Internet传递。Internet即将成为我们这个商业信息社会的神经系统。1997年年底在加拿大温哥华举行的第五次亚太经合组织非正式首脑会议（APEC）上美国总统克林顿提出敦促各国共同促进电子商务发展的议案，其引起了全球首脑的关注，IBM、HP和Sun等国际著名的信息技术厂商已经宣布1998年为电子商务年。

第四阶段：全程电子商务阶段。随着软件服务模式的出现，软件纷纷登录互联网，延长了电子商务链条，形成了当下最新的"全程电子商务"概念模式。

第五阶段：智慧阶段。2011年，互联网信息碎片化以及云计算技术愈发成熟，主动互联网营销模式出现，i-Commerce（individual Commerce）顺势而出，电子商务摆脱传统销售模式生搬上互联网的现状，以主动、互动、用户关怀等多角度与用户进行深层次沟通。移动互联网的发展，使得更多的个性化产品出现，分工更加精细，消费者的需求能得到最大限度的满足。分享经济、共享经济、互惠多赢、连接、生态圈成为这个阶段的代表词。

### 4. 电子商务的发展趋势

电子商务的未来是什么呢？用一句话概括为：电子商务的未来就是让你忘记电子商务这个名词，习以为常地成为生活中必不可少的一部分。未来大家不再觉得电子商务是什么高深莫测的事物，就跟去菜市场买菜一样简单。

移动配送，GPRS、GPS已经是便携式设备的标配，配送人员计算配送点到客户的距离和配送路径，客户可随时查看配送人员位置及配送进程。缺点是价格略高，配送时间略长。优点是品种更多，客人移动中也可以通过GPS定点配送。在10~20年后，新模式的自主便利店成为主流。基于服务、特性、品质等附加值的传统商务仍然存在，特性、品质方面，多数产品的差异随着工业智能化程度的发展会越来越小;服务方面,随着电子商务的深化、移动配送的普及,将加剧竞争。

未来的电子商务会有:

更广阔的环境:人们不受时间的限制,不受空间的限制,不受传统购物的诸多限制,可以随时随地在网上交易。

更广阔的市场:在网上这个世界将会变得很小,一个商家可以面对全球的消费者,而一个消费者可以向全球的任何一个商家购物。

更快速的流通和低廉的价格:电子商务减少了商品流通的中间环节,节省了大量的开支,从而也大大降低了商品流通和交易的成本。

更符合时代的要求:如今人们越来越追求时尚、讲究个性,注重购物的环境,网上购物,更能体现个性化的购物过程。

### 5. 电子商务的类型

(1) 按照商业活动的运行方式:电子商务可以分为完全电子商务和非完全电子商务。

(2) 按照商务活动的内容:电子商务主要包括间接电子商务(有形货物的电子订货和付款,仍然需要利用传统渠道如邮政服务和商业快递车送货)、直接电子商务(无形货物和服务,如某些计算机软件、娱乐产品的联机订购、付款和交付,或者是全球规模的信息服务)。

(3) 按照开展电子交易的范围:电子商务可以分为区域化电子商务、远程国内电子商务、全球电子商务。

(4) 按照使用网络的类型:电子商务可以分为基于专门增值网络(EDI)的电子商务、基于互联网的电子商务、基于 Intranet 的电子商务。

(5) 按照交易对象,电子商务可以分为以下几种:

①B2B=Business to Business。商家(泛指企业)对商家的电子商务,即企业与企业之间通过互联网进行产品、服务及信息的交换。通俗的说法是指进行电子商务交易的供需双方都是商家(或企业、公司),他们使用 Internet 的技术或各种商务网络平台(如拓商网),完成商务交易的过程。这些过程包括:发布供求信息,订货及确认订货,支付过程,票据的签发、传送和接收,确定配送方案并监控配送过程等。

②B2C=Business to Customer。B2C 模式是中国最早产生的电子商务模式,如今的 B2C 电子商务网站非常多,比较大型的有天猫商城、京东商城、一号店、亚马逊、苏宁易购、国美在线等。

③C2C=Customer to Customer。C2C 同 B2B、B2C 一样,都是电子商务的几种模式之一。不同的是 C2C 是用户对用户的模式,C2C 商务平台就是通过为买卖双方提供一个在线交易平台,使卖方可以主动提供商品上网拍卖,而买方可以自行选择商品进行竞价。

④ABC=Agent、Business、Customer。ABC 模式是新型电子商务模式的一种,被誉为继阿里巴巴 B2B 模式、京东商城 B2C 模式以及淘宝 C2C 模式之后电子商务界的第四大模式。它是由代理商、商家和消费者共同搭建的集生产、经营、消费为一体的电子商务平台,三者之间可以转化。大家相互服务,相互支持,你中有我,我中有你,真正形成一个利益共同体。

⑤B2G=Business to Government。B2G 模式是企业与政府管理部门之间的电子商务，如政府采购、海关报税的平台、国税局和地税局报税的平台等。

⑥C2G=Consumer to Government。C2G 模式是消费者与政府管理部门之间的电子商务，如社保平台、住房保障网等。

⑦O2O=Online to Offline。O2O 是新兴起的一种电子商务新商业模式，即将线下商务的机会与互联网结合在了一起，让互联网成为线下交易的前台。这样线下服务就可以用线上来揽客，消费者可以用线上来筛选服务，成交也可以在线结算，很快就可以达到规模。该模式最重要的特点是推广效果可查，每笔交易可跟踪。以美乐乐的 O2O 模式为例，其通过搜索引擎和社交平台建立海量网站入口，将在网络的一批家居网购消费者吸引到美乐乐家居网，进而引流到当地的美乐乐体验馆。线下体验馆则承担产品展示与体验以及部分的售后服务功能。

⑧P2D=Provide to Demand。P2D 是一种全新的、涵盖范围更广泛的电子商务模式，强调的是供应方和需求方的多重身份，即在特定的电子商务平台中，每个参与个体的供应面和需求面都能得到充分满足，充分体现特定环境下的供给端报酬递增和需求端报酬递增。

⑨B2B2C=Business To Business To Customer。所谓 B2B2C 是一种新的网络通信销售方式。第一个 B 指广义的卖方（即成品、半成品、材料提供商等），第二个 B 指交易平台，即提供卖方与买方的联系平台，同时提供优质的附加服务，C 即指买方。卖方可以是公司，也可以是个人，即一种逻辑上的买卖关系中的卖方。

⑩C2B2S=Customer to Business-Share。C2B2S 模式是 C2B 模式的进一步衍生，该模式很好地解决了 C2B 模式中客户发布需求产品初期无法聚集庞大的客户群体而致使与邀约的商家交易失败。全国首家采用该模式的平台：晴天乐客。

国际通称 B2T（Business To Team），是继 B2B、B2C、C2C 后的又一电子商务模式，即为一个团队向商家采购。团购 B2T，本来是"团体采购"的定义，而今，网络的普及让团购成为了很多中国人参与的消费革命。网络团购，就是互不认识的消费者，借助互联网的"网聚人的力量"来聚集资金，加大与商家的谈判能力，以求得最优的价格。尽管网络团购的出现只有短短两年多的时间，却已经成为在网民中流行的一种新消费方式。团购在中国各大、中小城市已经相当普及，消费人群以 20~40 岁的年轻人居多。

### 6. 电子商务的特征与功能

（1）电子商务的特征。

普遍性：电子商务作为一种新型的交易方式，将生产企业、流通企业以及消费者和政府带入了一个网络经济、数字化生存的新天地。

方便性：在电子商务环境中，人们不再受地域的限制，客户能以非常简捷的方式完成过去较为繁杂的商业活动。如通过网络银行能够全天候地存取账户资金、查询信息等，同时使企业对客户的服务质量得以大大提高。在电子商务商业活动中，有大量的人脉资源开发和沟通，从业时间灵活，完成公司要求，有钱有闲。

整体性：电子商务能够规范事务处理的工作流程，将人工操作和电子信息处理集成为一个不可分割的整体，这样不仅能提高人力和物力的利用率，也可以提高系统运行的严密性。

安全性：在电子商务中，安全性是一个至关重要的核心问题，它要求网络能提供一种端到端的安全解决方案，如加密机制、签名机制、安全管理、存取控制、防火墙、防病毒保护等，这与传统的商务活动有着很大的不同。

协调性：商业活动本身是一种协调过程，它需要客户与公司内部、生产商、批发商、零售商间的协调。在电子商务环境中，它更要求银行、配送中心、通信部门、技术服务等多个部门的通力协作，电子商务的全过程往往是一气呵成的。

（2）电子商务功能。电子商务可提供网上交易和管理等全过程的服务。因此，它具有广告宣传、咨询洽谈、网上订购、网上支付、电子账户、服务传递、意见征询、交易管理等各项功能。

广告宣传：电子商务可凭借企业的 Web 服务器和客户的浏览，在 Internet 上发布各类商业信息。客户可借助网上的检索工具迅速地找到所需商品信息，而商家可利用网上主页和电子邮件在全球范围内做广告宣传。与以往的各类广告相比，网上的广告成本最为低廉，而给顾客的信息量却最为丰富。

咨询洽谈：电子商务可借助非实时的电子邮件、新闻组和实时的讨论组来了解市场和商品信息、洽谈交易事务，如有进一步的需求，还可用网上的白板会议（whiteboard conference）来交流即时的图形信息。网上的咨询和洽谈能超越人们面对面洽谈的限制，提供多种方便的异地交谈形式。

网上订购：电子商务可借助 Web 中的邮件交互传送实现网上订购。网上的订购通常都是在产品介绍的页面上提供十分友好的订购提示信息和订购交互格式框。当客户填完订购单后，通常系统会回复确认信息单来保证订购信息的收悉。订购信息也可采用加密的方式使客户和商家的商业信息不会泄露。

网上支付：电子商务要成为一个完整的过程，网上支付是重要的环节。客户和商家之间可采用信用卡账号实施支付。在网上直接采用电子支付手段将可省略交易中很多人员的开销。网上支付将需要更为可靠的信息传输安全性控制以防止欺骗、窃听、冒用等非法行为。

电子账户：网上的支付必须要有电子金融来支持，即银行或信用卡公司及保险公司等金融单位要为金融服务提供网上操作的服务，而电子账户管理是其基本的组成部分。信用卡号或银行账号都是电子账户的一种标志，而其可信度需配以必要技术措施来保证，如数字凭证、数字签名、加密等，这些手段的应用提供了电子账户操作的安全性。

服务传递：对于已付了款的客户应将其订购的货物尽快地传递到他们的手中。而有些货物在本地，有些货物在异地，电子邮件将能在网络中进行物流的调配。而最适合在网上直接传递的货物是信息产品，如软件、电子读物、信息服务等。它能直接从电子仓库中将货物发到用户端。

意见征询：电子商务能十分方便地采用网页上的"选择""填空"等格式文件来收集用户对销售服务的反馈意见，这样使企业的市场运营能形成一个封闭的回路。客户的反馈意见不仅能提高售后服务的水平，更使企业获得改进产品、发现市场的商业机会。

交易管理：整个交易的管理将涉及人、财、物多个方面，企业和企业、企业和客户及企业内部等各方面的协调和管理。因此，交易管理是涉及商务活动全过程的管理。电子商务的发展，将会提供一个良好的交易管理的网络环境及多种多样的应用服务系统。这样，能保障电子商务获得更广泛的应用。

### 7. 物联网的定义

顾名思义，物联网就是物物相连的互联网。这有两层意思：其一，物联网的核心和基础仍然是互联网，是在互联网基础上的延伸和扩展的网络；其二，其用户端延伸和扩展到了任何物品与物品之间，进行信息交换和通信，也就是物物相息。物联网通过智能感知、识别技术与普适计算等通信感知技术，广泛应用于网络的融合中，也因此被称为继计算机、互联网之后世界信息产业发展的第三次浪潮。

1999年美国麻省理工学院的凯文·艾什顿教授首次提出物联网的概念：即通过射频识别（RFID）（RFID＋互联网）、红外感应器、全球定位系统、激光扫描器、气体感应器等信息传感设备，按约定的协议，把任何物品与互联网连接起来，进行信息交换和通信，以实现智能化识别、定位、跟踪、监控和管理的一种网络。

中国物联网校企联盟将物联网定义为当下几乎所有技术与计算机、互联网技术的结合，实现物体与物体之间，环境以及状态信息的实时共享以及智能化的收集、传递、处理、执行。广义上说，当下涉及信息技术的应用，都可以纳入物联网的范畴。

在其著名的科技融合体模型中，提出了物联网是当下最接近该模型顶端的科技概念和应用。物联网是一个基于互联网、传统电信网等信息承载体，让所有能够被独立寻址的普通物理对象实现互联互通的网络。其具有智能、先进、互联的3个重要特征。

国际电信联盟（ITU）发布的ITU互联网报告，对物联网做了如下定义：它是通过二维码识读设备、射频识别（RFID）装置、红外感应器、全球定位系统和激光扫描器等信息传感设备，按约定的协议，把任何物品与互联网相连接，进行信息交换和通信，以实现智能化识别、定位、跟踪、监控和管理的一种网络。

### 8. 物联网的关键技术及关键领域

（1）物联网的关键技术。传感器技术：这也是计算机应用中的关键技术。大家都知道，到目前为止绝大部分计算机处理的都是数字信号。自从有计算机以来就需要传感器把模拟信号转换成数字信号计算机才能处理。

RFID标签：它也是一种传感器技术，RFID技术是融合了无线射频技术和嵌入式技术为一体的综合技术，RFID在自动识别、物品物流管理方面有着广阔的应用前景。

嵌入式系统技术：它是综合了计算机软硬件、传感器技术、集成电路技术、电子应用技术为一体的复杂技术。经过几十年的演变，以嵌入式系统为特征的智能终端产品随处可见；小到人们身边的MP3，大到航天航空的卫星系统。嵌入式系统正在改变着人们的生活，推动着工业生产以及国防工业的发展。如果把物联网用人体做一个简单比喻，传感器相当于人的眼睛、鼻子、皮肤等感官，网络就是神经系统，用来传递信息，嵌入式系统则是人的大脑，在接收到信息后要进行分类处理。这个例子很形象地描述了传感器、嵌入式系统在物联网中的位置与作用。

（2）物联网的关键领域。

①RFID。射频识别（RFID）是一种无线通信技术，可以通过无线电信号识别特定目标

并读写相关数据,而无须识别系统与特定目标之间建立机械或者光学接触。目前 RFID 技术应用很广,如:汽车行业、图书馆、门禁系统、食品安全溯源等。

许多行业都运用了射频识别技术。将标签附着在一辆正在生产中的汽车,厂方便可以追踪此车在生产线上的进度,仓库可以追踪药品的所在。射频标签也可以附于牲畜与宠物上,方便对牲畜与宠物的积极识别(积极识别意思是防止数只牲畜使用同一个身份)。射频识别的身份识别卡可以使员工得以进入锁住的建筑部分,汽车上的射频应答器也可以用来征收收费路段与停车场的费用。

②传感网。传感器是一种检测装置,能感受到被测量的信息,并能将感受到的信息,按一定规律变换成为电信号或其他所需形式的信息输出,以满足信息的传输、处理、存储、显示、记录和控制等要求。

传感器的特点:微型化、数字化、智能化、多功能化、系统化、网络化。它是实现自动检测和自动控制的首要环节。传感器的存在和发展,让物体有了触觉、味觉和嗅觉等感官,让物体慢慢变得活了起来。通常根据其基本感知功能分为热敏元件、光敏元件、气敏元件、力敏元件、磁敏元件、湿敏元件、声敏元件、放射线敏感元件、色敏元件和味敏元件等十大类。

传感器早已渗透到诸如工业生产、宇宙开发、海洋探测、环境保护、资源调查、医学诊断、生物工程,甚至文物保护等极其广泛的领域。

③M2M。M2M 是将数据从一台终端传送到另一台终端,也就是机器与机器(Machine to Machine)的对话。

M2M 技术为各行各业提供集数据的采集、传输、分析及业务管理为一体的综合解决方案,实现业务流程、工业流程更加趋于自动化。主要应用领域包括:交通领域(物流管理、定位导航)、电力领域(远程抄表和负载监控)、农业领域(大棚监控、动物溯源)、城市管理(电梯监控、路灯控制)、安全领域(城市和企业安防)、环保领域(污染监控、水土检测)、企业(生产监控和设备管理)和家居(老人和小孩看护、智能安防)等。如,零售和支付领域。目前,基于手机业务的电子支付系统已广泛应用,使用移动通信模块进行日常消费也是一种不错的选择。物流运输行业:利用移动通信网络覆盖面广的特点,实现订单查询与管理、运输安排、交接与支付系统控制等功能,在服务速度、服务质量和服务灵活性方面提高很多。

④两化融合。两化融合是信息化和工业化的高层次的深度结合,是指以信息化带动工业化、以工业化促进信息化,走新型工业化道路;两化融合的核心就是信息化支撑,追求可持续发展模式。

两化融合是指电子信息技术广泛应用到工业生产的各个环节,信息化成为工业企业经营管理的常规手段。信息化进程和工业化进程不再相互独立进行,不再是单方的带动和促进关系,而是两者在技术、产品、管理等各个层面相互交融,彼此不可分割,并催生工业电子、工业软件、工业信息服务业等新产业(图 5-5-1)。两化融合是工业化和信息化发展到一定阶段的必然产物。

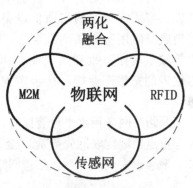

图 5-5-1 物联网四大关键领域

**9. 物联网的发展趋势**

(1) 创新2.0模式。物联网是互联网的应用拓展，与其说物联网是网络，不如说物联网是业务和应用。因此，应用创新是物联网发展的核心，以用户体验为核心的创新2.0是物联网发展的灵魂。物联网及移动泛在技术的发展，使得技术创新形态发生转变，以用户为中心、以社会实践为舞台、以人为本的创新2.0形态正在显现，实际生活场景下的用户体验也被称为创新2.0模式的精髓。

其中，政府是创新基础设施的重要引导者和推动者，比如欧盟通过政府搭台、PPP公私合作伙伴关系构建创新基础设施来服务用户，激发市场及社会的活力。用户是创新2.0模式的关键，也是物联网发展的关键，而用户的参与需要强大的创新基础设施来支撑。物联网的发展不仅将推动创新基础设施的构建，也将受益于创新基础设施的全面支撑。作为创新2.0时代的重要产业发展战略，物联网的发展必须实现从'产学研'向'政产学研用'，再向'政用产学研'协同发展方向转变。

(2) 两化融合。2012年2月14日，中国的第一个物联网五年规划——《物联网"十二五"发展规划》由工信部颁布。该规划公布不久，工信部批复广东顺德创建"装备工业两化深度融合暨智能制造试点"，顺德提出在智能产品方面将打造一批"无人工厂"。

制造业的无人化将为中国制造业的升级提供一条路径。智能化是信息化与工业化"两化融合"的必然途径，其技术核心无疑就是物联网，但要权衡好投入与产出，量力而行。

物联网大量的应用是在行业中，包括智能农业、智能电网、智能交通、智能物流、智能医疗、智能家居等。国家发展物联网的目的，不仅是产生应用效益，更要带动产业发展。有了物联网，每个行业都可以通过信息化提高核心竞争力，这些智能化的应用就是经济发展方式的转变。

(3) 中国物联网产业发展目标。

①自主创新能力明显增强，攻克一批核心关键技术，在国际标准制定中掌握重要话语权，初步实现"两端赶超、中间突破"，即在高端传感、新型RFID、智能仪表、嵌入式智能操作系统、核心芯片等感知识别领域和高端应用软件与中间件、基础架构、云计算、高端信息处理等应用技术领域实现自主研发，技术掌控力显著提升；在M2M通信、近距离无线传输等物联网网络通信领域取得实质性技术突破，跻身世界先进行列。

②具有国际竞争力的产业体系初步形成。在传感器与传感器网络、RFID、智能仪器仪表、智能终端、网络通信设备等物联网制造产业，通信服务、云计算服务、软件、高端集成与应用等物联网服务业，以及嵌入式系统、芯片与微纳器件等物联网关键支撑产业等领域培育一批领军企业，初步形成从芯片、软件、终端整机、网络、应用到测试仪器仪表的完整产业链，初步实现创新性产业集聚、门类齐全、协同发展的产业链及空间布局。

③物联网应用水平显著提升。建成一批物联网示范应用重大工程，在国民经济和民生服务等重点领域物联网先导应用全面开展；国家战略性基础设施的智能化升级全面启动，宽带、融合、安全的下一代信息网络基础设施初步形成。

## 任务实现

我国的电子商务平台很多,最为著名的是阿里巴巴集团旗下的淘宝网。本文以淘宝网为例,体验 C2C 交易过程。

### 1. 开通网银

用个人身份证、银行卡在银行柜台开通网上银行。

### 2. 注册淘宝账号及支付宝账号

登录网址:www.taobao.com,在打开的网页左上角,单击"免费注册",按流程进行注册。成功注册后你就拥有一个淘宝账号。登录网址:https://auth.alipay.com/login/index.htm,此页面为支付宝注册/登录界面,如图 5-5-2 所示。

单击图 5-5-3 的免费注册,成功后你就拥有一个支付宝账号,可以使用手机号或者邮箱进行注册,推荐使用邮箱进行注册。这样支付宝和淘宝账号就可以统一,以免账号太多会混淆。

注册支付宝后,需要使用注册邮箱进行激活。激活成功后,登录支付宝,设定支付宝相关信息。然后登录你的淘宝,在淘宝里面设置你的支付宝账号。

图 5-5-2 支付宝注册/登录界面

图 5-5-3 淘宝登录界面

### 3. 在淘宝首页搜索商品

进入淘宝首页,可以选择类目或者直接搜索自己喜欢的商品,淘宝会列出相关商品,选择你看中的物品。如输入"秋长裤"在图 5-5-4 的搜索框中。

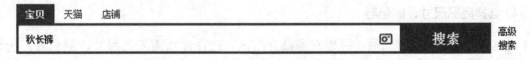

图 5-5-4 淘宝首页搜索条

单击进入淘宝卖家的店铺，看看该卖家的信用度和好评率。卖家信誉度如下规定：

淘宝会员在淘宝网每使用支付宝成功交易一次，就可以对交易对象做一次信用评价。评价分为"好评""中评""差评"三类，每种评价对应一个信用积分，具体为："好评"加一分，"中评"不加分，"差评"扣一分。

在交易中作为卖家的角色，其信用度分为以下20个级别，如图5-5-5所示，商家的信誉度在店面的右边可以看到，如图5-5-6所示。

图 5-5-5　卖家信誉度等级图　　　　　　　　图 5-5-6　卖家信誉度

在卖家页面下方有累计评论，在这里可以看到好评、中评、差评及购买用户的评论，如图5-5-7所示。

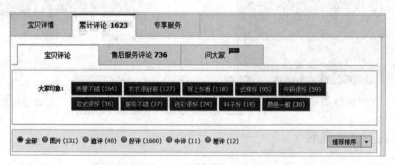

图 5-5-7　用户评论区

卖家的信誉度及用户的评价可以作为你购买商品的参考依据。

### 4. 选择商品尺寸、颜色等

经过对卖家的初步判断后，可以在商品介绍区，选择你所需要的尺寸、颜色等。选好后，单击"立即购买"。如果需要购买多样商品，可以在选择后单击"加入购物车"，如图5-5-8所示。购物车就好比超市里的购物车一样，可以把很多商品放在一起集中付款。

项目 5　计算机网络与安全

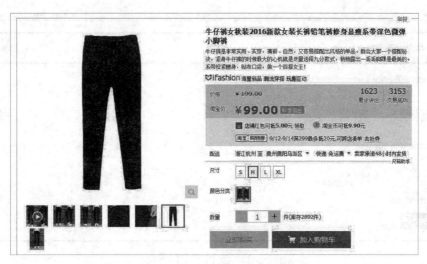

图 5-5-8　选择商品尺寸、颜色等

## 5. 填物流地址、支付

单击"立即购买"后，进入物流地址管理界面。单击"管理收货地址"，填写好收货地址及联系电话，如图 5-5-9 所示。

图 5-5-9　填物流地址、联系方式

浏览完订单详情，如图 5-5-10 所示，在确认收货地址无误的情况下可以支付。然后进入支付宝支付界面，输入支付宝支付密码，完成支付，如图 5-5-11 所示。

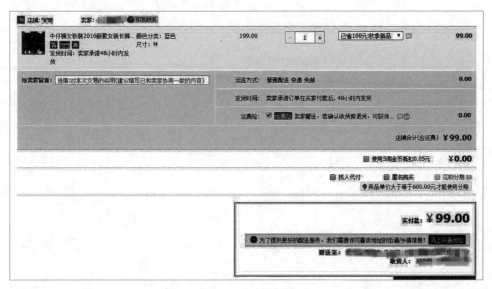

图 5-5-10　订单详情

• 259 •

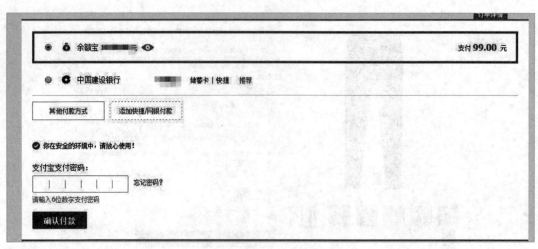

图 5-5-11　支付宝支付界面

## 6. 确认收货及给评价

在支付完成后，卖家会把你购买的商品通过物流寄出。收货后单击"确认收货"，并给卖家进行评价。到此，整个 C2C 购买流程结束。

# 阅读材料　文档管理软件 TeamDoc

　　TeamDoc 文档管理软件实现文件加密集中储存，防泄密、防拷贝、防截屏、防打印，实现企业文档有序安全共享、协同编辑、版本追踪，为用户提供简单实用的文档管理系统解决方案。TeamDoc 文档管理系统采用服务器＋客户端的工作模式。服务端采用 IIS 和 SQLServer 作为载体，客户端可以通过互联网或者局域网连接服务端，实现真正意义上的文档集中存储与安全共享。客户端巧妙封装了微软的 Office 的所有功能，使用很简单，和操作"我的电脑"的方法基本一样。

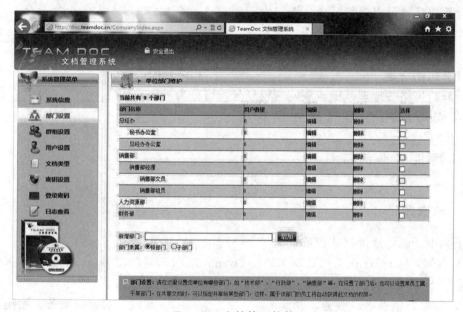

TeamDoc 文档管理软件

　　TeamDoc 文档管理系统将为用户解决如下问题：

　　（1）文档安全集中存储。TeamDoc 文档管理软件可以将所有类型的文档都导入系统中，关键文档全部在企业服务器中加密存放。针对广泛使用的 Word、Excel、PowerPoint、PDF 文档和常用的图片格式（jpg/bmp/gif）实现文件权限设置，文档只能被有权限的用户接触。支持从 Office 2000 到 Office 2010 各个版本。权限有多种类型，如果设置为禁止拷贝，那么此文档将无法被拷贝或打印，也不能被保存在员工个人的计算机上。

　　（2）文档共享。文档创建者或管理者有权决定不同的文档共享给哪些不同的用户。不同的用户可以有不同的权限：用户是否具有编辑修改的权限，用户是否具有打印拷贝的权限，用户是否具有只读查看的权限，用户是否具有另存文档的权限。

　　（3）版本追踪。文档正在被哪些用户编辑，文档各个时期的历史版本，文档被哪些用户查看过。

　　（4）在线协同编辑。服务器/客户机工作模式。用户在 TeamDoc 客户端通过封装的 Office 提交、发布、编辑、查看共享文档，所有文档加密保存在管理端计算机上。

　　（5）快速索引。内置强大导航索引栏，支持海量文档快速定位。

## 综合练习 5

### 一、判断题

1. 计算机网络按拓扑结构划分为总线、星形、环形和网状结构 4 种。（　　）
2. 计算机网络的最主要功能是通信。（　　）
3. OSI 七层模型为物理层、数据层、网络层、传输层、会话层、表达层和应用层。（　　）
4. 利用电子邮件不能发图片。（　　）
5. 计算机病毒可以繁殖，破坏性极大。（　　）

### 二、填空题

1. 计算机网络是_____与_____相结合的产物。
2. 计算机网络按地理范围或联网规模划分，可分为_____、_____及_____。
3. 组成局域网常用的硬件设备有_____、_____、_____、_____、_____及_____。
4. 计算机病毒的特征为_____、_____、_____、_____、_____及_____。

### 三、单选题

1. 下列电子邮件地址格式正确的是（　　）。
   A. ×××@qq.com　　B. ×××.qq.com　　C. ×××@qq　　D. ×××@com
2. 电子商务构成的四大要素是（　　）。
   A. 商城、消费者、服务、物流　　　　B. 商城、卖家、服务、物流
   C. 商城、消费者、产品、物流　　　　D. 买家、卖家、服务、物流
3. 电子商务按交易对象来划分，可分为（　　）。
   A. 完全电子商务、非完全电子商务
   B. 区域化电子商务、远程国内电子商务、全球电子商务
   C. 基于专门增值网络（EDI）的电子商务、基于互联网的电子商务、基于 Intranet 的电子商务
   D. B2B、B2C、C2C 等

### 四、多选题

1. 局域网的特点有（　　）。
   A. 数据传输速率高　　　　B. 具有较低的误码率，并且延时低
   C. 支持多种传输介质，如同轴电缆、双绞线、光纤和无线等
   D. 覆盖范围一般为 10m～10km
2. 常用的搜索引擎网址有（　　）。
   A. 百度　　　B. 搜狗　　　C. 新浪官网　　　D. 谷歌

3. 搜索引擎的分类分别有（　　）。
   A. 全文索引　　B. 遍历索引　　C. 目标索引　　D. 元搜索

## 五、操作题

1. 浏览 http：//www.baidu.com 页面，搜索"中国农业出版社"，进入"中国农业出版社"官方网站，下载任意一张图，并另存在桌面上。

2. 使用网页邮箱的方式向计算机老师发一个 E-mail，说明自己的学习收获。

【收件人】计算机老师邮箱

【主题】×××学习收获

【正文】学习收获

# 参 考 文 献

哈立原,娜仁高娃,2015. 计算机应用基础项目教程(Windows 7+Office 2010)[M]. 北京:中国农业出版社.
黄林国,康志辉,2013. 计算机应用基础项目化教程[M]. 北京:清华大学出版社.
潘利强,张鑫,2017. 大学计算机应用基础项目式教程(Windows 7+Office 2010)[M]. 成都:电子科技大学出版社.
王纪红,王保成,2016. 大学计算机应用基础与实践[M]. 长春:吉林大学出版社.
王津,2013. 计算机应用基础[M]. 北京:高等教育出版社.
吴秀锦,熊锡义,2013. 计算机应用基础任务化教程(Windows 7+Office 2010)[M]. 长沙:国防科技大学出版社.
余小燕,陆全华,2013. 计算机应用基础情境教程[M]. 北京:中国农业出版社.